普通高等教育“十三五”规划教材
卓越工程师培养计划创新系列教材

Android 技术及应用

张军朝　主　编

段跃兴　吕进来　王园宇　贾好来　副主编

電子工業出版社
Publishing House of Electronics Industry
北京 • BEIJING

内 容 简 介

本书既介绍Android应用程序基本框架，也对Android平台的各种控件进行讲解，还通过一个真实案例向读者介绍Android应用程序完整的开发步骤。

书中主要包括4部分内容：第1部分首先讲述Android的基本概念、特点以及SDK中资源及其使用；接着讲述Android系统开发的相关概念；最后介绍如何创建一个简单的Android程序并运行，对Android的工程目录结构也进行详细分析；第2部分介绍Android系统架构的各种组件，包括Activity组件、Intent组件、Service组件、BroadcastReceiver组件；讲述了用户界面设计原则、用户界面设计核心概念、Android布局和控件、菜单、对话框、滚动处理等内容；并详细介绍SharedPreferences、ContentProvider、File、SQLite数据库编程等内容；第3部分详细讲述网络的访问方式（包括HTTP方式、Socket方式、Wi-Fi方式、蓝牙、获取网络状态等）、HTTP通信接口、WebView以及Wi-Fi应用的开发；并详细介绍多线程的实现和多线程的消息传递机制；第4部分详细讲述了百度地图API的知识，通过对周边加油站APP应用的展示和其基于Android 平台的开发过程进行全面的项目体系讲解，带领读者体验项目开发过程的同时使读者了解真正的APP项目是如何开发的。

本书适合于有一定Java编程基础，希望掌握Android程序开发技术的读者。本书既可作为高等学校本科和研究生教材，也可作为其他信息（计算机）类职业院校培训教材，同时也可作为相关程序开发人员的参考书。

图书在版编目（CIP）数据

Android技术及应用 / 张军朝主编. —北京：电子工业出版社, 2016.2

ISBN 978-7-121-28014-6

Ⅰ. ①A… Ⅱ. ①张… Ⅲ. ①移动终端－应用程序－程序设计－高等学校－教材 Ⅳ. ①TN929.53

中国版本图书馆CIP数据核字（2015）第322146号

策划编辑：任欢欢
责任编辑：郝黎明
印　　刷：北京捷迅佳彩印刷有限公司
装　　订：北京捷迅佳彩印刷有限公司
出版发行：电子工业出版社
　　　　　北京市海淀区万寿路173信箱　邮编　100036
开　　本：787×1 092　1/16　印张：20.5　字数：524.8千字
版　　次：2016年2月第1版
印　　次：2019年1月第2次印刷
定　　价：48.00元

凡所购买电子工业出版社图书有缺损问题，请向购买书店调换。若书店售缺，请与本社发行部联系，联系及邮购电话：（010）88254888，88258888。

质量投诉请发邮件至zlts@phei.com.cn，盗版侵权举报请发邮件至dbqq@phei.com.cn。

本书咨询联系方式：dcc@phei.com.cn。

前　言

作为一个应势而生的移动终端操作系统，Android 适应了移动互联网的发展，为产业从以硬件为重心向以内容和服务为重心转型提供了一个绝佳的平台。更由于其发起者 Google 的正确商业推广策略，自发布之日起，Android 便赢得了众多开发者和 OEM 厂商的青睐与支持，支持者的范围如滚雪球般不断扩大，最终后来居上。由于其面向互联网设计的特点，Android 适用于数字家庭、远程医疗、物联网、交通监控、移动终端、机器人等多种应用领域，能很好地适应移动互联网的发展，其前景被越来越多的人看好。Android 的出现，加速了以"内容"和"服务"为重心的新一代信息产业革命的发展。

Android 是 Google 于 2007 年 11 月推出的一款开放的嵌入式操作系统平台，由于其完全开源的特性，正以空前的速度吸引着大批开发者的加入。为了帮助众多的软件开发人员尽快地掌握 Android 平台的相关知识，尽快地步入实际项目的开发中，作者根据多年项目开发经验编写了此书。

本书既介绍了 Android 应用程序基本框架，也对 Android 平台的各种控件进行了讲解，还通过一个真实案例向读者介绍了 Android 应用程序完整的开发步骤。读者通过本书可以尽快地掌握在 Android 平台下进行开发的相关知识。

本书具有以下特点：

1．内容饱满、由浅入深

本书内容既包括 Android 平台下开发的基础知识，也有项目编程的实用技巧，还提供了多个真实案例供读者学习。本书在知识的层次上由浅入深，即使是 Android 的门外汉，也可以平稳、快速地步入 Android 开发的殿堂。

2．结构清晰、语言简洁

本书中所有案例都是按照笔者的真实项目开发过程进行介绍的，结构清晰、语言简洁，便于实际练习。为了帮助读者更好地理解相关知识点，全书穿插了很多实用技巧及温馨提示。

3．实用超值的教学资源

为了便于教学，本书提供的配套教学资源包括课程简介、教学大纲、电子教案（PPT）、实例源代码和习题解答等，可通过华信教育资源网 http://www.hxedu.com.cn 下载。

4．实际商业案例

本书的案例都有实际商业价值，如果进行开发，价格要数万元，本书中编者将其完整地展现给了读者。

本书共分 13 章：第 1 章认识 Android，主要讲述了 Android 的概念、特点以及 SDK 中资源及其使用，通过本章读者可以对 Android 有一定的初步了解；第 2 章 Android 系统开发综述，全面讲述了 Android 系统开发的相关概念，通过本章内容的学习，读者可以对 Android 系统开发过程中的常见概念有所了解，并学会搭建 Android 应用开发环境以及对其应用进行打包；第 3 章创建一个 Android 程序，介绍了如何创建一个简单的 Android 程序并运行，对

Android 的工程目录结构进行了详细分析，并讲解了如何调试 Android 程序；第 4 章 Activity 组件，介绍了 Android 四大组件之一 Activity 组件的运行状态、生命周期，自定义 Activity 以及 Activity 的详细配置等内容；第 5 章界面布局，讲述了用户界面设计原则、用户界面设计核心概念、Android 布局和控件、菜单、对话框、滚动处理等内容；第 6 章 Intent 组件，介绍了 Intent 组件的概念、Intent 的组成、Intent Filter、Intent 的解析机制、Intent 调用常用组件、Intent 在多 Activity 中的使用；第 7 章 Service 组件，讲述了 Android 四大组件之一 Service 的概念、Service 的生命周期、常用方法、IntentService，提高 Service 优先级，使用系统服务、远程 Service 等内容；第 8 章 BroadcastReceiver 组件，向读者介绍了 Android 四大组件之一 BroadcastReceiver 广播接收者的概念和机制、生命周期、广播消息的处理流程、广播类型及广播的收发、处理系统的广播消息等内容；第 9 章 Android 数据存储与共享，详细讲述了 SharedPreferences、ContentProvider、File、SQLite 数据库编程等内容；第 10 章网络连接，详细讲述了网络的访问方式（包括 HTTP 方式、Socket 方式、Wi-Fi 方式、蓝牙、获取网络状态等）、HTTP 通信接口、WebView 以及 Wi-Fi 应用的开发；第 11 章多线程，详细讲述了多线程的实现和多线程的消息传递机制，包括 Looper、Handler、Message 的使用；第 12 章百度地图 API，详细讲述了百度 Android SDK、百度地图 API 功能、申请密钥、环境配置、基础地图、检索功能、定位、事件监听等开发百度地图 API 的知识；第 13 章 APP 示例，通过对周边加油站 APP 应用的展示和其基于 Android 平台的开发过程进行了全面的项目体系讲解，带领读者体验项目开发过程的同时使读者了解真正的 APP 项目是如何开发的。

本书的内容通俗易懂，涵盖了 Android 相关的所有基础技术，并向读者介绍了真实项目的开发流程，特别适合作为软件工程、计算机科学与技术、物联网工程、计算机应用、电子商务等专业的高年级本科生和研究生的教材，也适合相关软件开发技术人员参考。对其内容稍加删减，即可成为本科、大中专院校其他专业选修课、职业技术类学院和各种软件开发培训机构的教材。本书详细介绍了 Android 的基础知识及各种控件，并对 Android 平台下基于百度地图 API 的开发进行了介绍，Android 初学者通过本书可以快速、全面地掌握 Android 平台相关知识，快速地步入 Android 开发人员的行列。有一定 Java 基础的读者通过阅读本书的前半部分便可快速地掌握 Android 的各种组件及基础控件，然后通过本书的真实案例的学习迅速地掌握 Android 平台下的应用程序开发技巧。

作者从事工程应用软件开发 15 年，主持开发的工程应用系统有：建设工程招投标信息处理系统、建设工程（土建、装饰、安装、市政、园林绿化、抗震加固、水利水电、电力、公路、邮电通信、煤炭）造价信息处理系统、建筑工程三维可视化算量软件、建设工程招投标企业信用信息系统、建筑工程监管信息系统、公共资源交易系统、重点项目（重点企业）动态监察系统、混凝土质量动态监管系统、大型建筑工地太阳能 3G 无线远程视频监控系统、大型流域和城市防洪预警会商系统、城市火灾预警和消防装备全生命周期管理系统、路灯景观灯照明控制系统等。其中基于 Zigbee 和 GPRS 的路灯照明调光节能控制系统已在太原市滨河东路景观照明系统工程、太原市汾河公园照明工程、长风商务区景观照明工程、汾东商务区路灯照明工程、江苏宜兴团氿公园景观照明工程、山东曹县路灯照明工程、河南中牟县路灯照明工程中推广应用。

本书共 13 章，总学时为 48 学时，其中授课时间为 40 学时，实验练习时间为 8 学时。

针对选修课、职业类教育删减第 11 章多线程、第 13 章 APP 示例内容即可，总学时为 32 学时。

本书由张军朝担任主编，制定本书大纲、进行内容安排并指导文字写作；段跃兴负责全书的组织工作；吕进来负责全书的统稿工作；王园宇负责本书所有源代码的调试工作；贾好来负责本书 APP 示例源代码编写。张军朝编写了第 1、2、3 章；段跃兴编写了第 4、5 章；吕进来编写了第 6、7 章；王园宇编写了第 8、9 章；赵荣香编写了第 10 章；吕丰德编写了 11 章，张江华编写了 12 章，贾好来编写了 13 章。本书由太原理工大学陈俊杰教授主审。

在本书的编写过程中得到了计算机专业教学指导委员会委员、太原理工大学陈俊杰教授，太原理工大学崔冬华教授，山西太原天地方圆电子科技有限公司赵荣香高工、吕丰德工程师、张江华工程师自始至终的支持和帮助；太原理工大学赵阳硕士、王青文硕士、陶亚男硕士在编写和校对过程中也做了大量的工作。在此一并致以衷心的感谢！

编者力求将实践和理论相结合，科研和教学相结合，工程和教学相结合，硬件和软件相结合，先进和实用相结合，编写出高质量、高水平的教材。但由于编者水平有限，书中错误和不当之处在所难免，敬请读者谅解和指正，联系邮箱：zhangjunchao@tyut.edu.cn。

张军朝

2016 年 1 月 1 日　于　太原理工大学 国交楼

目　录

第 1 章　认识 Android

本章主要内容：

- Android 的定义。
- Android 的特点。
- Android 操作系统。
- Android SDK 中的资源概述。
- Android SDK 中各种资源及其使用方法。

本章主要讲述 Android 的概念、特点以及 SDK 中资源及其使用。通过本章内容的学习读者可以对 Android 有一定的初步了解。

1.1　Android 的定义

Android（中文译为安卓或安致）英文本意指“机器人”。它是一种以 Linux 为基础的自由及开放源码操作系统，也是一个平台，该平台由操作系统、中间件、用户界面和应用软件组成。主要使用于移动设备，如智能手机和平板电脑。Android 操作系统最先由 Andy Rubin 开发，最初主要支持手机。后来由 Google 收购注资，然后汇集了其他的设备商组成了开发团队进行升级开发，经过改良后的 Android 系统逐渐扩展到了其他设备上。第一部 Android 智能手机发布于 2008 年 10 月。到目前，经过几年的发展 Android 已经超过了之前的诺基亚塞班系统，跃居全球最受欢迎的智能手机平台。2013 年的第四季度，Android 平台手机的全球市场份额已经达到 78.1%。

严格来说，Android 并不是一个单一的操作系统，它从下至上由一系列的部分组成。首先在内核层它使用了经过 Google 剪裁和调优的 Linux Kernel，对移动设备的硬件提供了专门的优化和支持；其次还包括了由 Google 实现的 Java 虚拟机 Dalvik；在上层，它还包括了大量的立即可用的类库和软件。这些良好的开发环境与详细的帮助文档和示例等可帮助开发人员快速入门。

1.2　Android 的特点

在学习 Android 开发之前，首先来探讨一下 Android 应用的特点，这对深入学习 Android 应用开发将会有很大帮助。

（1）全开放性。用户也可以成为内容创造者，只要拥有一点软件开发知识就可以通过自主开发、共享各种程序软件。显著的开放性可以使其拥有更多的开发者，随着用户和应用的日益丰富，一个崭新的平台也将很快走向成熟。Symbian 系统因为软件需要签名，而且各版的应用程序不兼容，让很多软件开发商会弱化 Symbian 系统软件的开发，转向其他 IOS 和 Android 系统软件开发。

（2）拥有丰富的应用程序。作为全球第二大的移动操作系统，截至去年年底，应用软件数量已经突破 20 万。Android 上的应用程序可以通过标准 API 访问核心移动设备功能。通过互联网，应用程序可以声明它们的功能可供其他应用程序使用。

（3）提供丰富的界面控件供开发者使用。允许可视化开发，并保证 Android 平台下的应用程序界面一致。

（4）完备的开发环境支持。Android 提供的开发套件包括模拟器、调试工具、内存及性能分析工具以及一些插件和详尽的开发文档，使开发人员更加有效地开发 Android。

（5）Android 操作系统是免费的，所以大部分智能电视都采用 Android 操作系统。挣脱运营商的束缚，在过去很长的一段时间，手机应用往往受到运营商制约，使用什么功能接入什么网络，几乎都受到运营商的控制。自从 Android 上市，用户可以更加方便地连接网络，运营商的制约减少。

（6）更强大的功能特性。与传统 PC、手机和平板电脑相比，它最根本的是可以拨打电话、收发短信，手机等移动设备往往还具有 Wi-Fi 无线上网、蓝牙数据传输、GPS 导航定位、高分辨率摄像拍照等高级功能特性。

（7）更灵活的交互方式。相对 PC 而言，手机等设备具有触摸屏并且大多还带有传感器可以自动获取当前的位置、加速度、环境温度、光线等信息。利用这些信息开发的 Android 应用更加方便操作、更加智能贴心。

（8）支持高效、快速的数据存取方式，具有强大的可扩展性。

1.3 Android 操作系统

Android 系统是由 Google 主导的，由 OHA（开放手机联盟，Open Handset Alliance）开发的一个操作系统，最初它主要应用于手机设备。它设计之初就表现出了完全的开放性和强大的可扩展性，因此已经成为最为流行的嵌入式设备操作系统之一，如上网本、机顶盒、全球定位设备、车载设备、电视机等。Android 给设备带来了全新的网络应用体验。

Andy Rubin 创立了 Danger 和 Android 两个手机操作系统公司。后来微软以 5 亿美元收购 Danger 手机操作系统公司，现今成为 Kin，Google 以 4000 万美元收购 Android 手机操作系统公司。Android 是 Google 于 2007 年 11 月 5 日宣布的基于 Linux 平台的开源手机操作系统的名称，该平台由操作系统、中间件、用户界面和应用软件组成。它采用软件堆层（Software Stack，又名软件叠层）的架构，主要分为三部分。底层以 Linux 内核工作为基础，由 C 语言开发，只提供基本功能；中间层包括函数库 Library 和虚拟机 Virtual Machine，由 C++开发，最上层是各种应用软件，包括通话程序、短信程序等，应用软件则由各公司自行开发，以 Java 作为编写程序的一部分。不存在任何以往阻碍移动产业创新的专有权障碍，号称是首个为移动终端打造的真正开放和完整的移动软件。

Google 通过与软硬件开发商、设备制造商、电信运营商等其他相关各方结成深层次的合作伙伴关系，希望借助建立标准化、开放式的移动电话软件平台，在移动产业内形成一个开放式的生态系统。Android 作为 Google 企业战略的重要组成部分，将进一步推进“随时随地为每个人提供信息”这一企业目标的实现。全球为数众多的移动电话用户正在使用各种基于 Android 的电话。谷歌的目标是让移动通信不依赖于设备甚至平台，出于这个目标，Android 将进一步补充而不会替代谷歌长期以来奉行的移动发展战略：通过与全球各地的手机制造商和移动运营商结成合作伙伴，开发既有用又有吸引力的移动服务，并推广这些产品。

1.4　Android SDK 中的资源

1.4.1　资源概述

资源是 Android 应用的重要组成部分，应用中使用的图像、声音、视频、字符串等都可以称为资源，资源大多保存在工程的 res 目录下，很多资源将被封装到 APK 文件中，并随 APK 文件一起发布。

资源主要有：res/layout 目录下存放的 XML 资源，用来描述应用的布局，如 res/layout/main.xml；res/drawable 目录下存放的图像资源，用于存放多种格式的图像，如 png/jpg/gif 等；res/values 目录下存放的 XML 资源，该目录下的 XML 文件内容作为资源，可以创建任意多个 XML 文件；assets 目录下存放的任意类型，该目录可以存放任意类型的资源，不会被编译。

Android 应用中的 R 类会为每一种资源生成一个唯一的 ID 值。

```
Public final class R {
    public static final class attr {
    }
    public static final class drawable {
        public static final int icon=0x7f020000;
    }
    public static final class layout {
        public static final int main=0x7f030000;
    }
    public static final class string {
        public static final int app_name=0x7f040001;
        public static final int hello=0x7f040000;
    }
}
```

Android 应用会在 gen 目录下自动生成一个 R 类，R 类中包含若干个静态内部类，每个内部类都对应一种资源，为资源生成 ID 值。

使用资源的两种方法如下。

（1）在 Java 代码中，可以通过 ID 值访问资源，例如：

```
R.drawable.icon
Drawable moonpic=this.getResources().getDrawable(R.drawable.moon);
TextView ophonetext=(TextView) this.findViewById(R.id.ophone);
```

（2）在 XML 文件中，可以使用如下格式访问资源，例如：

```
@drawable/icon
<TextView android:background="@color/red"
```

1.4.2 各种资源的使用

1. 系统资源及其使用

Android SDK 中提供了大量的系统资源，包括布局文件、字符串资源等，都存在于 Android SDK 的 data\res 目录下，如图 1-1 所示。

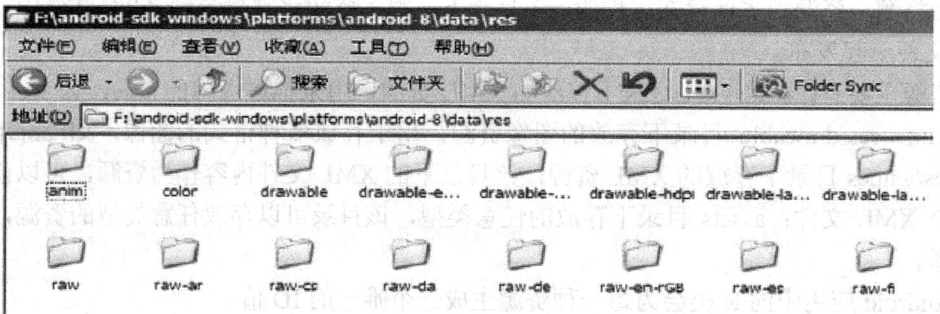

图 1-1 系统资源目录

使用系统资源的格式为：

```
android.R.资源类型.资源 ID
```

2. 字符串资源及其使用

所有的字符串资源都必须放在 res/values 目录下的 XML 文件中，XML 文件可以使用任意名字。字符串资源使用<string name="">…</string>定义，name 指字符串资源的 key 值：

```
<?xml version="1.0" encoding="utf-8"?>
<resources>
 <string name="hello">大家好，欢迎学习 Android! </string>
<string name="app_name">SDK 中的资源</string>
<string name="weather">明天白天，晴， 21-15? ?C</string>
</resources>
```

字符串资源中的 key 值是 R.string 类中定义的 int 型的 ID 值：

```
public static final class string {
    public static final int app_name=0x7f040002;
    public static final int book=0x7f040000;
    public static final int hello=0x7f040001;
```

```
}
```

在 Java 代码中使用 R.string.ID 值；在 XML 中使用@string/ID 值。

```
text.setText(R.string.book);
@string/book
```

3. 数组资源及其使用

在 res/values 下可以存放表示数组资源的 XML 文件，可以包括字符串数组和整型数组两种，分别使用<string-array>和<integer-array>标签设置。

```
<?xml version="1.0" encoding="utf-8"?>
<resources>
<string-array name="country">
<item>中国</item>
<item>美国</item>
<item>英国</item>
</string-array>
<integer-array name="count">
<item>10</item>
<item>20</item>
<item>30</item>
</integer-array>
</resources>
```

在 Activity 类中，可以使用 getResources.getStringArray 获得 string 型数组资源。

```
string[]country=this.getResources().getStringArray(R.array.country);
```

在 Activity 类中，可以使用 getResources.getIntArray 方法获得 int 型数组资源。

```
int[] count=this.getResources().getIntArray(R.array.count);
```

4. 颜色资源及其使用

可以在 XML 文件中使用<color name="">颜色 RGB 值</color>方式保存颜色值，XML 文件可以使用任意名字，存放在 res\values 目录下。

```
<?xml version="1.0" encoding="utf-8"?>
<resources>
<color name="red">#FF0000</color>
<color name="green">#66FF00</color>
<color name="white">#FFFFFF</color>
</resources>
```

<color name="">中的 name 是 R.color 类中的 ID 值。

```
public static final class color {
```

```
    public static final int green=0x7f050001;
    public static final int red=0x7f050000;
    public static final int white=0x7f050002;
}
```

在 Java 代码中使用颜色资源 R.color.ID 值，在 XML 中使用颜色资源@color/ID 值。

```
text.setTextColor(R.color.green);
text.setBackgroundColor(R.color.white);
<TextView android:background="@color/red"
```

5. 尺寸资源及其使用

尺寸资源可以在 res\values 下的 XML 文件中使用<dimen name="">浮点数值</dimen>定义。dimen 的值是一系列的浮点数，后面是尺寸单位，常用的单位有 px、in、mm、pt、dp、sp。

```
<?xml version="1.0" encoding="utf-8"?>
<resources>
<dimen name="pxsize">100px</dimen>
<dimen name="insize">10in</dimen>
<dimen name="spsize">100sp</dimen>
</resources>
```

R 类中根据<dimen name="">的 name 值生成 ID 值。

```
public static final class dimen {
    public static final int insize=0x7f060001;
    public static final int pxsize=0x7f060000;
    public static final int spsize=0x7f060002;
}
```

在 Java 代码中使用“dimen：R.dimen.ID”值，在 XML 中使用“dimen：@dimen/ID”值。

```
<TextView android:layout_height="@dimen/pxsize"
```

6. 类型资源及其使用

如果多个组件都需要设置同样的风格，则可以在 res\values 下使用 XML 文件存储类型资源，类型使用<style name="">标签指定。

```
<style name="project1style">
<item
name="android:gravity">right</ite
m>
<item
name="android:background">@c
```

```
olor/green</item>
</style>
```

R 类中将根据<style name="">的 name 值生成类型资源的 ID。

```
public static final class style {
    public static final int project1style=0x7f080000;
}
```

Android 组件可以通过 style 属性指定需要使用的类型资源。

```
<TextView style="@style/project1style"/>
```

7. 绘画资源及其使用

Android 应用中会用到很多图像，图像都可以放在 res\drawable 下，图像的名称即 ID 值，如图 1-2 所示。

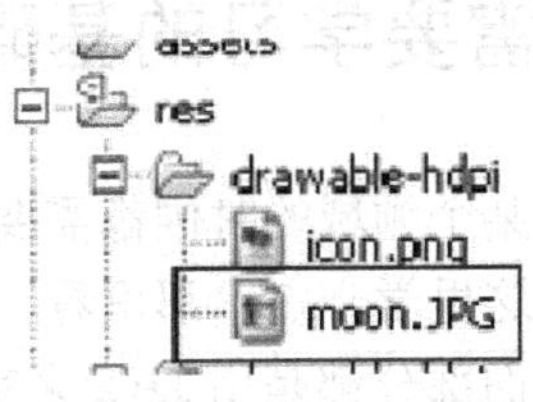

图 1-2 绘画资源

在 Java 代码中获得 Drawable 对象：

```
Drawable moonpic=this.getResources().getDrawable(R.drawable.moon);
```

在 XML 文件中使用 Drawable 对象：

```
<TextView android:background="@drawable/moon"
```

8. 布局资源及其使用

Android 应用程序有两种生成组件的方式，即 Java 代码和 XML 文件。

所有的 XML 布局文件都存放在 res/layout 下。

```
<?xml version="1.0" encoding="UTF-8"?>
<LinearLayout android:layout_height="fill_parent" android:layout_width=
"fill_parent" android:orientation="vertical" xmlns:android="http://schemas.
android.com/apk/res/android"> <TextView android:background="@color/red"android:
id="@+id/text" android:layout_height="@dimen/pxsize"
android:layout_width="fill_parent" android:text="@string/hello"/>
```

可以使用 R.layout.ID 值引用布局资源。

9. ASSETS 资源及其使用

ASSETS 资源在与 res 目录平级的 assets 目录下 ASSETS 资源不会生成资源 ID，直接使用资源名读取资源文件。

```
try {
InputStream is=this.getAssets().open("LayoutActivity.java");
byte[] buffer=new byte[1024];
int c=is.read(buffer);
String s=new String(buffer,0,c);
ophonetext.setText(s);
} catch (IOException e) {
// TODO Auto-generated catch block
e.printStackTrace();
}
```

1.5 需要学习的基础知识

学习每个语言或者刚开始进入某个领域的时候都需要一些基础，学基础时最好有一个系统的方法，整套地进行学习，不要这里学一点，那里看一点。以下是需要学习的基础知识。

（1）Java 基础。基本上来说界面部分都是用 Java 来实现的。

（2）Linux 基础。Android 是一种以 Linux 为基础的开放源码操作系统，在学习和工作当中会与 Linux 命令打交道。

（3）C、C++基础。C、C++用来实现对系统资源消耗比较大的部分的编码，借助 NDK。

（4）数据库基础。

（5）善于阅读源代码，对于能够深入理解 Android 有帮助。

1.6 习　　题

1．什么是 Android？

2．Android 有哪些特点？

3．什么是资源？

4．Android SDK 中有哪些资源以及各资源的使用方法是什么？

5．学习 Android 需要学习哪些知识？

第 2 章　Android 系统开发综述

本章主要内容：

- Android 系统架构。
- 搭建 Android 开发环境。
- Android 工程目录结构分析。
- Android 的模拟器。
- Android 应用打包过程。

本章全面讲述 Android 系统开发的相关概念。通过本章内容的学习，读者可以对 Android 系统开发过程中的常见概念有所了解，并会搭建 Android 应用开发环境以及对其应用进行打包。

2.1　Android 系统架构

Android 的系统架构采用分层架构的思想，架构清晰，层次分明，协同工作。如图 2-1 所示，从上层到底层共包括四层，分别是应用程序层、应用程序框架层、系统运行库层和 Linux 内核层。

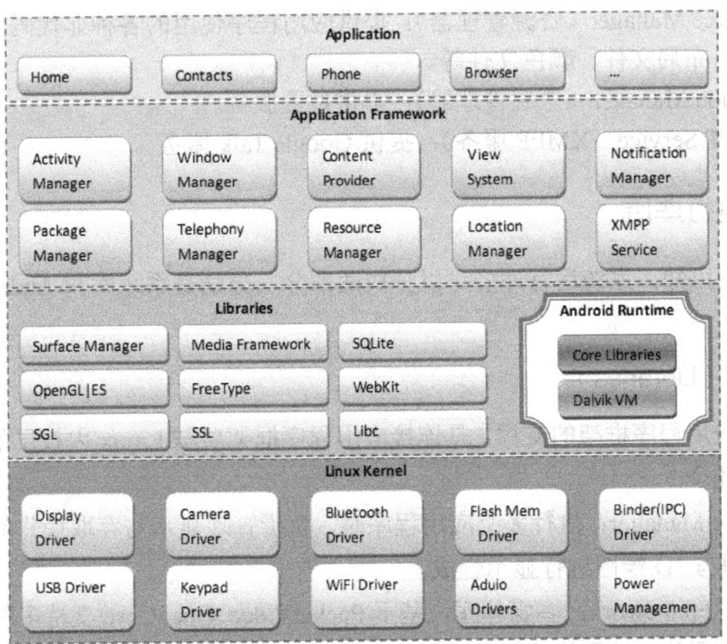

图 2-1　Android 系统架构图

2.1.1 应用程序层

应用程序层（Application），Android 平台不仅仅是操作系统，也包含了许多应用程序，诸如 SMS 短信客户端程序、电话拨号程序、图片浏览器、Web 浏览器等应用程序。这些应用程序都是用 Java 语言编写的，并且这些应用程序都是可以被开发人员开发的其他应用程序所替换，这点不同于其他手机操作系统固化在系统内部的系统软件，更加灵活和个性化。

2.1.2 应用程序框架层

应用程序框架层（Application Framework）是人们从事 Android 开发的基础，很多核心应用程序也是通过这一层来实现其核心功能的，该层简化了组件的重用，开发人员可以直接使用其提供的组件来进行快速的应用程序开发，也可以通过继承而实现个性化的拓展。应用程序框架层包括以下几个。

（1）Activity Manager（活动管理器）：管理各个应用程序生命周期以及通常的导航回退功能。

（2）Window Manager（窗口管理器）：管理所有的窗口程序。

（3）Content Provider（内容提供器）：使得不同应用程序之间存取或者分享数据。

（4）View System（视图系统）：构建应用程序的基本组件。

（5）Notification Manager（通告管理器）：使得应用程序可以在状态栏中显示自定义的提示信息。

（6）Package Manager（包管理器）：Android 系统内的程序管理。

（7）Telephony Manager（电话管理器）：管理所有的移动设备功能。

（8）Resource Manager（资源管理器）：提供应用程序使用的各种非代码资源，如本地化字符串、图片、布局文件、颜色文件等。

（9）Location Manager（位置管理器）：提供位置服务。

（10）XMPP Service（XMPP 服务）：提供 Google Talk 服务。

2.1.3 系统运行库层

从图 2-1 中可知，系统运行库层可以分成两部分，分别是系统库和 Android 运行时，分别介绍如下。

1. 系统库（Libraries）

系统库是应用程序框架的支撑，是连接应用程序框架层与 Linux 内核层的重要纽带。其主要分为如下几个。

（1）Surface Manager：执行多个应用程序时，负责管理显示与存取操作间的互动，另外也负责 2D 绘图与 3D 绘图进行显示合成。

（2）Media Framework：多媒体库，基于 PacketVideo OpenCore 支持多种常用的音频、视频格式录制和回放，编码格式包括 MPEG4、MP3、H.264、AAC、ARM。

（3）SQLite：小型的关系型数据库引擎。

（4）OpenGLES：根据 OpenGL ES 1.0API 标准实现的 3D 绘图函数库。

（5）FreeType：提供点阵字与向量字的描绘与显示。

（6）WebKit：一套网页浏览器的软件引擎。

（7）SGL：底层的 2D 图形渲染引擎。

（8）SSL：在 Andorid 上通信过程中实现握手。

（9）Libc：从 BSD 继承来的标准 C 系统函数库，专门为基于 Embedded Linux 的设备定制。

2. Android 运行时（Android Runtime）

Android 应用程序采用 Java 语言编写，程序在 Android 运行时中执行，其分为核心库和 Dalvik 虚拟机两部分。

（1）核心库（Core Libraries）：提供了 Java 语言 API 中的大多数功能，同时也包含了 Android 的一些核心 API，如 android.os、android.net、android.media 等。

（2）Dalvik 虚拟机（DalvikVM）：Android 程序不同于 J2me 程序，每个 Android 应用程序都有一个专有的进程，并且不是多个程序运行在一个虚拟机中，而是每个 Android 程序都有一个 Dalvik 虚拟机的实例，并在该实例中执行。Dalvik 虚拟机是一种基于寄存器的 Java 虚拟机，而不是传统的基于栈的虚拟机，并进行了内存资源使用的优化以及支持多个虚拟机的特点。需要注意的是，不同于 J2me，Android 程序在虚拟机中执行的并非编译后的字节码，而是通过转换工具 dx 将 Java 字节码转成.dex 格式的中间码。

2.1.4 Linux 内核层

Linux 内核层（Linux Kernel）是基于 Linux2.6 内核，其核心系统服务如安全性、内存管理、进程管理、网路协议以及驱动模型都依赖于 Linux 内核。同时，Linux 内核也是作为硬件与软件栈的抽象层。

2.2 搭建 Android 开发环境

俗话说，工欲善其事，必先利其器，所以在深入学习后续内容前，就从 Windows 系统下 Android 的环境搭建说起。

2.2.1 Java 环境搭建

1. 安装 JDK

JDK 的全称是 Java SE Development Kit，也就是 Java 开发工具箱。SE 表示标准版。JDK 是 Java 的核心，包含了 Java 的运行环境（Java Runtime Environment），一堆 Java 工具和给开发者开发应用程序时调用的 Java 类库。

访问网站：http://www.oracle.com/technetwork/java/javase/downloads/index.html。

下载 Java SE 7u3 的版本到本地计算机后双击进行安装。JDK 的安装过程比较简单，相信多数读者都会，在安装的时候注意将 JDK 和 JRE 安装到同一个目录即可。

2. 配置环境变量

安装 J2SDK 以后，若需要在 cmd 下使用 Java 命令和编译、运行程序，可以配置环境变量：新建环境变量 JAVA_HOME，右击"我的电脑"→"属性"→"高级"→"环境变量"，打开新建环境变量界面，如图 2-2 所示。

环境变量配置步骤如下。

（1）单击"系统变量"下的"新建"按钮，在弹出如图 2-3 所示的新建用户变量界面中设置"变量名"为"JAVA_HOME"、"变量值"为"E:\Program Files\code\Java\Jdk1.5"（JDK 的安装路径），然后单击"确定"按钮。

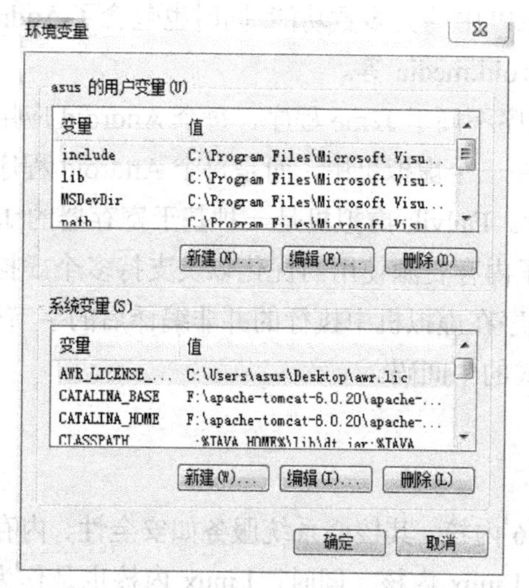

图 2-2　新建环境变量界面

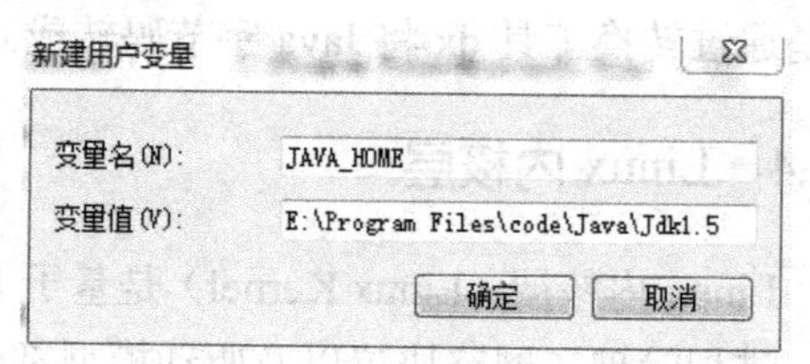

图 2-3　新建用户变量界面

（2）新建用户变量"CLASSPATH"（步骤和上一步类似）。在图 2-4 中"变量名"为"CLASSPATH"，"变量值"为"%JAVA_HOME%\lib\dt.jar;%JAVA_HOME%\lib\tools.jar;"，然后单击"确定"按钮。

（3）编辑系统变量"Path"，在"系统变量"选项区域中，选中"Path"项，单击下面的"编辑"按钮，在"变量值"文本框的最前面加入"%JAVA_HOME%\bin;"单击"确定"按钮，完成系统变量配置，如图 2-5 所示。

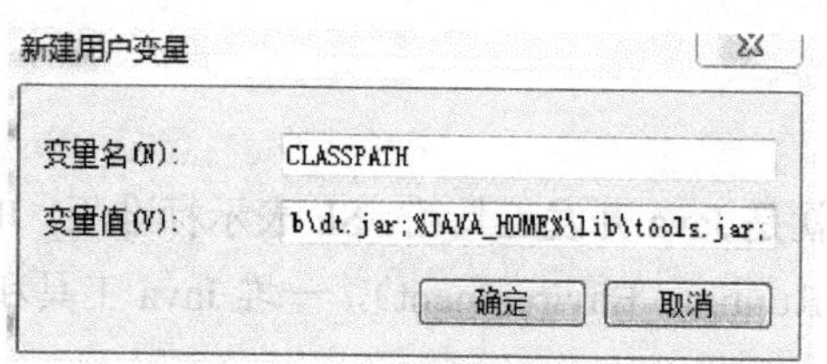

图 2-4　新建用户变量"CLASSPATH"

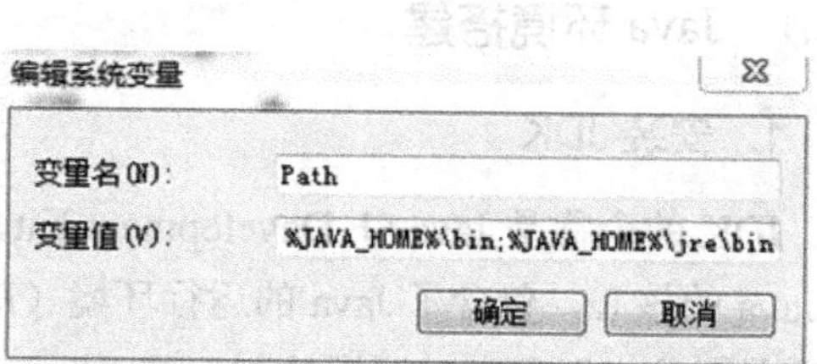

图 2-5　编辑系统变量

配置系统变量后，单击“开始”→“运行（cmd）”，在弹出的 DOS 窗口中输入“javac”后按 Enter 键，得到如图 2-6 所示的结果，说明配置成功。

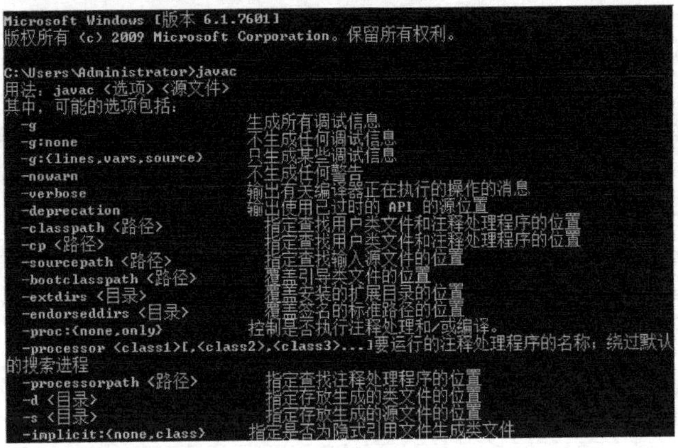

```
Microsoft Windows [版本 6.1.7601]
版权所有 (c) 2009 Microsoft Corporation。保留所有权利。

C:\Users\Administrator>javac
用法: javac <选项> <源文件>
其中, 可能的选项包括:
  -g                         生成所有调试信息
  -g:none                    不生成任何调试信息
  -g:{lines,vars,source}     只生成某些调试信息
  -nowarn                    不生成任何警告
  -verbose                   输出有关编译器正在执行的操作的消息
  -deprecation               输出使用已过时的 API 的源位置
  -classpath <路径>           指定查找用户类文件和注释处理程序的位置
  -cp <路径>                  指定查找用户类文件和注释处理程序的位置
  -sourcepath <路径>          指定查找输入源文件的位置
  -bootclasspath <路径>       覆盖引导类文件的位置
  -extdirs <目录>             覆盖安装的扩展目录的位置
  -endorseddirs <目录>        覆盖签名的标准路径的位置
  -proc:{none,only}          控制是否执行注释处理和/或编译。
  -processor <class1>[,<class2>,<class3>...]要运行的注释处理程序的名称; 绕过默认
的搜索进程
  -processorpath <路径>       指定查找注释处理程序的位置
  -d <目录>                   指定存放生成的类文件的位置
  -s <目录>                   指定存放生成的源文件的位置
  -implicit:{none,class}     指定是否为隐式引用文件生成类文件
```

图 2-6　配置成功

2.2.2　安装 Eclipse

Eclipse 为 Java 应用程序及 Android 开发的 IDE（集成开发环境）。Eclipse 的版本有多个，这里选择下载“Eclipse IDE for Java EE Developers”这个版本即可。

Eclipse 本身是不需要安装的，下载后直接把解压包解压到目标文件即可。进入解压后的目录，找到 Eclipse 可执行文件，然后在桌面上创建一个快捷方式，双击此快捷方式直接运行，Eclipse 能自动找到用户安装的 JDK 路径。

2.2.3　安装 Android SDK

Android SDK 提供了开发 Android 应用程序所需的 API 库和构建、测试和调试 Android 应用程序所需的开发工具。

通过访问 Android develops 网站下载 Android SDK。由于不同的操作系统需下载不同的 Android SDK 压缩包，因此读者可根据系统自行下载。下载完后，即可安装 Android SDK，现有两种安装方式：通过 eclipse sdk manager 在线安装和离线安装。

1. 通过 Eclipse SDK Manager 在线安装

（1）首先解压缩“android-sdk_r16-windows.zip”下载器，并双击运行“eclipse sdk manager.exe”。

（2）接着可以选择想要安装的 Packages 进行安装，如图 2-7 所示。

（3）在图 2-8 中，选中“Accept All”单选按钮，单击“Install”按钮进行下载安装。根据自己的网速，下载安装的时间不同，请耐心等待，即可完成 Android SDK 的安装。

2. 离线安装

首先下载 SDK 的安装包并将安装包“android-sdk_r16-windows.zip”（安装工具）解压到指定目录，如“D:\TDDOWNLOAD\android-sdk_r16-windows\android-sdk-windows”，然后新

建 platforms、docs、samples、usb_driver、market_licensing 文件夹，接着打开下载工具，下载内容如图 2-9 所示。

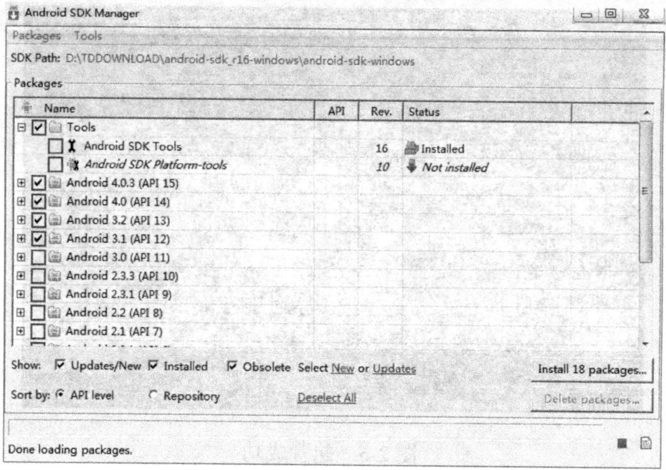

图 2-7 选择要安装的 Packages

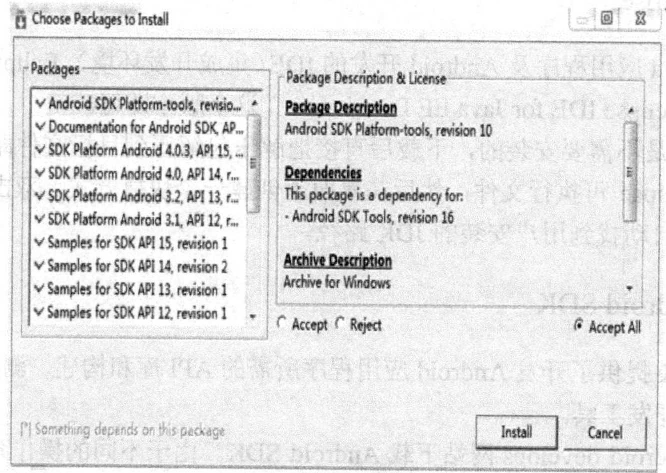

图 2-8 确认界面

http://dl-ssl.google.com/android/repository/android-1.5_r04-windows.zip
http://dl-ssl.google.com/android/repository/android-1.6_r03-windows.zip
http://dl-ssl.google.com/android/repository/android-2.0.1_r01-windows.zip
http://dl-ssl.google.com/android/repository/android-2.0_r01-windows.zip
http://dl-ssl.google.com/android/repository/android-2.1_r02-windows.zip
http://dl-ssl.google.com/android/repository/android-2.2_r01-windows.zip
http://dl-ssl.google.com/android/repository/docs-2.2_r01-linux.zip
http://dl-ssl.google.com/android/repository/google_apis-3-r03.zip
http://dl-ssl.google.com/android/repository/google_apis-4_r02.zip
http://dl-ssl.google.com/android/repository/google_apis-5_r01.zip
http://dl-ssl.google.com/android/repository/google_apis-6_r01.zip
http://dl-ssl.google.com/android/repository/google_apis-7_r01.zip
http://dl-ssl.google.com/android/repository/google_apis-8_r01.zip
http://dl-ssl.google.com/android/repository/jboss-5.1.0.GA.zip
http://dl-ssl.google.com/android/repository/samples-2.1_r01-linux.zip
http://dl-ssl.google.com/android/repository/samples-2.2_r01-linux.zip
http://dl-ssl.google.com/android/repository/tools_r06-windows.zip
http://dl-ssl.google.com/android/repository/usb_driver_r03-windows.zip

图 2-9 下载内容

最后把上面下载的压缩文件解压缩到指定目录：

把 android 开头的文件解压到 platforms 目录下；

把 google_apis 开头的文件解压到 add-ons 目录下；

把 market_licensing-r01.zip 解压到 market_licensing 目录下；

把 tools_r07-windows.zip 解压到 tools 目录下；

把 docs-2.2_r01-linux.zip 解压到 docs 目录下；

把 samples-2.2_r01-linux.zip 和 samples-2.1_r01-linux.zip 解压到 samples 目录下；

把 usb_driver_r03-windows.zip 解压到 usb_driver 目录下。

这样就完成了整个 Android SDK 安装工作。

2.2.4 安装 ADT

为了使得 Android 应用的创建、运行和调试更加方便快捷，Android 的开发团队专门针对 Eclipse IDE 定制了一个插件：Android Development Tools（ADT）。ADT 扩展了 Eclipse 的功能，可以让用户快速地建立 Android 项目，创建应用程序界面，以及用 SDK 工具集调试应用程序。

首先启动 Eclipse，之后单击“Help”菜单 →“Install New Software”。

单击“Add”按钮，弹出“Add Repository”对话框，在“Name”文本框中输入“ADT”，在“Location”中输入“http://dll-ssl.google.com/android/eclipse/”，单击“OK”按钮后，Eclipse 会自动搜索可安装的插件。

此时 Eclipse 会搜索指定 URI 的资源，如果搜索无误，会出现 Develop Tools 的复选框，选中该复选框，单击“Next”按钮。再单击“Finish”按钮。

整个安装过程会持续几分钟，安装结束后会出现 Eclipse 重启提示界面。建议单击“Restart Now”按钮重新启动 Eclipse，使 ADT 插件生效。

Eclipse 重启之后会根据目录的位置智能地和它相同目录下 Android SDK 进行关联，如果 Eclipse 没有自动关联 Android SDK 的安装目录，那么就会弹出如图 2-10 所示的提示信息，要求设置 Android SDK 的安装目录。

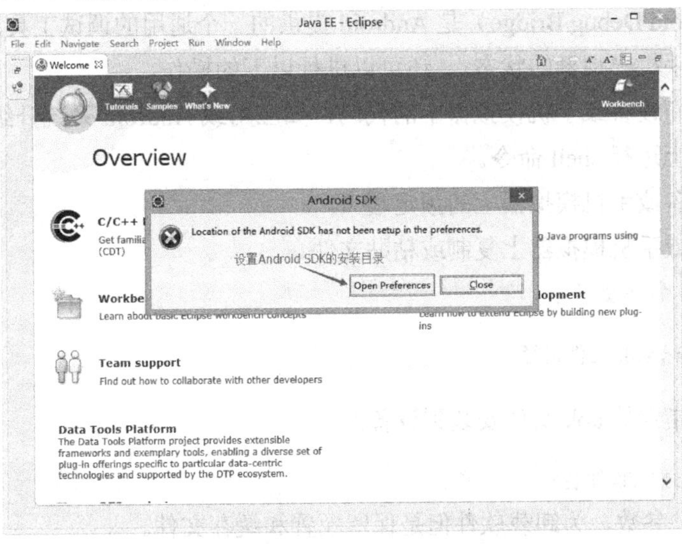

图 2-10 设置 Android SDK 安装目录

单击“Open Preferences”按钮，在弹出面板中就会看到 Android 设置项，输入安装的 SDK 路径，则会出现刚才在 SDK 中安装的各平台包，单击“OK”按钮完成配置。

2.3 Android 开发工具

工欲善其事，必先利其器，Android SDK 本身包含很多帮助开发人员设计、开发、测试和发布 Android 应用的工具，下面简要介绍 DDMS、ADB、AAPT、Logcat 工具。

2.3.1 DDMS 工具

DDMS 的全称是 Dalvik Debug Monitor Service，它为用户提供诸如为测试设备截屏，针对特定的进程查看正在运行的线程以及堆信息、Logcat、广播状态信息、模拟电话呼叫、接收 SMS、虚拟地理坐标等。DDMS 为 IDE 和 emulator 及真正的 Android 设备架起来了一座桥梁。开发人员可以通过 DDMS 看到目标机器上运行的进程/线程状态，可以查看进程的 heap 信息、logcat 信息、进程分配内存情况，也可以像目标机发送短信以及打电话，还可以像 Android 开发发送地理位置信息或像 GDB 一样 attach 某一个进程调试。SDKtools 目录下提供了 ddms 的完整版，直接双击 ddms.bat 运行即可。

DDMS 的工作原理：DDMS 将搭建起 IDE 与测试终端（Emulator 或者 Connected Device）的链接，它们应用各自独立的端口监听调试器的信息，DDMS 可以实时监测到测试终端的连接情况。当有新的测试终端连接后，DDMS 将捕捉到终端的 ID，并通过 ADB 建立调试器，从而实现发送指令到测试终端的目的。

2.3.2 ADB 工具

ADB（Android Debug Bridge）是 Android 提供的一个通用的调试工具，借助这个工具，可以管理设备或手机模拟器的状态。 还可以进行以下的操作。

（1）快速更新设备或手机模拟器中的代码，如应用或 Android 系统升级。

（2）在设备上运行 shell 命令。

（3）管理设备或手机模拟器上的预定端口。

（4）在设备或手机模拟器上复制或粘贴文件。

常用的 ADB 命令如下。

```
adb install<apk 文件路径>
```

这个命令将指定的 apk 文件安装到设备上。

```
adb uninstall<软件名>
```

如果加“-k”参数，为卸载软件但是保留配置和缓存文件。

```
adb shell
```

这个命令将登录设备的 shell。

adb shell 命令后面加“<command 命令>”将是直接运行设备命令，相当于执行远程命令。

```
adb help
```

这个命令将显示帮助信息。

```
adb push<本地路径><远程路径>
```

从计算机上发送文件到设备。

adb remount 在执行 push 命令之前还需要使用 remount 命令获取上传文件权限，否则会出现 Read-only file system 的错误提示信息。

2.3.3 AAPT 工具

AAPT 即 Android Asset Packaging Tool，在 SDK 的 platform-tools 目录下。该工具可以查看、创建、更新 ZIP 格式的文档附件（zip、jar、apk），也可将资源文件编译成二进制文件。尽管用户可能没有直接使用过 AAPT 工具，但是 build scripts 和 IDE 插件会使用这个工具打包 apk 文件构成一个 Android 应用程序。

AAPT 工具也支持很多子命令：

aapt l[ist]：列出资源压缩包里的内容。

aapt d[ump]：查看 APK 包内指定的内容。

aapt p[ackage]：打包生成资源压缩包。

aapt r[emove]：从压缩包中删除指定文件。

aapt a[dd]：向压缩包中添加指定文件。

aapt v[ersion]：打印 aapt 的版本。

2.3.4 Logcat 工具

Logcat 是 Android 中一个命令行工具，可以用于得到程序的 log 信息。Android 日志系统提供了记录和查看系统调试信息的功能。日志都是从各种软件和一些系统的缓冲区中记录下来的，缓冲区可以通过 Logcat 命令来查看和使用。

Logcat 使用方法如下所示。

```
Logcat [options] [filterspecs]
```

Logcat 的选项包括：

-s：设置过滤器，如指定 '*:s'。

-f：输出到文件，默认情况是标准输出。

-r []：循环 log 的字节数（默认为 16），需要“-f”选项。

-n：设置循环 log 的最大数目，默认是 4。

-v：设置 log 的打印格式，下面是其中的一种。

```
brief process tag thread raw time threadtime long
```

-c：清除所有 log 并退出。

-d：得到所有 log 并退出 （不阻塞）。

-g：得到环形缓冲区的大小并退出。

-b：请求不同的环形缓冲区（'main'（默认）、'radio'、'events'）。

-B：输出 log 到二进制中。

2.4 Android 模拟器

Android 模拟器 Android SDK 自带一个移动模拟器，它是一个可以运行在用户计算机上的虚拟设备。它可以让用户不需使用物理设备即可预览、开发和测试 Android 应用程序。

Android 模拟器能够模拟除了接听和拨打电话外的所有移动设备上的典型功能和行为。Android 模拟器提供了大量的导航和控制键，用户可以通过鼠标或键盘单击这些按键来为用户的应用程序产生事件。同时它还有一个屏幕用于显示 Android 自带应用程序和用户自己的应用程序。为了便于模拟和测试应用程序，Android 模拟器允许用户的应用程序通过 Android 平台服务调用其他程序、访问网络、播放音频和视频、保存和传输数据、通知用户、渲染图像过渡和场景。Android 模拟器同样具有强大的调试能力，例如能够记录内核输出的控制台、模拟程序中断（如接收短信或打入电话）、模拟数据通道中的延时效果和遗失，如图 2-11 所示。

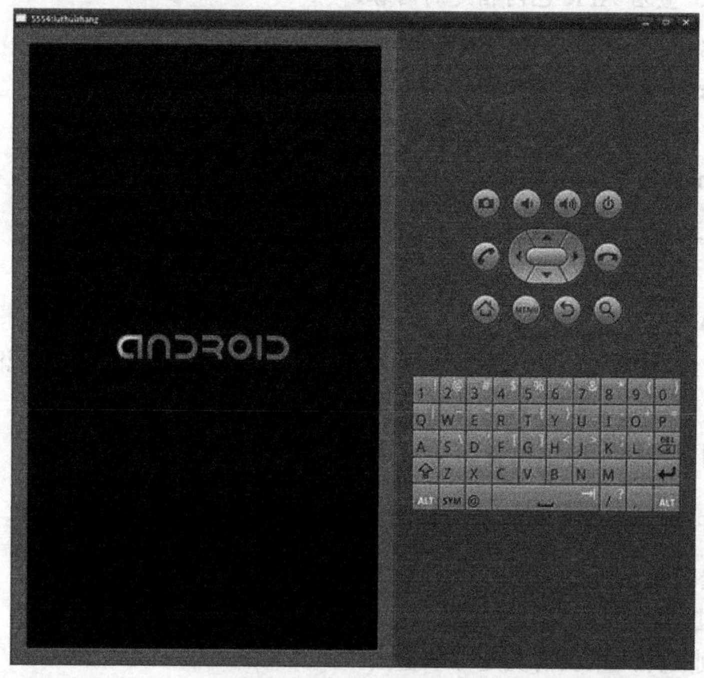

图 2-11 Android 模拟器操作界面

用户可以通过模拟器的启动选项和控制台命令来控制模拟环境的行为和特性。一旦模拟器启动，就可以通过键盘和鼠标来“按”模拟器的按键，从而操作模拟器。表 2-1 总结了模拟器按键与键盘按键之间的一些对应关系。

表 2-1 模拟器按键与键盘按键之间的对应关系

模拟器按键	后退	菜单	开始	呼叫	挂断	电源按钮	禁止/启用所有网络	开始跟踪	停止跟踪
键盘按键	Esc	F1	F2	F3	F4	F7	F8	F9	F10

2.5 Android 应用打包

大家知道，在一个 APK 文件中，除了有代码文件之外，还有很多资源文件。这些资源文件是通过 Android 资源打包工具 AAPT（Android Asset Package Tool）打包到 APK 文件里面的。 其打包过程可大致分为以下 5 个步骤。

1. 打包资料文件，生成 R.java 文件

打包资源的工具 aapt 位于 android-sdk\platform-tools 目录下，该工具的源码在 Android 系统源码的 frameworks\base\tools\aapt 目录下，生成的过程主要是调用了 aapt 源码目录下 Resource.cpp 文件中的 buildResources()函数，该函数首先检查 AndroidManifest.xml 的合法性，然后对 res 目录下的资源子目录进行处理，处理的函数为 makeFileResources()，处理的内容包括资源文件名的合法性检查，向资源表 table 添加条目等，处理完后调用 compileResources()函数编译 res 与 asserts 目录下的资源并生成 resources.arsc 文件，compileResources()函数位于 aapt 源码目录的 ResourcesTable.cpp 文件中，该函数最后会调用 parseAndAddEntry()函数生成 R.java 文件，完成资源编译后，接下来调用 compileXmlFile()函数对 res 目录的子目录下的 xml 文件分别进行编译，这样处理过的 XML 文件就简单地被“加密”了，最后将所有的资源与编译生成的 resources.arsc 文件以及“加密”过的 AndroidManifest.xml 文件打包压缩成 resource.ap_文件（使用 Ant 工具命令行编译则会生成与 build.xml 中“project name”指定的属性同名的 ap_文件）。

2. 处理 AIDL 文件，生成相应的 Java 文件

对于没有使用到 AIDL 的 Android 工程，这一步可以跳过。这一步使用到的工具为 AIDL，位于 android-sdk\platform-tools 目录下，AIDL 工具解析接口定义文件（AIDL 为 Android Interface Definition Language 的首字母缩写，即 Android 接口描述语言）并生成相应的 Java 代码供程序调用，有兴趣的读者可以查看它的源码，位于 Android 源码的 frameworks\base\tools\aidl 目录下。

3. 编译工程源代码，生成相应的 class 文件

这一步调用 javac 编译工程 src 目录下所有的 Java 源文件，生成的 class 文件位于工程的 bin\classes 目录下。

4. 转换所有的 class 文件，生成 classes.dex 文件

Android 系统 Dalvik 虚拟机的可执行文件为 DEX 格式，程序运行所需的 classes.dex 就是在这一步生成的，使用到的工具为 dx，它位于 android-sdk\platform-tools 目录下，dx 工具主要的工作是将 Java 字节码转换为 Dalvik 字节码、压缩常量池、消除冗余信息等。

5. 打包生成 APK 文件

打包工具位于 android-sdk\tools 目录下，ApkBuilder 为一个脚本文件，实际调用的是 android-sdk\tools\lib\sdklib.jar 文件中的 com.android.sdklib.build.ApkBuilderMain 类。它的实现代码位于 Android 系统源码的 sdk\sdkmanager\libs\sdklib\src\com\android\ sdklib\build\ApkBuilderMain.java 文件，这个文件一般为 ap_结尾的文件，接着调用 addSourceFolder()函数添加工程的资源，addSourceFolder()会调用 processFileForResource()函数往 APK 文件中添加资源，处理的内容包括 res 目录与 assets 目录中的文件，添加完资源后调用 addResourcesFromJar() 函数往 APK 文件中写入依赖库，接着调用 addNativeLibraries()函数添加工程 libs 目录下的 Native 库（通过 Android NDK 编译生成的 so 或 bin 文件），最后调用 sealApk()关闭 APK 文件。

2.6 习　题

1. Android 系统架构分几层？分别为什么？
2. bin 文件夹中主要存放什么文件？
3. 请简单描述 AndroidManifest.xml 文件的作用。
4. 请简述 Android 应用打包的过程。
5. 下面选项说法正确的是（　　）。

A. Android 应用中的 Java 类都存放在 res 下
B. AndroidManifest.xml 文件不是必须的
C. Android 应用最终以 jar 文件格式发布
D. 使用 AAPT 工具，可以将 Android 应用进行打包

第 3 章 创建一个 Android 程序

本章主要内容：

- Android 程序的创建与运行。
- Android 工程目录结构分析。
- Android 程序的调试。

本章将创建一个简单的“Hello Android”程序。并在此程序的基础上对程序的运行、调试以及其工程目录结构进行了分析讲解。通过本章内容的学习，读者可以自行创建、调试 Android 程序。

3.1 创建 Android 工程

3.1.1 创建一个 Android 程序

打开在上一章中配置好 Android 开发环境的 eclipse，在 Package Explorer 中右击，然后在弹出的快捷菜单中选择“New”→“Android Application Project”命令，如图 3-1 所示。

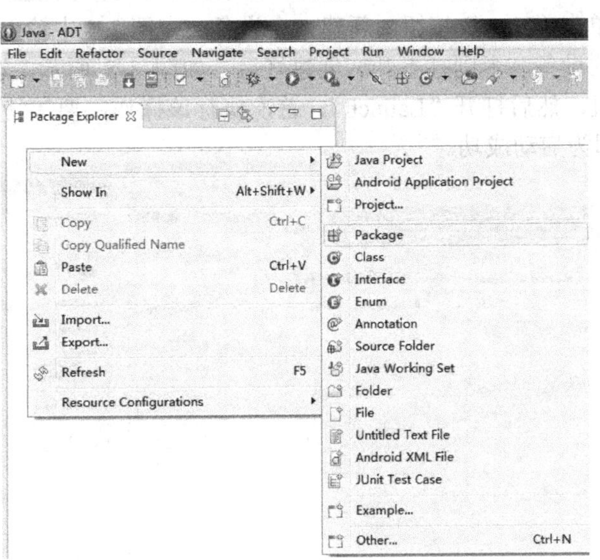

图 3-1 新建工程操作

在进入 New Android Application 界面（图 3-2）后，输入应用名字、工程名字和包名（包名一般为公司地址的逆序，也可以自己随意填写，不过最好符合大众习惯），然后选择“Target SDK”。在此，“Application Name”文本框中输入“HelloWorld”，“Package Name”文本框中输入“com.yee4. helloworld”，其他的按默认设置，单击“Next”按钮，一直到 Activity Name

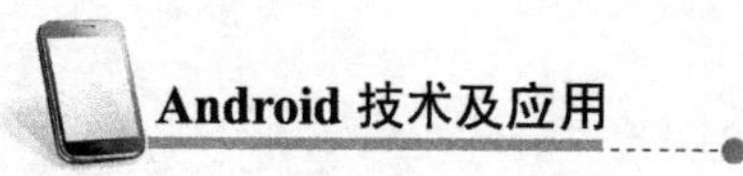

LayoutName 界面，根据个人习惯自己命名，然后单击“Next”按钮直到单击“Finish”按钮。

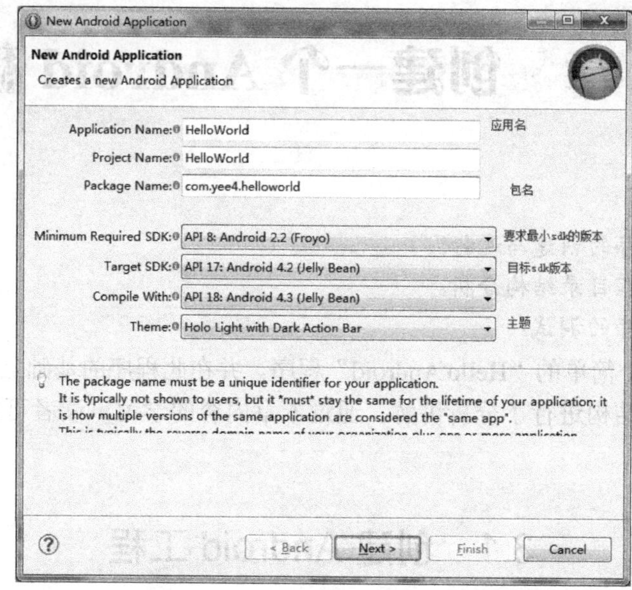

图 3-2　New Android Application 界面

3.1.2　运行 Android 程序

在创建完一个程序后，若想要运行此 Android 程序，需要先创建一个 AVD。打开 AVD 管理器（图 3-3），单击“New”按钮，新建一个设备。在图 3-4 中输入名称，寻找设备，尽量找一个分辨率低的设备，否则打不开。创建好后，如图 3-5 所示，选中刚才创建的 AVD 并单击“Start”按钮，然后打开“Launch”。首次执行该操作，要等待一定的时间。出现如图 3-6 所示界面，即为启动成功。

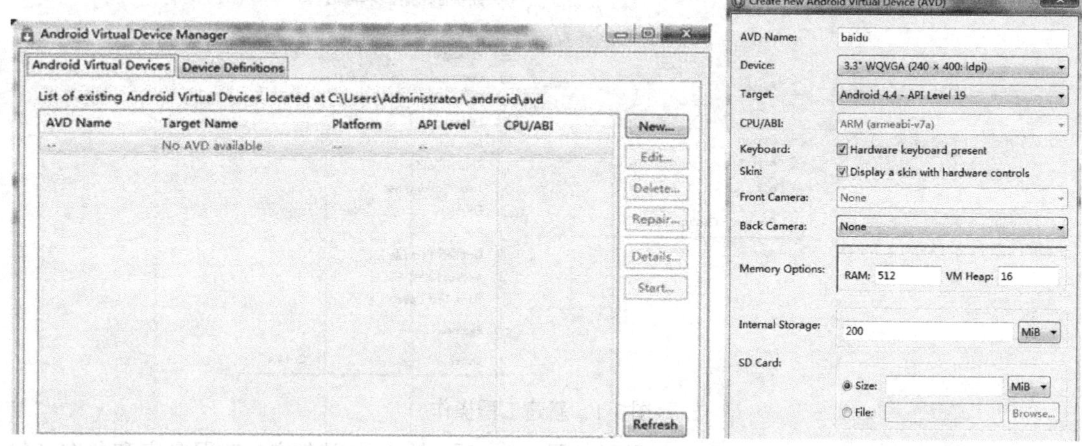

图 3-3　新建 AVD　　　　图 3-4　AVD 参数配置

回到 eclipse 的界面，找到所新建的工程并右击，选择“Run As”→“Android Application”选项，打开刚才的手机模拟界面会发现，新建的这个安卓项目已经运行起来了，如图 3-7 所示，显示了“Hello world”。

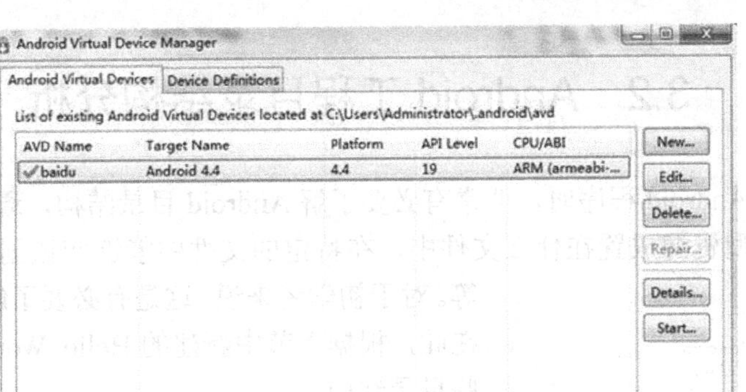

图 3-5　选择 AVD

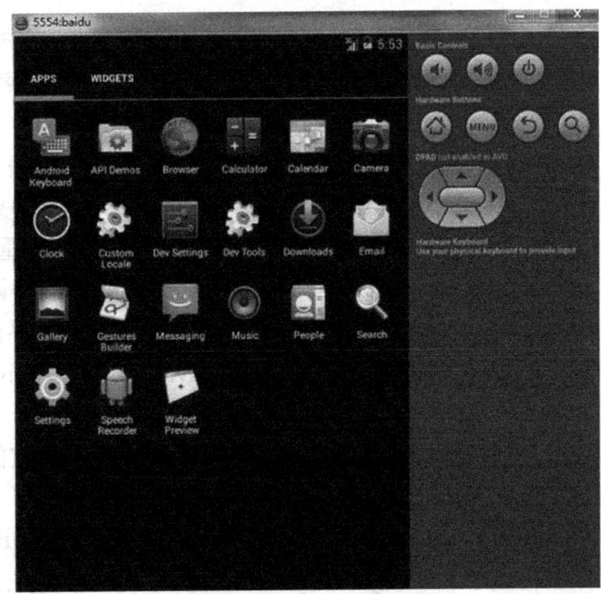

图 3-6　模拟器

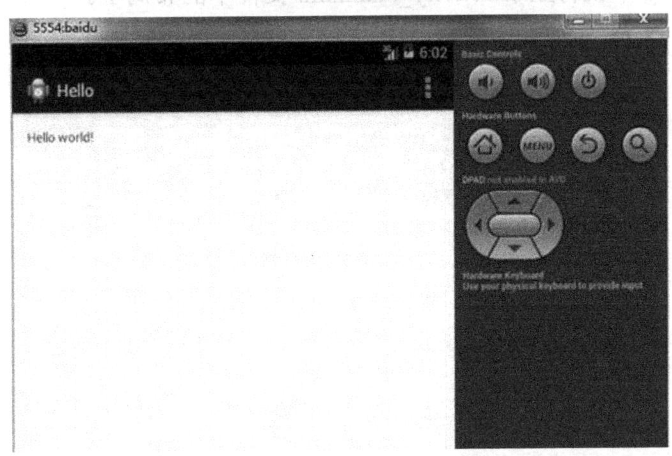

图 3-7　运行效果

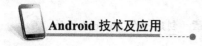

3.2 Android 工程目录结构分析

当设计一个 Android 程序时，非常有必要了解 Android 目录结构，通过了解目录结构，才能知道什么类型资源放置在什么文件中，在特定的文件中能够应该创建什么类型的文件等。对于初学者来说，这是有必要了解并且是要掌握的。在此，根据上节中新建的 Hello World 的项目，先看一些目录结构。

现在对其中部分文件和目录项进行简单介绍。

```
HelloWorld
  src
    com.yee4.helloworld
      MainActivity.java
  gen [Generated Java Files]
    com.yee4.helloworld
      BuildConfig.java
      R.java
  Android 4.3
  Android Private Libraries
  assets
  bin
  libs
  res
    drawable-hdpi
    drawable-ldpi
    drawable-mdpi
    drawable-xhdpi
    drawable-xxhdpi
    layout
      activity_main.xml
    menu
      main.xml
    values
      dimens.xml
      strings.xml
      styles.xml
    values-sw600dp
    values-sw720dp-land
    values-v11
    values-v14
  AndroidManifest.xml
  ic_launcher-web.png
  proguard-project.txt
  project.properties
```

图 3-8 Android 工程的目录结构

3.2.1 src 目录项

src 目录只是一个普通的、存放 Java 资源文件的目录。一般会建很多的包，不同包名下存放不同的 Java 文件，如服务、广播、活动等。

由图 3-8 可以看到 src 文件夹下面的 MainActivity.java。双击打开 MainActivity.java 文件，这是一个 Java 类，该类继承于 Activity，并且重写了 Activity 类的 onCreate 和 onCreateOptionsMenu 两个方法。读者可以先理解为每个 Activity 就是一个界面，如图 3-9 所示的界面就是一个 Activity，每个 Activity 里面又可以放一些控件，如“Hello world!”就是一个 TextView 控件，在启动一个界面时，程序会执行它的 onCreate 方法。在这个方法中，调用了 setContentView(R.layout.activity_main)方法，来设置这个 Activity 中应该放哪些 View 控件，这样就将这个 Activity 与 layout 文件夹中的 activity_main.xml 文件关联起来，在 MainActivity 中就将显示 activity_main.xml 文件中的布局了。

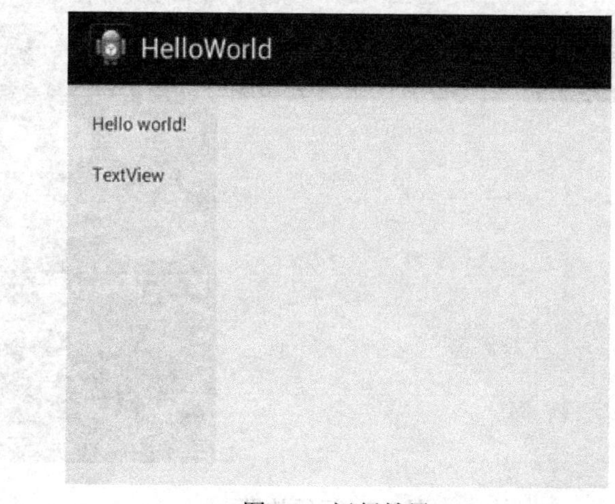

图 3-9 运行效果

3.2.2　gen 目录项

gen 里面存放的是 Android 目录特有的。它存放的 R.java 文件是建立项目时自动生成的，这个文件标注为只读模式，不能进行强制性修改。R.java 文件是一个特殊的 Java 文件，它通过两层的内部类嵌套实现资源的标识，用户常用的资源都可能在该文件中找到。

打开 R.java 文件，可以看到都是常量类，下面都是静态常量，可以看到这些常量名和属性。这些常量是 res 下面对应资源文件生成的常量，如图 3-10 所示，如在 drawable 文件夹下面有个 ic_launcher 图片，在 R 类下面的 drawable 静态常量类下面生成一个常量 ic_launcher 与该资源文件对应，在代码中通过 R.drawable.ic_launcher(该 R 类是对应 com.yee4.hello)就可以引用到这个图片文件了，res 文件夹下面其他资源文件也一样，都会在 R 类下面生成相应的静态常量。

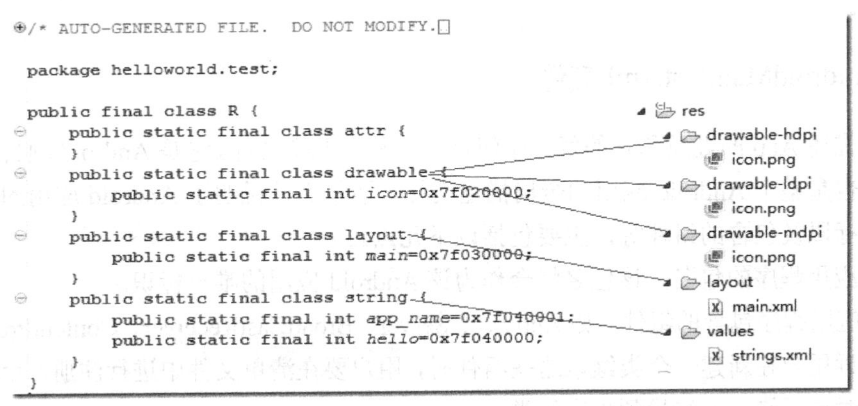

图 3-10　资源

3.2.3　Android.jar 文件

Android.jar 文件包含于 Android 4.3 文件夹下，这是一个 Java 归档文件，其中包含构建应用程序所需的所有的 Android SDK 库（如 Views、Controls）和 APIs。

通过 Android.jar 将自己的应用程序绑定到 Android SDK 和 Android Emulator，这允许用户使用所有 Android 的库和包，且使用户的应用程序在适当的环境中调试。

3.2.4　assets 目录项

Android 除了提供 res 目录存放资源文件外，在 assets 目录也可以存放资源文件，而且 assets 目录下的资源文件不会在 R.java 自动生成 ID，所以读取 assets 目录下的文件必须指定文件的路径。

3.2.5　res 目录项

res（resource）里面主要存放 Android 项目的各种资源文件。该目录几乎存放了 Android 应用所用的全部资源，包括图片资源、字符串资源、颜色资源、尺寸资源，以及布局文件等。不同的文件存放在不同的目录当中，在 res 目录下面又有下一级目录。

（1）layout 目录主要是存放布局文件，如主界面布局文件 main.xml 就在这里面。

（2）menu 目录主要是存放菜单文件，现在在 Android 开发中使用菜单不是很频繁，如手机很多软件在按下菜单按钮后弹出来的对话框的布局就是放在这个目录中。

（3）values 目录主要是存放一些数值，如字符串资源存放在 strings.xml 中、颜色资源存放在 colors.xml 中等。

（4）图片资源：由于图片资源要考虑到不同分辨率的图片，因此就要把不同的图片放到不同的文件目录中，系统会根据手机分辨率去调用适合的分辨率图片资源。drawable-ldpi、drawable-mdpi、drawable-hdpi、drawable-xhdpi 这四个目录分别存放低分辨率、中等分辨、高分辨率、超高分辨率的图片资源。在实际项目中，一般会自己新建一个 drawable 目录用于存放控件在不同状态实现的不同效果，如按下、选中、松开等状态。大家可以在实际项目中操作一下。

3.2.6 AndroidManifest.xml 文件

用来描述 App 的性质和它的每一个组件的一种控制型文件。它是 Android 项目的系统清单文件，也是整个 Android 应用的全局描述文件。清单文件说明了 Android 应用的名称、所使用的图标以及包含的组件等，主要包括以下几点。

（1）应用程序的包名，该包名将会作为该 Android 应用的唯一标识。

（2）应用程序包含的组件，如 Activity、Server、BroadCastReceiver、ContentProvider 等，这个就告诉用户在新建一个类继承这些组件时，用户要在清单文件中进行注册，否则应用程序在执行时会报错，无法找到相应的类。

（3）应用程序兼容的最低版本。

（4）应用程序使用系统所要获取的权限。

（5）其他应用程序访问该程序所需要的权限。

3.3 调试 Android 程序

编写代码是每个程序员最乐意做的事，然而在开发中也会遇到很多令程序员很头疼的事情。让程序员最头疼的事情是程序在调试状态下没有问题然而在实际运行中却有问题。调试程序是每个程序员工作中必不可少的部分，所以调试程序是每个程序员必不可少的技术。下面将介绍目前开发过程中，两种常用的调试程序的方法：断点单步调试和利用 Logcat 调试。

3.3.1 增加断点

首先打开已经编译好的要调试的程序，选定要设置断点的代码行，在行号的区域后面单击即可，如图 3-11 所示。

```
10  public static void f2() {
11      for(char c = 0; c < 128; c++)
12          if(Character.isLowerCase(c))
13              System.out.println("value: " + (int)c +
14                  " character: " + c);
```

图 3-11　增加断点

3.3.2　启动调试

在 Debug 模式下运行程序进入调试状态。通过单击工具栏上的小虫按钮（如图 3-12 中箭头所指）或者是在项目上右击，然后选择“Debug As”→“Android Application”菜单，启动程序的调试模式。

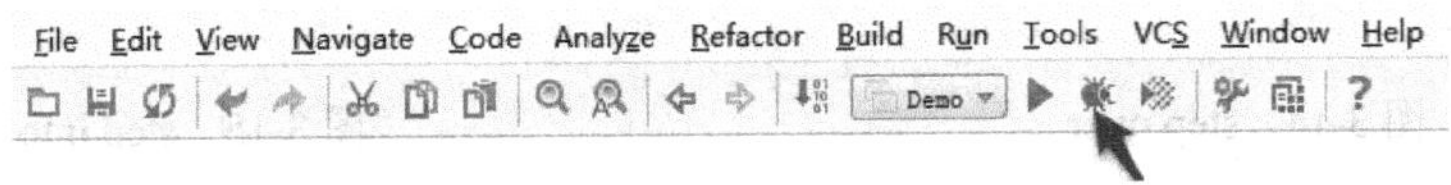

图 3-12　调试

IDE 下方出现 Debug 视图，图 3-13 中箭头指向的是现在调试程序停留的代码行，方法 f2()中，程序的第 11 行。箭头悬停的区域是程序的方法调用栈区。在这个区域中显示了程序执行到断点处所调用过的所有方法，越下面的方法被调用得越早。

```
10  public static void f2() {
11      for(char c = 0; c < 128; c++)
12          if(Character.isLowerCase(c))
13              System.out.println("value: " + (int)c +
14                  " character: " + c);
15      f1();
16  }
17
18  public static void main(String[] args) {
19      f1();
20      f2();
21  }
22  }
```

Debug　Demo

Debugger　Console

Frames　Variables

"main"@1 in group "main": RUNNING　static = Demo

f2():11, Demo

main():20, Demo

4: Run　5: Debug　6: TODO　Terminal　Java Enterprise　Spring　Application Se

图 3-13　查看方法

3.3.3　单步调试

1. step over

单击图 3-14 中箭头指向的按钮，程序向下执行一行（如果当前行有方法调用，这个方法将被执行完毕返回，然后到下一行）。

2. step into

单击图 3-15 中箭头指向的按钮，程序向下执行一行。如果该行有自定义方法，则运行进入自定义方法（不会进入官方类库的方法）。具体步骤如下：①在自定义方法 f1()处设置断点，执行调试，如图 3-16 所示；②再单击图 3-15 中箭头指向的按钮，执行调试，如图 3-17 所示。

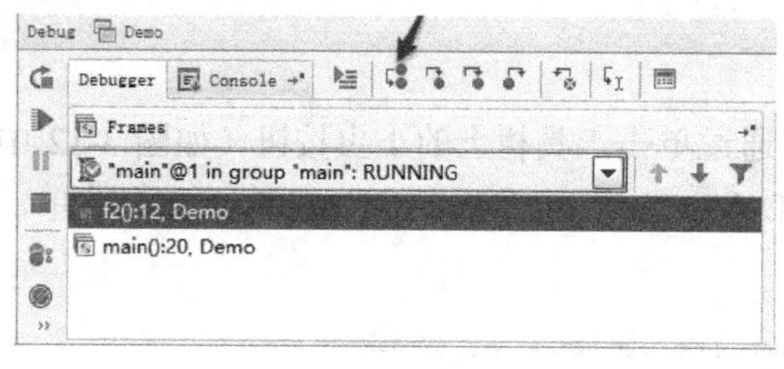

图 3-14　step over

图 3-15　step into

```
public static void f2() {
    for(char c = 0; c < 128; c++)
        if(Character.isLowerCase(c))
            System.out.println("value: " + (int)c +
                " character: " + c);
    f1();
}

public static void main(String[] args) {
    f1();
    f2();
}
}
```

图 3-16　设置断点并调试

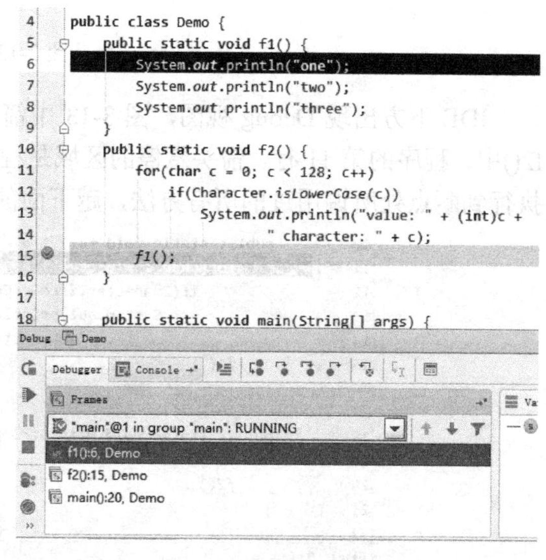

图 3-17　执行调试

3. Force step into

图 3-18 中箭头所指按钮在调试时能进入任何方法。

4. step out

如果在调试时用户进入了一个方法(如 f2())，并觉得该方法没有问题，用户就可以使用 stepout 跳出该方法，图 3-19 中箭头所指按钮，返回到该方法被调用处的下一行语句。值得注意的是，该方法已执行完毕。

5. Drop frame

单击图 3-20 中箭头所指按钮后，用户将返回到当前方法的调用处（如图 3-19，程序会回到 main()中）重新执行，并且所有上下文变量的值也回到那个时候。只要调用链中还有上级方法，可以跳到其中的任何一个方法。

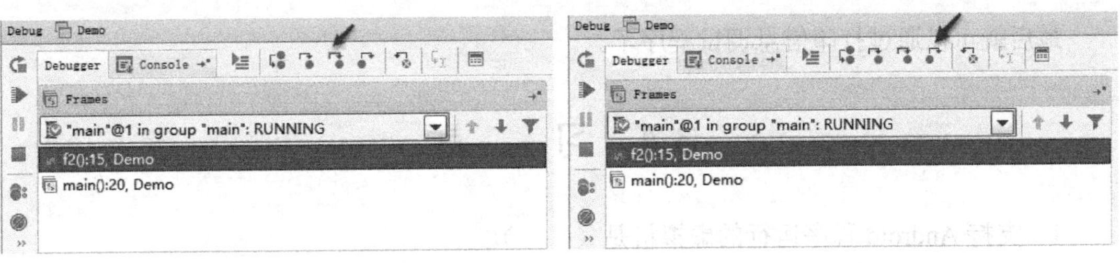

图 3-18　Fore step into

图 3-19　Step out

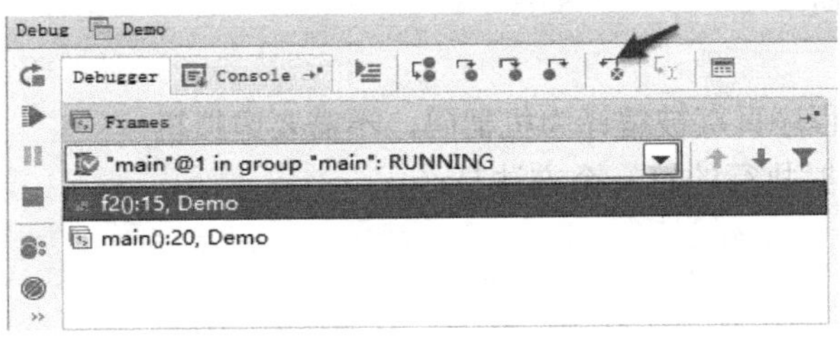

图 3-20　Drop frame

3.3.4　利用 Logcat 调试

首先，在 Eclipse 中单击“Window”→“Show View”→“Other”→“Android”→“Logcat”来进行选择，开启 Logcat。Logcat 的步骤如下。

（1）在 Activity 里申明 tag 变量（名字其实是随便的）：

```
private static final String tag="yan";
```

（2）需要使用 Logcat 输出信息时：

```
Log.i(tag,"屏幕宽度: "+display.getWidth()+" 屏幕高度:"+display.getHeight());
```

（3）双击 Logcat，单击“+”号添加一个新的 Logcat 文件，共计有三处需要写入信息，分别是“Filter Name”对应“Log.i”、“by Log Tag”对应“yan”（tag 的内容，和上面对应）、“by Log Level”选择“info”（这是上面用 Log.i，i 就代表 info 的意思），如图 3-21 所示。

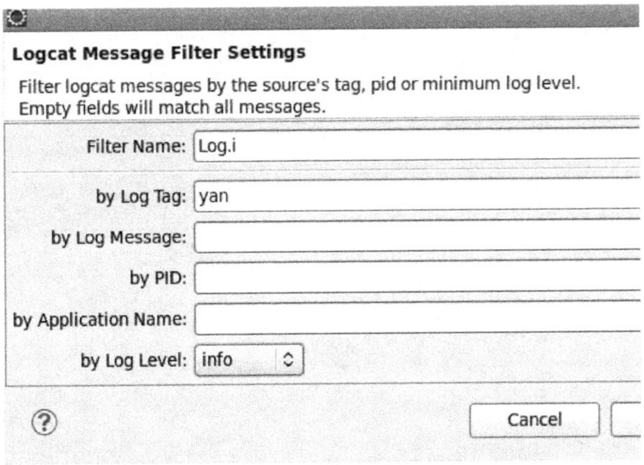

Logcat Message Filter Settings

Filter logcat messages by the source's tag, pid or minimum log level.
Empty fields will match all messages.

Filter Name: Log.i

by Log Tag: yan

by Log Message:

by PID:

by Application Name:

by Log Level: info

Cancel

图 3-21　日志筛选

最后就可以通过打印信息调试程序了。

3.4 习 题

1．支持 Android 程序运行的虚拟机是（　　）。

A．JVM

B．Dalvik VM

C．AVM

D．Android 程序直接被编译为机器码，不需要虚拟机

2．Activity 运行时执行的第一个方法是（　　）。

A．onstart

B．noRestart

C．onResume

D．onCreate

3．Android 项目工程下面的 assets 目录的作用是（　　）。

A．放置应用到的图片资源

B．主要放置多媒体等数据文件

C．放置字符串、颜色、数组等常量数据

D．放置一些 UI 相应的布局文件，都是 XML 文件

4．在 Android 应用程序中，图片应放在（　　）目录下。

A．raw

B．values

C．layout

D．drawable

5．在 Eclipse 中进行 Android 程序断点调试时，需要进入 DDMS 视图。（　　）

A．正确

B．错误

第 4 章　Activity 组件

本章主要内容：

- Activity 的定义。
- Activity 的四种状态及其转换。
- Activity 的生命周期。
- Activity 的生命周期的三个关键循环。
- Activity 的每个生命周期方法的关键含义。
- 自定义 Activity 的原因及其启动方法。
- AndroidManifest.xml 文件。
- Intent-filter 介绍。
- Activity 的属性。

本章主要讲述 Activity 组件，重点介绍 Activity 的生命周期、运行状态以及详细配置。通过本章的学习，读者可以对 Activity 有一定的了解。

4.1　Activity 的定义

Activity 是 Android 中独有的概念，它是 Android 系统的最小调度单位。首先，Activity 是 Android 系统中的四大组件之一，可以用于显示 View。Activity 是一个与用户交互的系统模块，几乎所有的 Activity 都是和用户进行交互的，但是如果这样就能说 Activity 主要是用来显示 View 就不太正确了。

在深入了解 Activity 之前，首先要知道 MVC 设计模式，在 JAVAEE 中 MVC 设计模式已经很经典了，但是在 Android 中，好多人对 MVC 在 Android 开发中的应用不是很清楚，下面就先来介绍 MVC 在 Android 开发中的应用。

（1）M(Model 模型)：Model 是应用程序的主体部分，所有的业务逻辑都应该写在这里，在 Android 中 Model 层与 JavaEE 中的变化不大，如对数据库的操作、对网络的操作都放在该层（但不是说它们都放在同一个包中，可以分开放，但它们统称为 Model 层）。

（2）V（View 视图）：是应用程序中负责生成用户界面的部分，也是在整个 MVC 架构中用户唯一可以看到的一层，接收用户输入，显示处理结果；在 Android 应用中一般采用 XML 文件中的界面的描述，使用时可以非常方便地引入，当然也可以使用 JavaScript+Html 等方式作为 View。

（3）C（Controller 控制层）：Android 的控制层的重任就要落在众多的 Activity 上了，所以在这里就要建议大家不要在 Activity 中编写太多的代码，尽量将 Activity 交给 Model 业务逻辑层处理。

在介绍过 Android 应用开发中的 MVC 架构后，读者就可以很明确地知道，Android 中的 Activity 主要是用来做控制的，它可以选择要显示的 View，也可以从 View 中获取数据然后把数据传给 Model 层进行处理，最后再来显示出处理结果。

4.2 Activity 的运行状态

在 Android 中，Activity 拥有四种基本状态，分别是 Active/Running 状态、Paused 状态、Stop 状态、Killed 状态。四种状态之间的转换关系介绍如下。

Activity 启动后处于 Active/Running 状态，此时 Activity 处于屏幕的最上面。

当用户启动了新的 Activity，并且此 Activity 部分遮挡了当前的 Activity 或拥有透明属性时，则当前的 Activity 转换为 Paused 状态，也可以从 Paused 状态到 Active/Running 状态。

当用户启动的 Activity 完全遮住了当前的 Activity 时，则当前的 Activity 转换为 Stop 状态。

处于 Stop 状态的 Activity，当手机系统内存被其他应用程序征用时，Stop 状态的 Activity 将首先被 kill 掉，进入 Killed 状态。

Active/Running 状态的 Activity 被用户终止或 Paused 状态及 Stop 状态 Activity 被系统终止后，Activity 进入了 Killed 状态。

图 4-1 说明了 Activity 在不同状态间的转换。

Android 程序员可以决定一个 Activity 的“生”，但不能决定它的“死”，也就是说程序员可以启动一个 Activity，但是却不能手动的“结束”一个 Activity。当程序员调用 Activity.finish()方法时，结果和用户按下 BACK 键一样：告诉 Activity Manager 该 Activity 实例完成了相应的工作，可以被“回收”。随后 Activity Manager 激活处于栈第二层的 Activity 并重新入栈，同时原 Activity 被压入到栈的第二层，从 Active 状态转到 Paused 状态。例如，从 Activity1 中启动了 Activity2，则当前处于栈顶端的是 Activity2，第二层是 Activity1，当调用 Activity2.finish()方法时，Activity Manager 重新激活 Activity1 并入栈，Activity2 从 Active 状态转换 Stop 状态，Activity1.onActivityResult(int requestCode,int resultCode,Intent data)方法被执行，Activity2 返回的数据通过 data 参数返回给 Activity1。

Android 是通过一种 Activity 栈的方式来管理 Activity 的，一个 Activity 的实例的状态决定它在栈中的位置。处于前台的 Activity 总是在栈的顶端，当前台的 Activity 因为异常或其他原因被销毁时，处于栈第二层的 Activity 将被激活，上浮到栈顶。当新的 Activity 启动入栈时，原 Activity 会被压入到栈的第二层。一个 Activity 在栈中的位置变化反映了它在不同状态间的转换。Activity 的状态与它在栈中的位置关系如图 4-2 所示。

除了最顶层处于 Active 状态的 Activity 外，其他的 Activity 都有可能在系统内存不足时被回收，一个 Activity 的实例越是处在栈的底层，它被系统回收的可能性越大。系统负责管理栈中 Activity 的实例，它根据 Activity 所处的状态来改变其在栈中的位置。

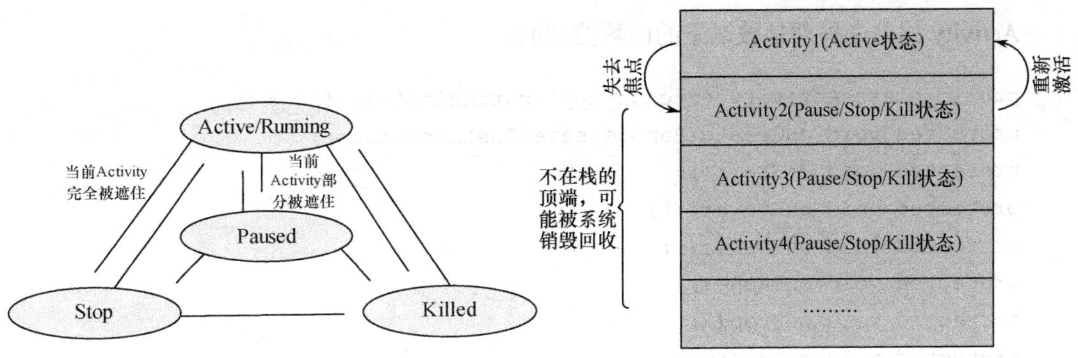

图 4-1　Activity 在不同状态间的转换　　图 4-2　Activity 的状态与它在栈中的位置关系

4.3　Activity 的生命周期

要想了解 Activity，那么就必须要清楚 Activity 的生命周期，如图 4-3 所示。

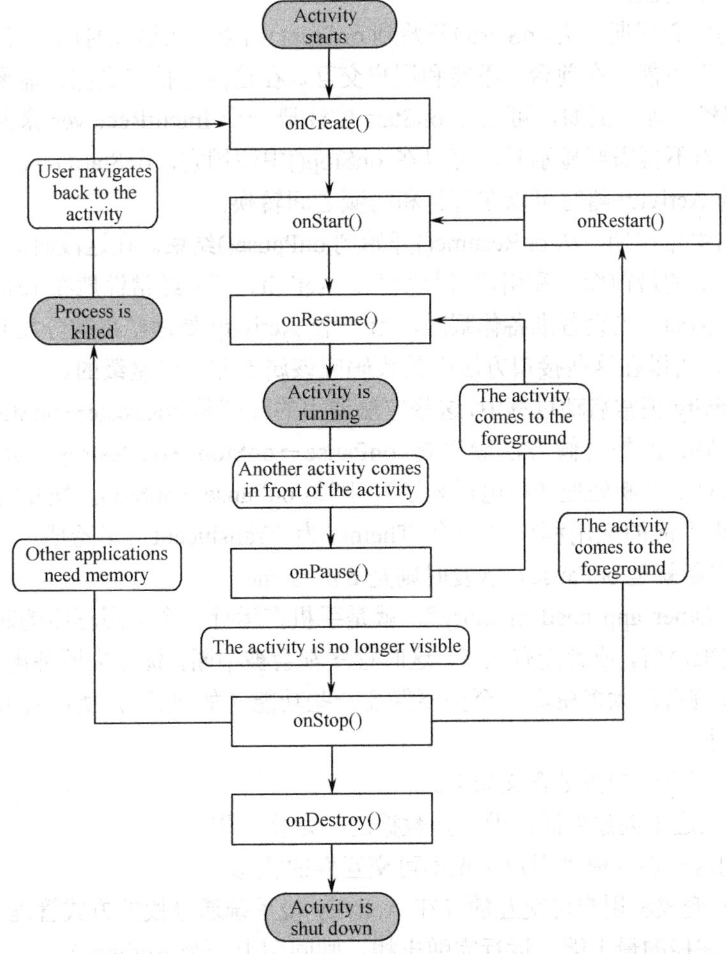

图 4-3　Activity 的生命周期

Activity 的生命周期是被以下的函数控制的。

```
public class Activity extends ApplicationContext {
protected void onCreate(Bundle savedInstanceState);
protected void onStart();
protected void onRestart();
protected void onResume();
protected void onPause();
protected void onStop();
protected void onDestroy();
}
```

Activity 有以下三个关键的循环。

（1）整个的生命周期，从 onCreate(Bundle)开始到 onDestroy()结束。Activity 在 onCreate()中设置所有的“全局”状态，在 onDestory()中释放所有的资源。例如，某个 Activity 有一个在后台运行的线程，用于从网络下载数据，则该 Activity 可以在 onCreate()中创建线程,在 onDestory()中停止线程。

（2）可见的生命周期，从 onStart()开始到 onStop()结束。在这段时间，可以看到 Activity 在屏幕上，尽管有可能不在前台，不能和用户交互。在这两个接口之间，需要保持显示给用户的 UI 数据和资源等，例如，可以在 onStart 中注册一个 IntentReceiver 来监听数据变化导致 UI 的变动，当不再需要显示时，可以在 onStop()中注销它。onStart()、onStop()都可以被多次调用，因为 Activity 随时可以在可见和隐藏之间转换。

（3）前台的生命周期，从 onResume()开始到 onPause()结束。在这段时间里，该 Activity 处于所有 Activity 的最前面，和用户进行交互。Activity 可以经常性地在 resumed 和 paused 状态之间切换，例如，当设备准备休眠时，当一个 Activity 处理结果被分发时，当一个新的 Intent 被分发时，所以在这些接口方法中的代码应该属于非常轻量级的。

在一个 Activity 正常启动过程中，这些方法调用的顺序是 onCreate→onStart→onResume；在 Activity 被 kill 掉的时候方法顺序是 onPause→onStop→onDestroy，此为一个完整的 Lifecycle。那么对于中断处理（如电话来了），则是 onPause→onStop，恢复时则是 onStart→onResume；如果当前的应用程序是一个 Theme 为 Translucent（半透明）或者 Dialog 的 Activity，那么中断就是 onPause，恢复时则是 onResume。

那么对于“Other app need memory”，就是手机在运行一个应用程序的时候，有可能打进来电话、发进来短信，或者没有电了，这时程序都会被中断，优先去服务电话的基本功能，另外系统也不允许占用太多资源，至少要保证一些功能（如电话），所以资源不足的时候也就有可能被 kill 掉。

每个生命周期方法的关键含义如下。

onCreate：在这里创建界面，做一些数据的初始化工作。

onStart：到这一步变成“用户可见不可交互”的状态。

onResume：变成和用户可交互的（在 Activity 栈系统通过栈的方式管理这些 Activity，即当前 Activity 在栈的最上端，运行完弹出栈，则回到上一个 Activity）。

onPause：到这一步是可见但不可交互的，系统会停止动画等消耗CPU的事情。从上文的描述已经知道，应该在这里保存用户的一些数据，因为这个时候用户的程序的优先级降低，有可能被系统收回。在这里保存的数据，应该在onResume里读出来。

onStop：变得不可见，被下一个Activity覆盖了。

onDestroy：这是Activity被kill掉前最后一个被调用方法了，可能是其他类调用finish方法或者是系统为了节省空间将它暂时性将其kill，可以用isFinishing()来判断它，如果有一个Progress Dialog在线程中运行，请在onDestroy里把它cancel掉，不然等线程结束的时候，调用Dialog的cancel方法会出现异常。onPause、onStop、onDestroy三种状态下Activity都有可能被系统kill掉。

为了便于大家更好地理解，下面简单地编写了一个Demo，不明白Activity周期的朋友们，可以亲手实践一下。

第一步：新建一个Android工程，这里命名为“ActivityDemo”。

第二步：修改ActivityDemo.java（这里重新编写了以上的方法，主要用Log打印），代码如下。

```
    package com.tutor.activitydemo;
import android.app.Activity;
import android.os.Bundle;
import android.util.Log;
public class ActivityDemo extends Activity {
private static final String TAG = "ActivityDemo";
public void onCreate(Bundle savedInstanceState) {
        super.onCreate(savedInstanceState);
        setContentView(R.layout.main);
        Log.e(TAG, "start onCreate~~~");
    }
    @Override
    protected void onStart() {
        super.onStart();
        Log.e(TAG, "start onStart~~~");
    }
    @Override
    protected void onRestart() {
        super.onRestart();
        Log.e(TAG, "start onRestart~~~");
    }
    @Override
    protected void onResume() {
        super.onResume();
        Log.e(TAG, "start onResume~~~");
    }
```

```
    @Override
    protected void onPause() {
        super.onPause();
        Log.e(TAG, "start onPause~~~");
    }
    @Override
    protected void onStop() {
        super.onStop();
        Log.e(TAG, "start onStop~~~");
    }
    @Override
    protected void onDestroy() {
        super.onDestroy();
        Log.e(TAG, "start onDestroy~~~");
    }
}
```

第三步：运行上述工程，效果如图 4-4 所示。

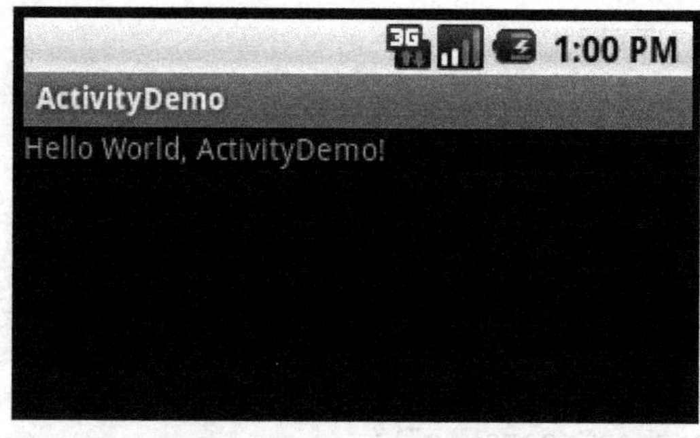

图 4-4　运行效果

核心在 Logcat 视窗中，打开应用时先后执行了 onCreate()→onStart()→onResume 三个方法，看一下 Logcat 视窗，如图 4-5 所示。

Log

Time	pid	tag	Message
07-28 13:36...	213	ActivityDemo	start onCreate~~~
07-28 13:36...	213	ActivityDemo	start onStart~~~
07-28 13:36...	213	ActivityDemo	start onResume~~~

图 4-5　查看 Logcat 视窗中的运行日志

BACK 键：当按 BACK 键时，这个应用程序将结束，这时将先后调用 onPause()→ onStop()→ onDestory()三个方法，如图 4-6 所示。

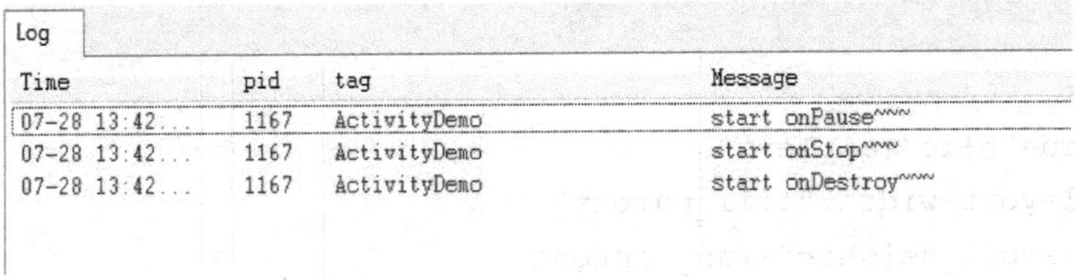

Log

Time	pid	tag	Message
07-28 13:42...	1167	ActivityDemo	start onPause~~~
07-28 13:42...	1167	ActivityDemo	start onStop~~~
07-28 13:42...	1167	ActivityDemo	start onDestroy~~~

图 4-6　按下 BACK 键时的运行日志

HOME 键：当打开应用程序时，如浏览器，正在浏览 NBA 新闻，看到一半时，突然想听歌，这时会选择按 HOME 键，然后去打开音乐应用程序，而当按 HOME 的时候，Activity 先后执行了 onPause()→onStop()这两个方法，这时应用程序并没有销毁，如图 4-7 所示。

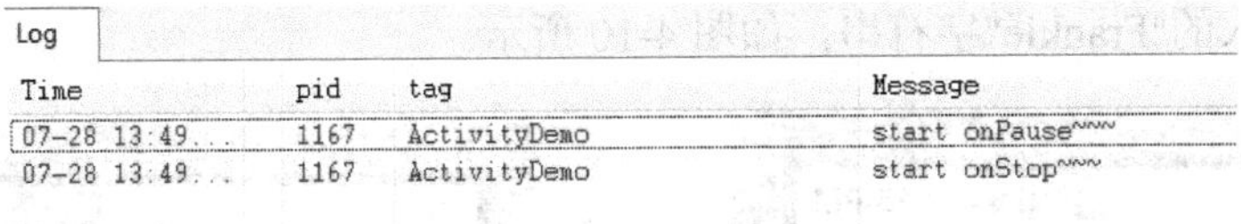

Log

Time	pid	tag	Message
07-28 13:49...	1167	ActivityDemo	start onPause~~~
07-28 13:49...	1167	ActivityDemo	start onStop~~~

图 4-7　按下 HOME 键时的运行日志

当再次启动 ActivityDemo 应用程序时，则先后分别执行了 onRestart()→onStart()→onResume()三个方法，如图 4-8 所示。

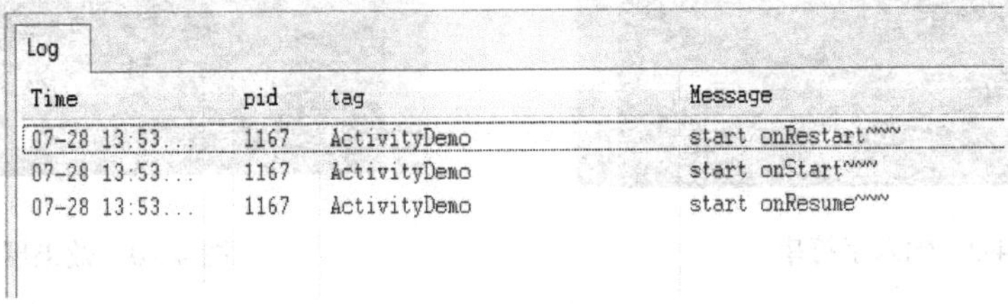

Log

Time	pid	tag	Message
07-28 13:53...	1167	ActivityDemo	start onRestart~~~
07-28 13:53...	1167	ActivityDemo	start onStart~~~
07-28 13:53...	1167	ActivityDemo	start onResume~~~

图 4-8　运行日志

这里会引出一个问题，当按 HOME 键，然后再进入 ActivityDemo 应用时，应用的状态应该是和按 HOME 键之前的状态是一样的，同样为了方便理解，在这里将 ActivityDemo 的代码进行修改，即是增加一个“EditText”。

第四步：修改 main.xml 布局文件（增加了一个 EditText)，代码如下。

```
<?xml version="1.0" encoding="utf-8"?>
<LinearLayout xmlns:android="http://schemas.android.com/apk/res/android"
android:orientation="vertical"
android:layout_width="fill_parent"
android:layout_height="fill_parent"
>
<TextView
android:layout_width="fill_parent"
android:layout_height="wrap_content"
android:text="@string/hello"
```

```
/>
<EditText
android:id="@+id/editText"
android:layout_width="fill_parent"
android:layout_height="wrap_content"
/>
</LinearLayout>
```

第五步：然后其他不变，运行 ActivityDemo 程序，在 EditText 中输入如"Frankie"字符串，如图 4-9 所示。

这时大家可以按一下 HOME 键，然后再次启动 ActivityDemo 应用程序，这时 EditText 中并没有刚才输入的"Frankie"字符串，如图 4-10 所示。

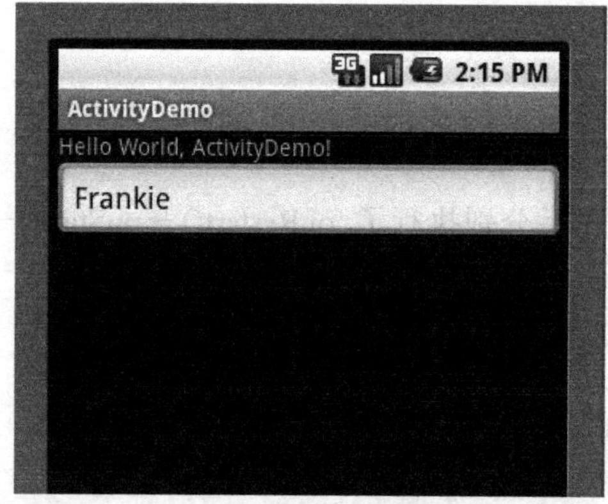

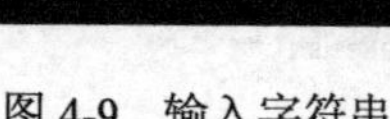

图 4-9　输入字符串

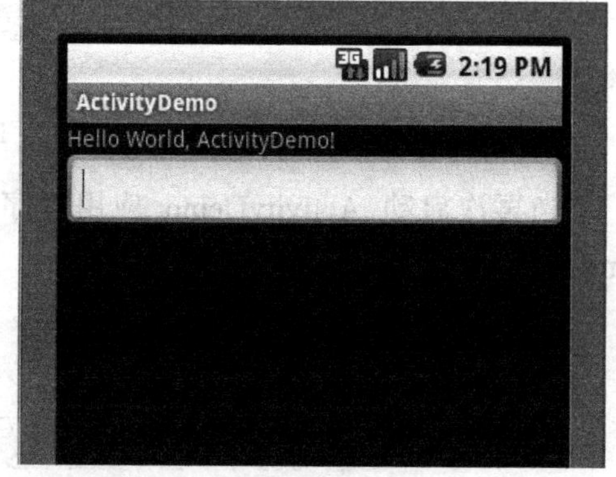

图 4-10　效果展示

这显然不能称得一个合格的应用程序，所以需要在 Activity 几个方法里自己实现。

第六步：修改 ActivityDemo.java 代码如下。

```
    package com.android.activitydemo;
import android.app.Activity;
import android.os.Bundle;
import android.util.Log;
import android.widget.EditText;
public class ActivityDemo extends Activity {
private static final String TAG = "ActivityDemo";
    private EditText mEditText;
    // 定义一个 String 类型用来存取 EditText 输入的值
    private String mString;
    public void onCreate(Bundle savedInstanceState) {
        super.onCreate(savedInstanceState);
        setContentView(R.layout.main);
        mEditText = (EditText) findViewById(R.id.editText);
        Log.e(TAG, "start onCreate~~~");
    }
    @Override
```

```
    protected void onStart() {
        super.onStart();
        Log.e(TAG, "start onStart~~~");
    }
    // 当按 HOME 键时，然后再次启动应用时，要恢复先前状态
    @Override
    protected void onRestart() {
        super.onRestart();
        mEditText.setText(mString);
        Log.e(TAG, "start onRestart~~~");
    }
    @Override
    protected void onResume() {
        super.onResume();
        Log.e(TAG, "start onResume~~~");
    }
    // 当按 HOME 键时，在 onPause 方法中，将输入的值赋给 mString
    @Override
    protected void onPause() {
        super.onPause();
        mString = mEditText.getText().toString();
        Log.e(TAG, "start onPause~~~");
    }
    @Override
    protected void onStop() {
        super.onStop();
        Log.e(TAG, "start onStop~~~");
    }
    @Override
    protected void onDestroy() {
        super.onDestroy();
        Log.e(TAG, "start onDestroy~~~");
    }
}
```

第七步：重新运行 ActivityDemo 程序，重复第五步操作，当按 HOME 键时，再次启动应用程序时，EditText 里有上次输入的"Frankie"字符串，如图 4-11 所示。

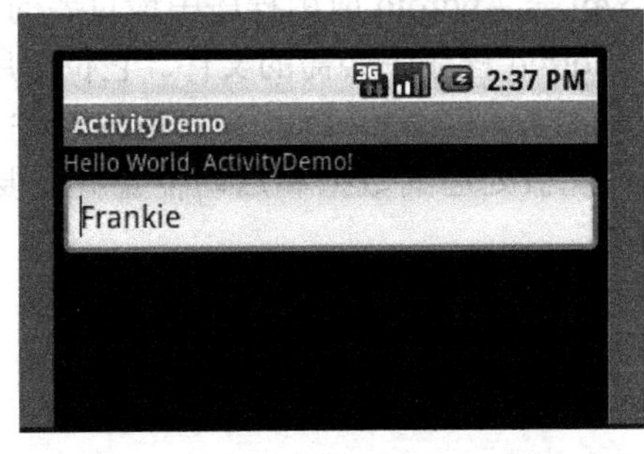

图 4-11　效果展示

4.4 自定义 Activity

1. 为什么要自定义 Activity

Activity 是工作流的基本组成单元，可以被重用。以前谈这个话题，很核心的一个功能就是重用，而工作流就可以作为一个容器，可以将业务逻辑、服务封装成为一个个的 Activity，如果 Activity 的粒度合适，那么每个 Activity 之间是完全解耦的。实现面向流程编程也应该是未来的发展方向。好像在 MSDN WebCast 中介绍过：未来的程序员会有一部分专职编写 Activity。所以在 WF 的应用上，自定义 Activity 是非常重要的一个技能。

2. Activity 的创建方式

从创建方式看，Activity 可以分为两类即自动创建的 Activity 和自定义的 Activity。

（1）自动创建的 Activity：当使用 Eclipse 创建一个 Android 工程时，Eclipse 总是根据工程信息，为该工程自动创建一个 Activity，并且在 AndroidManifest.xml 中自动配置，将此 Activity 作为 Android 应用运行的入口。

（2）自定义的 Activity：很多应用中需要多个 Activity，则需要手工创建 Activity 并进行配置。

3. 启动自定义 Activity 的方法

（1）在一个 Activity 中调用 startActivity()方法。

（2）在一个 Activity 中调用 startActivityRequest()方法。

第一种方法简单直接，但是如果 A 调用 B，并传递数据，同时 B 对数据处理后又返回给 A，A 再将数据显示出来。碰到这种情况，用第一种方法需要在 A 的 onCreate()里面判断是第一次生成的界面，还是由 B 打开的 A。这样比较麻烦，用第二种方法就简单了，在 A 的 onCreate()只需写一次生成的界面的内容，在 A 的 onActivityResult 方法里放 B 处理完数据后的内容就可以了。

4.5 Activity 的详细配置

1. AndroidManifest.xml 文件

重要性 AndroidManifest.xml 是 Android 应用程序中最重要的文件之一。它是 Android 程序的局部配置文件，是每个 Android 程序中必需的文件。它位于用户开发的应用程序的根目录下，描述了 package 中的全局数据，包括 package 中暴露的组件（如 activities、services 等），以及它们各自的实现类，各种能被处理的数据和启动位置等重要信息。下面是一个标准的 AndroidManifest.xml 文件样例。

```
<?xml version="1.0" encoding="utf-8"?>
<manifest>
<!-- 基本配置 -->
<uses-permission />
```

```
<permission />
<permission-tree />
<permission-group />
<instrumentation />
<uses-sdk />
<uses-configuration />
<uses-feature />
<supports-screens />
<compatible-screens />
<supports-gl-texture />
<!-- 应用配置 -->
<application>
<!-- Activity 配置 -->
<activity>
<intent-filter>
<action />
<category />
<data />
</intent-filter>
<meta-data />
</activity>
<activity-alias>
<intent-filter> . . . </intent-filter>
<meta-data />
</activity-alias>
<!-- Service 配置 -->
<service>
<intent-filter> . . . </intent-filter>
<meta-data/>
</service>
<!-- Receiver 配置 -->
<receiver>
<intent-filter> . . . </intent-filter>
<meta-data />
</receiver>
<!-- Provider 配置 -->
<provider>
<grant-uri-permission />
<meta-data />
</provider>
<!-- 所需类库配置 -->
```

```
<uses-library />
</application>
</manifest>
```

（1）<manifest>

AndroidManifest.xml 配置文件的根元素，必须包含一个<application>元素并且指定 xlmns:android 和 package 属性。xlmns:android 指定了 Android 的命名空间，默认情况下是“http://schemas.android.com/apk/res/android”；而 package 是标准的应用包名，也是一个应用进程的默认名称，以本书微博应用实例中的包名为例，即“com.app.demos”就是一个标准的 Java 应用包名，为了避免命名空间的冲突，一般会以应用的域名来作为包名。

（2）<uses-permission>

为了保证 Android 应用的安全性，应用框架制定了比较严格的权限系统，一个应用必须声明了正确的权限才可以使用相应的功能，例如需要让应用能够访问网络就需要配置“android.permission.INTERNET”，而如果要使用设备的相机功能，则需要设置“android.permission.CAMERA”等。<uses-permission>就是用户最经常使用的权限设定标签，通过设定 android:name 属性来声明相应的权限名。

（3）<permission>

权限声明标签，定义了供给<uses-permission>使用的具体权限，通常情况下用户不需要为自己的应用程序声明某个权限，除非需要给其他应用程序提供可调用的代码或者数据，这时才需要使用<permission>标签。该标签中提供了 android:name 权限名标签、权限图标 android:icon 以及权限描述 android:description 等属性，另外还可以和<permission-group>及<permission-tree>配合使用来构造更有层次的、更有针对性的权限系统。

（4）<instrumentation>

用于声明 Instrumentation 测试类来监控 Android 应用的行为并应用到相关的功能测试中，其中比较重要的属性有测试功能开关 android:functionalTest、profiling 调试功能开关 android:handleProfiling、测试用例目标对象 android:targetPackage 等。另外，用户需要注意的是，Instrumentation 对象是在应用程序的组件之前被实例化的，这点在组织测试逻辑时需要被考虑到。

（5）<application>

应用配置的根元素，位于<manifest>下层，包含所有与应用有关配置的元素，其属性可以作为子元素的默认属性，常用的属性包括应用名 android:label、应用图标 android:icon、应用主题 android:theme 等。

（6）<intent-filter>

<intent-filter>用于 Intent 消息过滤器的声明，我们了解到 Intent 消息对于 Android 应用系统来说，是非常重要的“黏合剂”，<intent-filter>元素可以放在<activity>、<activity-alias>、<service>和<receiver>元素标签中，来区分可用于处理消息的 Activity 控制器、Service 服务和广播接收器 Broadcast Receiver。另外， Intent 消息还包含有名称、动作、数据、类别等几个重要属性。这点与该标签的写法也有一定的关系，如<intent-filter>中必须包含有<action>元素，即用于描述具体消息的名称；<category>标签则用于表示能处理消息组件的类别，即该 Action 所符合的类别；而<data>元素则用于描述消息需要处理的数据格式，甚至还可以使

用正则表达式来限定数据来源。

2. intent-filter 介绍

intent-filter 是在 Android 的主配置文件 AndroidManifest.xml 中注册，主要用来指明 Activity、Service、BroadcastReceiver 这三个组件可以响应哪些隐式 intents。每个组件可以有一个或者多个 intent-filter。

Intent-filter 由三个部分构成，分别是 action、data 和 category。下面通过代码分析每个部分的功能。

```
<intent-filter android:label="@string/Asen's blog">
<action android:name="android.intent.action.MAIN" />
<action android:name="android.intent.action.VIEW" />
<action android:name="android.intent.action.EDIT" />
<category android:name="android.intent.category.DEFAULT" />
<category android:name="android.intent.category.LAUNCHER" />
<category android:name="android.intent.category.ALTERNATIVE" />
<data android:mimeType="video/mpeg" android:scheme="http".../>
<data android:mimeType="audio/mpeg" android:content="com.example.project:
200/folder/subfolder/etc"/>
</intent-filter>
```

每个 action、category、data 都是一行，如果有多个就写多行。"android.intent.action.MAIN"和"android.intent.category.LAUNCHER"这两个是程序入口点的 filter 必须部分。比如说，短信这个应用，当用户按下 MMS 的图标程序启动后，映入使用者的一个界面(所有收到的短信列表)，这个短信列表界面就是程序的入口点，通俗地讲，就是一个 application 启动后显示的第一个界面。

另外，"android.intent.category.DEFAULT"这个 category 是用来指明组件是否可以接收到隐式 intents，所以说除了程序入口点这个 filter 不用包含 DEFAULT category 外，其余所有 intent filter 都要有这个 category。Data 由两部分构成：一个是数据类型；另一个是 URI，每个 URI 包括 scheme、host、port、path 4 个属性参数。

3. Activity 属性

Activity 在 AndroidManifest.xml 文件中的配置主要通过<activity>标签进行。<activity>标签可以指定 Activity 的属性。Activity 的属性是以“Android：属性名=属性值”方式指定，如 Android：name=".GameManager"，指定了该 Activity 的类名。本节介绍 Activity 的主要属性。

（1）android:allowTaskReparenting

这个属性用于设定 Activity 能够从启动它的任务中转移到另一个与启动它的任务有亲缘关系的任务中，转移发生在这个有亲缘关系的任务被带到前台时。如果设置了 true，则能够转移，如果设置了 false，则这个 Activity 必须要保留在启动它的那个任务中。如果这个属性没有设置，那么其对应的<application>元素的 allowTaskReparenting 属性值就会应用到这个 Activity 上。它的默认值是 false。

通常，当 Activity 被启动时，它会跟启动它的任务关联，并且它的整个生命周期都会保持在那个任务中。但是当 Activity 的当前任务不再显示时，可以使用这个属性来强制将 Activity 转移到与当前任务有亲缘关系的任务中。这种情况的典型应用是把应用程序的 Activity 转移到与这个应用程序相关联的主任务中。

例如，如果一个电子邮件消息中包含了一个网页的链接，单击这个链接会启动一个显示这个网页的 Activity。但是，由 E-mail 任务部分启动的这个 Activity 是由浏览器应用程序定义的。如果把它放到浏览器的任务中，那么在浏览器下次启动到前台时，这个网页会被显示，并且在 E-mail 任务再次显示时，这个 Activity 又会消失。

Activity 的亲缘关系是由 taskAffinity 属性定义的。通过读取任务的根 Activity 的亲缘关系来判断任务的亲缘关系。因此，通过定义，任务中的根 Activity 与任务有着相同的亲缘关系。因此带有 singleTask 或 singleInstance 启动模式的 Activity 只能是任务的根结点，Activity 的任务归属受限于 standard 和 singleTop 模式。

（2）android:alwaysRetainTaskState

这个属性用于设置 Activity 所属的任务状态是否始终由系统来维护。如果设置为 true，则由系统来维护状态，设置为 false，那么在某些情况下，系统会允许重设任务的初始状态，默认值是 false。这个属性只对任务根结点的 Activity 有意义，其他所有的 Activity 都会被忽略。

通常，在某些情况中，当用户从主屏中重新启动一个任务时，系统会先清除任务（从堆栈中删除根结点 Activity 之上的所有 Activity）。如果用户在超过一段时间不去访问一个应用，如 30 分钟，系统将会清理这个任务。

但是，当这个属性被设置为 true 时，用户会始终返回到这个任务的最后状态，而不管中间经历了哪些操作。这样做是有好处的，例如，Web 浏览器的应用就会保留很多用户不想丢失的状态，如多个被打开的标签页。

（3）android:clearTaskOnLaunch

这个属性用于设定在从主屏中重启任务时，处理根结点的 Activity 以外，任务中的其他所有的 Activity 是否要被删除。如果设置为 true，那么任务根结点的 Activity 之上的所有 Activity 都要被清除，如果设置了 false，就不会被清除。默认设置为 false。这个属性只对启动新任务（或根 Activity）的那些 Activity 有意义，任务中其他所有的 Activity 都会被忽略。

当这个属性值被设置为 true，用户再次启动任务时，任务根结点的 Activity 就会被显示，而不管在任务的最后做了什么，也不管任务使用 BACK 按钮，还是使用 HOME 按钮离开的。当这个属性被设置为 false 时，在某些情况中这个任务的 Activity 可以被清除，但不总是这样的。

例如，假设某人从主屏中启动了 Activity P，并且又从 P 中启动了 Activity Q。接下来用户按下了 HOME 按钮，然后又返回到 Activity P。通常用户会看到 Activity Q，因为这是在 P 的任务中所做的最后的事情。但是，如果 P 把这个属性设置为 true，那么在用户按下 HOME 按钮，任务被挂起时，Activity P 之上的所有 Activity（本例中是 Activity Q）都会被删除。

因此当用户再次返回到本任务时，用户只能看到 Activity P。

如果这个属性和 allowTaskReparenting 属性都被设置为 true，那些被设置了亲缘关系的 Activity 会被转移到它们共享的亲缘任务中，然后把剩下的 Activity 都删除。

（4）android:configChanges

列表属性用户改变设定的 Activity 本身。在没有设置此属性时，当配置变化发生在运行时，默认的这个 Activity 将会被销毁或者被重新创建，但在申明了此属性时，将阻止活动再次启动。取而代之的是，活性保持运行，其 onConfigurationChanged()方法被调用。

注意：这个属性应当避免使用，或者当做最后的手段。

如表 4-1 所示的所有这些配置都是可以用于这个属性的，多个值之间用“|”隔开。例如，"locale|navigation|orientation"。

表 4-1　属性表

值	描　述
"mcc"	该 IMSI 的移动国家代码（MCC）已经改变，SIM 卡已被检测并更新 MCC
"mnc"	该 IMSI 的移动网络代码（MNC）已经改变，SIM 卡已被检测并更新 MNC
"locale"	语言环境已经改变，用户选择的文本应显示英寸新语言
"touchscreen"	触摸屏已经改变（这不应该常发生）
"keyboard"	键盘类型已经改变，如用户已经插入了外部键盘
"keyboardHidden"	键盘辅助功能已经改变，如用户已经透露了硬件键盘
"navigation"	导航型（轨迹球/DPAD）发生了变化（这不应该常发生）
"screenLayout"	屏幕布局已经改变，这可能是由于不同的显示被激活引起的
"fontScale"	字体缩放因子改变，用户已经选择了一个新的全局字体大小
"uiMode"	用户界面模式已经改变
"orientation"	屏幕的方向发生了变化，用户旋转设备 注意：如果应用程序面向 API 级别 13 或更高（由作为申报 minSdkVersion 和 targetSdkVersion 属性），那么用户也应该申报"screenSize"的配置，因为它也改变了纵向和横向之间的设备开关
"screenSize"	当前可用的屏幕尺寸已经改变。这代表了目前可用的尺寸，相对于当前纵横比发生变化，所以当用户在横向和纵向之间切换将发生变化
"smallestScreenSize"	物理屏幕的大小发生了变化。这代表了尺寸的变化，无论取向的，因此当实际的物理屏幕的大小发生了变化，如切换到外部显示只会改变。改变到这种配置对应于一个变化 smallestWidth 配置。但是，如果用户的应用程序面向 API 级别 12 或更低，那么用户的活动总是处理此配置变化本身（一个 Android 3.2 或更高版本的设备上运行，即使这种配置更改不会重新启动用户的活动），于 API 级别 13 中加入
"layoutDirection"	布局方向已经改变。例如，从左到右（LTR）更改为从右到左（RTL）。在 API 级别 17 中新增

所有这些配置更改可能会影响看到的应用程序的资源价值。因此，当 onConfiguration-Changed()被调用时，它通常会需要再次检索所有资源（包括视图的布局、可绘等）来正确处理所发生的变化。

（5）android:enabled

这个属性用于设置 Activity 是否能被系统初始化，“true”表示可以，“false”表示不可以，默认值是“false”。

<application>元素有它自己的 enabled 属性，这个属性可以用到所有的组件中，包括所有的 Activity。<application>和<activity>的 enabled 属性都必须同时是“true”时（默认它们都是“true”）系统才能够初始化 Activity。只要其中的一个 enabled 属性为 false，系统将不能初始化 Activity。

（6）android:excludeFromRecents

这个属性用于设置这个任务是否会罗列在最近使用的应用列表中。当一个 Activity 是一个任务的根 Activity 时，这个属性将决定着这个任务是否会显示在最近使用的应用列表中。如果设置为“true”，这个任务将不会显示在最近使用列表中；如果设置为“false”，则会显示。这个属性的默认值是“false”。

（7）android:exported

这个属性用于设置 Activity 是否能被其他应用程序中的组件启动，如果设置为 true 时，则表示可以，如果设置为“false”则表示不可以，此时的 Actvity 只能被用一个应用或者相同 user ID 的组件启动。这个属性的默认值依赖于 Activity 是否设置了 intent filters。当没有设置任何 filter 时，此时的 Activity 只能用类名来执行。这就意味着这个 Activity 只能在一个 application 内部使用。所以在这种情况下，默认值为“false”。另一方面，当 Activity 至少有一个 filter 时，它可以被外在的组件启动，此时的默认值是“true”。这个属性不是唯一的办法将 Activity 暴露给其他的应用。也可以使用 permission 去控制外部的实体执行 Activity。

（8）android:finishOnTaskLaunch

这个属性用于设置当用户重新启动一个 task 时（重新单击桌面的应用图标），Activity 是否会被结束掉。如果设置为“true”，则会被结束；如果是“false”，则不会被结束。

如果这个属性和 allowTaskReparenting 属性同时被设置为“true”，这个属性的级别要高于其他属性。

（9）android:hardwareAccelerated

这个属性用于设置 Activity 能否被硬件加速渲染，“true”表示能，“false”表示不能，默认值是“false”。

从 Android 3.0 开始，应用程序能够被 OpenGL 渲染加速，能够展示很多 2D 的画面操作。当硬件加速渲染被设置为 true 时，大多数的操作在 Canvas、Paint、Xfermode、ColorFilter、Shader 和 Camera 中都会被加速。

注意，不是所有的 OpenGL2D 操作都会被加速，如果需要硬件加速渲染，先要测试用户的应用，确保其没有渲染错误。

（10）android:icon

代表 Activity 的图标。该图标显示给用户时，该 Activity 的需要展示在屏幕上。例如，task 启动时，图标将会显示在状态栏中。这个属性必须设置为一个图片的应用资源包括图片的定义。如果没有设置，该应用程序作为一个整体所指定的图标来代替。

该 Activity 的图标无论是在这里或被通过<application>元素中的 icon 属性指定设置，都是所有活动的意图过滤器的默认图标（见<intent-filter>元素的 icon 属性）。

（11）android:label

用户可读的标签为活动标鉴。标签被显示在屏幕上时，该活动必须展示给用户。它通常伴随着活动的图标显示。

如果这个属性没有设置，用于应用程序作为一个整体的标签集来代替（见<application>元素的 label 属性）。

该活动的标签无论是在这里或被通过<application>元素中的 labec 属性指定设置，都是所有活动的意图过滤器的默认标签（见<intent-filter>元素的 label 属性）。

标签应设置为一个参考的字符串资源，以便它可以被本地化在用户界面的其他字符串。然而，作为一种方便用户开发的应用程序，同时它也可以被设置为一个原始字符串。

（12）android:launchMode

Activity 启动方式。

（13）android:multiprocess

一个 Activity 实例是否运行于启动组件的进程中，“true”表示可以，“false”表示不可以，默认值为“false”。

通常，一个 Activity 实例都运行于定义这个应用的进程中，所以很多的 Activity 实例都运行在同一个进程中。然而，如果这个属性设置为“true”，这个 Activity 实例将运行于其他的进程中，不管它在哪里被使用，都允许系统去创建实例（只要有这个权限），只是有时这个不是必须的。

（14）android:name

这个属性用于描述 Activity 的名称。Activity 的名称描述有两种：一种是全路径的，如"com.example.project.ExtracurricularActivity"；另一种是在当前包的路径后面加上类的名称，如".ExtracurricularActivity"。

（15）android:noHistory

当用户离开这个 Activity 时即此 Activity 在屏幕上不可见时，当前 Activity 是否会从 Activity stack 中移除，或者被结束掉。如果此属性设置为“true”则表示会被移除并结束，如果是“false”则不会。此属性的默认值是“false”。

如果此属性设置为“true”意味着此 Activity 不会留下历史痕迹。它不会保存在 Activity stack 中，所以用户不会再得到该实例。此属性在 API 级别 3 中被引进。

（16）android:parentActivityName

逻辑父 Activity 的类名。这个名字必须与<activity>元素中的 android:name 属性中的值相匹配。

如果设置了这个属性，当用户在 ActionBar 中单击了 Up button 时，系统会读取这个逻辑父类，并启动它。也可以用一个 TaskStackBuilder 的 Activity 的返回栈来实现这个逻辑。

支持的 API 级别 4～16，也能用<meta-data>元素来申明逻辑父类，这个值是"android.support.PARENT_ACTIVITY"。例如：

```
<activity
android:name="com.example.app.ChildActivity"
android:label="@string/title_child_activity"
android:parentActivityName="com.example.myfirstapp.MainActivity" >
<!-- Parent activity meta-data to support API level 4+ -->
<meta-data
android:name="android.support.PARENT_ACTIVITY"
android:value="com.example.app.MainActivity" /></activity>
```

（17）android:permission

客户端必须去启动一个 Activity 或者相应一个意图的权限的名称。如果一个启动与 startActivity()或者 startActivityForResult()访问没有权限，这个访问将不会成功，它的 intent 将不会被传到这个 Activity。

如果这个属性没有设置，那么<application> 元素中的权限将会被应用到这个 Activity 中。如果两个属性都没有设置，这个 Activity 将不会被这个权限所保护。

（18）android:process

Activity 运行的进程的名称。通常，一个应用的所有组件都会运行于一个默认的进程中，一般用户不需要使用这个属性。但是如果需要，用户可以使用这个属性来重载这个默认的进程名称，允许用户在多进程中去传播用户的应用组件。如果这个进程的名称是以一个冒号开始的（':'），表明这个进程是这个应用的私有进程，当这个 Activity 需要运行时，这个进程将会被创建。如果这个进程是以一个小写字母开始的，那么这个进程将是全局的进程。这允许不同的应用间的组件共享这个进程，以减小系统开销。

<application>元素的 process 属性能设置一个不同的默认进程供所有的组件使用。

（19）android:screenOrientation

Activity 在屏幕当中显示的方向。属性值可以是表 4-2 中列出的其中一个值。

表 4-2　属性表

"unspecified"	默认值，由系统来选择方向。它的使用策略，以及由于选择时特定的上下文环境，可能会因为设备的差异而不同
"behind"	使用 Activity 堆栈中与该 Activity 之下的那个 Activity 的相同的方向
"landscape"	横向显示（宽度比高度要大）
"portrait"	纵向显示（高度比宽度要大）
"reverseLandscape"	与正常的横向方向相反显示，在 API 级别 9 中被引入
"reversePortrait"	与正常的纵向方向相反显示，在 API 级别 9 中被引入
"sensorLandscape"	横向显示，但是基于设备传感器，既可以是按正常方向显示，也可以反向显示，在 API 级别 9 中被引入
"sensorPortrait"	纵向显示，但是基于设备传感器，既可以是按正常方向显示，也可以反向显示，在 API 级别 9 中被引入

（续表）

"userLandscape"	横向显示，但是基于设备传感器和用户的偏好设置，既可以是按正常方向显示，也可以反向显示。如果用户已锁定基于传感器的旋转，这种行为和 landscape 效果一样，否则它的行为和 sensorLandscape 效果一样，这个属性在 API 级别 18 中引入
"userPortrait"	纵向显示，但是基于设备传感器和用户的偏好设置，既可以是按正常方向显示，也可以反向显示。如果用户已锁定基于传感器的旋转，这种行为和 portrait 效果一样，否则它的行为和 sensorPortrait 效果一样，这个属性在 API 级别 18 中引入
"sensor"	显示的方向是由设备的方向传感器来决定的。显示方向依赖于用户怎样持有设备；当用户旋转设备时，显示的方向会改变。但是，默认情况下，有些设备不会在所有的 4 个方向上都旋转，因此要允许在所有的 4 个方向上都能旋转，就要使用 fullSensor 属性值
"fullSensor"	显示的方向（4 个方向）是由设备的方向传感器来决定的，除了它允许屏幕有 4 个显示方向之外，其他与设置为“sensor”时情况类似，不管什么样的设备，通常都会这么做。例如，某些设备通常不使用纵向倒转或横向反转，但是使用这个设置，还是会发生这样的反转。这个值在 API 级别 9 中引入
"nosensor"	屏幕的显示方向不会参照物理方向传感器。传感器会被忽略，所以显示不会因用户移动设备而旋转。除了这个差别之外，系统会使用与“unspecified”设置相同的策略来旋转屏幕的方向
"user"	使用用户当前首选的方向
"fullUser"	如果用户已锁定基于传感器的旋转，这种行为与 user 效果一样，否则它的行为与 fullSensor 效果一样，并允许任何 4 个可能的屏幕方向。在 API 级别 18 中引入
"locked"	不论发生什么，都锁定屏幕当前的旋转方向。在 API 级别 18 中引入

注意：在给这个属性设置的值是“landscape”或“portrait”时，要考虑硬件对 Activity 运行的方向要求。正因如此，这些声明的值能够被诸如 GooglePlay 这样的服务所过滤，以便应用程序只能适用于那些支持 Activity 所要求的方向的设备。例如，如果声明了“landscape”、“reverseLandscape”、或“sensorLandscape”，那么应用程序就只能适用于那些支持横向显示的设备。但是，还应该使用<uses-feature>元素来明确地声明应用程序所有的屏幕方向是纵向的还是横行的。例如，<uses-feature android:name="android.hardware.screen.portrait"/>。这个设置由 Google Play 提供的纯粹的过滤行为，并且在设备仅支持某个特定的方向时，平台本身并不控制应用程序是否能够被按照。

（20）android:stateNotNeeded

这个属性用于设置 Activity 在被 kill 掉和成功再次启动之前是否保存它的状态。如果设置为“true”，它在重新启动后不会关联到 kill 掉之前的状态，如果设置为“false”则会关联。默认值为“false”。通常情况下，在一个 Activity 临时被停止时，它会调用 onSaveInstanceState()方法来保存这个状态。这个方法会用一个 Bundle 对象来存储这个状态，然后在 Activity 被重新启动时，这个对象会被传递到 onCreate()方法中。如果这个属性被设置为“true”时，在 Activity 被停止时 onSaveInstanceState()可能不会被调用，再次启动时 onCreate()方法会被传递一个 null 值来代替 bundle 对象。

该属性设置为“true”时，当用户按了 Home 键，可以保证不用保存原先的状态引用，节省了空间资源，从而可以让 Activity 不会像默认设置那样 Crash 掉。

（21）android:taskAffinity

与 Activity 有亲和力的任务。有相同亲和力概念的 activities 属于同一个任务。根 Activity 的亲和力取决于所在的这个任务的亲和力。

亲和力决定了两件事，第一个是 Activity 转移到这个任务（参考 allowTaskReparenting 属性），第二个是当 Activity 以 FLAG_ACTIVITY_NEW_TASK 标示启动被任务容纳。意思是说，亲和力会决定 Activity 和 task 的关系，一个是通过 allowTaskReparenting 属性设置，一个是启动时在 intent 里面设置了 FLAG_ACTIVITY_NEW_TASK。

默认情况下，一个 application 里面的所有 Activity 都是相同的亲和力。可以设置这个属性去将它们分组，甚至可以在不同的应用中将它们的 Activity 定义到同一个任务中。设置一个空的字符串，来指定 Activity 对任何任务都没有亲和力。

如果这个属性没有设置，Activity 将会继承 application 的亲和力（参考<application>元素的 taskAffinity 属性）。一个 application 的默认亲和力的名称就是这个应用的包名，设置于<manifest>元素中。

（22）android:theme

一个样式资源的应用去设定 Activity 的主题。使用这个主题会自动设置到 Activity 的上下文中。

如果这个属性没有设置，Activity 会默认地继承 application 的主题。如果 application 的主题也没有设置，Activity 会默认使用系统的主题。

4.6 示　　例

学习了上面的 Activity 组件的相关知识，接下来通过一个代码示例来熟悉掌握 Activity 组件的使用。

首先来体验一下示例的运行效果。

进入示例应用后，首先看到的是如图 4-12 所示的页面，有两个按钮，分别写着“进入 Activity2”和“进入 Activity3，以对话框形式”。按下“进入 Activity2”按钮就会进入 Activity2 的页面，通过图 4-13 可以看到 Activity2 的页面中有一个按钮写着“进入 Activity1”，按下按钮后又会进入 Activity1 的页面；在 Activity1 中按下“进入 Activity3，以对话框形式”按钮，会进入 Activity3 的页面中，Activity3 的页面如图 4-14 所示。

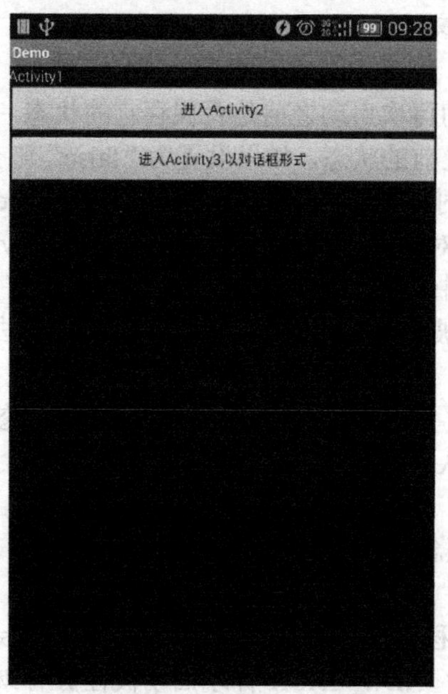

图 4-12　Activity 1 页面

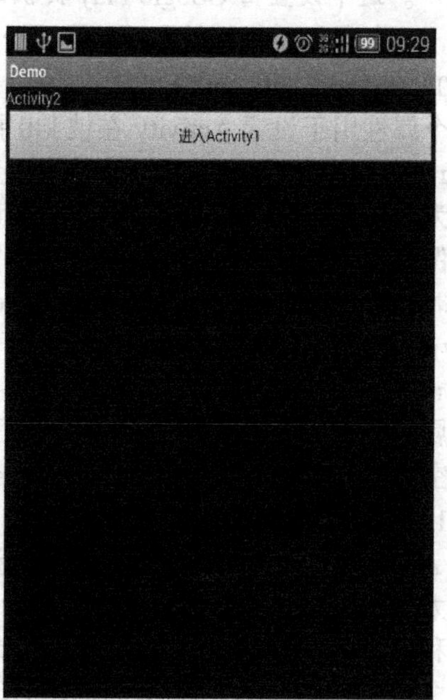

图 4-13　Activity 2 页面

图 4-14 Activity 3 页面

通过对示例功能的了解，不难看出这是一个多 Activity 跳转的简单示例，接下来看看示例的代码来如何完成。

大家知道，这个示例有 3 个 Activity，所以需要在 AndroidManifest.xml 文件中将 3 个 Activity 配置注册：

```
    <application                                    android:icon="@drawable/icon"
android:label="@string/app_name">
        <activity android:name=".Activity1"
                android:label="@string/app_name">
            <intent-filter>
                <action android:name="android.intent.action.MAIN" />
                <category android:name="android.intent.category.LAUNCHER" />
            </intent-filter>
        </activity>
      <activity android:name=".Activity2"/>
      <activity android:name=".Activity3"
              android:theme="@android:style/Theme.Dialog"/>
    </application>
```

当配置好 Activity 后，就可以开始完善 3 个 Activity 类的具体内容，注意上面的“android:name”的内容是各个 Activity 类的类名，Activity1 中的 action 和 category 属性是为了通过过滤 Activity1 为主页面；“android:theme="@android:style/Theme.Dialog"”则是设定 Activity3 的显示方式是以对话框的方式来显示。

首先来完善 Activity1.java，如下面代码所示：

```
package com.androidbook.activitylife;
import com.androidbook.activitylife.R;
import android.app.Activity;
import android.content.Intent;
import android.os.Bundle;
import android.util.Log;
import android.view.View;
import android.view.View.OnClickListener;
import android.widget.Button;

public class Activity1 extends Activity {
    /** Called when the activity is first created. */
    private static final String TAG = "Activity1";
    @Override
    public void onCreate(Bundle savedInstanceState) {
        super.onCreate(savedInstanceState);
        setContentView(R.layout.main);
        Log.e(TAG,"onCreate");
        Button button = (Button)findViewById(R.id.button);
        button.setText("进入Activity2");
        Button otherButton = (Button)findViewById(R.id.otherbutton);
        otherButton.setText("进入Activity3,以对话框形式");
        button.setOnClickListener(new OnClickListener() {
            @Override
            public void onClick(View v) {
                // TODO Auto-generated method stub
                Intent intent = new Intent( Activity1.this,Activity2.class);
                startActivity(intent);
            }
        });
        otherButton.setOnClickListener(new OnClickListener() {
            @Override
            public void onClick(View v) {
                // TODO Auto-generated method stub
                 Intent intent = new Intent( Activity1.this,Activity3.
class);
                 startActivity(intent);
            }
        });
    }
    @Override
```

```
    protected void onStart() {
        // TODO Auto-generated method stub
        super.onStart();
        Log.e(TAG,"onStart");
    }
    @Override
    protected void onRestoreInstanceState(Bundle savedInstanceState) {
        // TODO Auto-generated method stub
        super.onRestoreInstanceState(savedInstanceState);
        Log.e(TAG,"onRestoreInstanceState");
    }
    @Override
    protected void onResume() {
        // TODO Auto-generated method stub
        super.onResume();
        Log.e(TAG,"onResume");
    }
    @Override
    protected void onSaveInstanceState(Bundle savedInstanceState) {
        // TODO Auto-generated method stub
        super.onSaveInstanceState(savedInstanceState);
        Log.e(TAG,"onSaveInstanceState");
    }
    @Override
    protected void onRestart() {
        // TODO Auto-generated method stub
        super.onRestart();
        Log.e(TAG,"onRestart");
    }
    @Override
    protected void onPause() {
        // TODO Auto-generated method stub
        super.onPause();
        Log.e(TAG,"onPause");
    }
    @Override
    protected void onStop() {
        // TODO Auto-generated method stub
        super.onStop();
        Log.e(TAG,"onStop");
    }
    @Override
    protected void onDestroy() {
```

```
        // TODO Auto-generated method stub
        super.onDestroy();
         Log.e(TAG,"onDestroy");
    }
}
```

上面代码所示，主要的代码在 onCreate()方法中，在这里，创建了 Activity1 类，继承了 Activity 这个父类，那么 Activity1 类就具备了 Activity 类的所有属性和方法，而在 Activity1 类中需要显示 Activity1 类独有的页面以及活动，就需要通过重写 onCreate()方法来完善 Activity1 类的展示页面和逻辑活动。通过“setContentView(R.layout.main);”设定 main.xml 文件的内容为 Activity1 类的显示页面；通过“Button button = (Button)findViewById(R.id.button);”获取按钮对象；“button.setText("进入 Activity2");”动态设置按钮的文本值为“进入 Activity2”；“button.setOnClickListener”为按钮设置监听器，只要按钮触发了点击事件，就会执行其中的代码；“Intent intent = new Intent(Activity1.this,Activity2.class);”生成显示的 Intent，设定目标类为 Activity2.class（此处仅需知道是为页面跳转做准备就可以了，目标类为 Activity2.class 就是要向 Activity2 页面跳转）；“startActivity(intent); ”则是执行跳转动作。通过上面的代码就实现了单击“进入 Activity2”从而进入 Activity2 页面。其他的则类似，只不过是把 Activity2.class 改为了 Activity3.class，从而跳入 Activity3 页面。

Activity1 对应的页面代码如下所示：

```
<?xml version="1.0" encoding="utf-8"?>
<LinearLayout xmlns:android="http://schemas.android.com/apk/res/android"
    android:orientation="vertical"
    android:layout_width="fill_parent"
    android:layout_height="fill_parent">
     <TextView
     android:layout_width="fill_parent"
     android:layout_height="wrap_content"
     android:text="Activity1"
     />
     <Button android:layout_width="fill_parent"
     android:layout_height="wrap_content"
     android:id="@+id/button"/>
     <Button
     android:layout_width="fill_parent"
     android:layout_height="wrap_content"
     android:id="@+id/otherbutton"/>
</LinearLayout>
```

Activity2.java 中的代码就更简单了：

```
public void onCreate(Bundle savedInstanceState) {
        super.onCreate(savedInstanceState);
        setContentView(R.layout.main1);
        Log.e(TAG,"onCreate");
        Button button = (Button) findViewById( R.id.button);
        button.setText("进入Activity1");
        button.setOnClickListener( new OnClickListener() {
             @Override
             public void onClick(View v) {
                 // TODO Auto-generated method stub
                 Intent intent = new Intent (Activity2.this,Activity1.class);
                 startActivity(intent);
             }
         });
    }
```

Activity2 对应的页面代码如下：

```
<?xml version="1.0" encoding="utf-8"?>
<LinearLayout xmlns:android="http://schemas.android.com/apk/res/android"
    android:orientation="vertical"
    android:layout_width="fill_parent"
    android:layout_height="fill_parent">
     <TextView
     android:layout_width="fill_parent"
     android:layout_height="wrap_content"
     android:text="Activity1"
     />
     <Button
     android:layout_width="fill_parent"
     android:layout_height="wrap_content"
     android:id="@+id/button"/>
     <Button
     android:layout_width="fill_parent"
     android:layout_height="wrap_content"
     android:id="@+id/otherbutton"/>
</LinearLayout>
```

Activity3.java 的代码如下所示：

```
public void onCreate(Bundle savedInstanceState) {
        super.onCreate(savedInstanceState);
        setContentView(R.layout.main2);
        Log.e(TAG,"onCreate");
```

```
    }
```

Activity3 对应的页面代码如下：

```
<?xml version="1.0" encoding="utf-8"?>
<LinearLayout xmlns:android="http://schemas.android.com/apk/res/android"
    android:orientation="vertical"
    android:layout_width="fill_parent"
    android:layout_height="fill_parent"
    >
     <TextView
         android:layout_width="fill_parent"
     android:layout_height="wrap_content"
     android:text="Activity3"
     />
    <Button
        android:layout_width="fill_parent"
        android:layout_height="wrap_content"
        android:id="@+id/button"/>
</LinearLayout>
```

4.7 习 题

1. 什么是 Activity？
2. Activity 有哪些运行状态以及它们是怎么转换的？
3. 请简单描述 Activity 的生命周期。
4. 为什么要自定义 Activity 以及其分类是什么？
5. 简单描述 Activity 的详细配置。

第5章　界面布局

本章主要内容：

- Android UI 的 5 种布局。
- Android UI 控件。
- 用户界面设计的原则以及核心概念。
- 菜单以及对话框的简要介绍。
- 滚动处理。

本章讲述了界面布局的相关概念，通过本章内容的学习，读者可以利用 Android 平台提供一套图形用户界面的编程接口，快速掌握图形用户界面的开发。

5.1　Android UI 布局

UI（User Interface）即用户界面，指用户能看到、能操作的部分。UI 设计则是指对软件的人机交互、操作逻辑、界面美观的整体设计。好的 UI 设计不仅使软件变得有个性、有品味，还使软件的操作变得舒适、简单、自由、充分体现软件的定位和特点。

5.1.1　线性布局

这种布局方式是最常见的一种，顾名思义就是每个组件是按照从前到后或者从上到下的方向逐个排列的，这种布局适合上下、左右对齐的相同数量组件以表格方式布局的情况。

线性布局（LinearLayout）根据 orientation 属性值，将包含的所有控件或布局对象排列在同一个方向：水平（horizontal）（图 5-1）或垂直（vertical）（图 5-2）。

图 5-1　水平（horizontal）

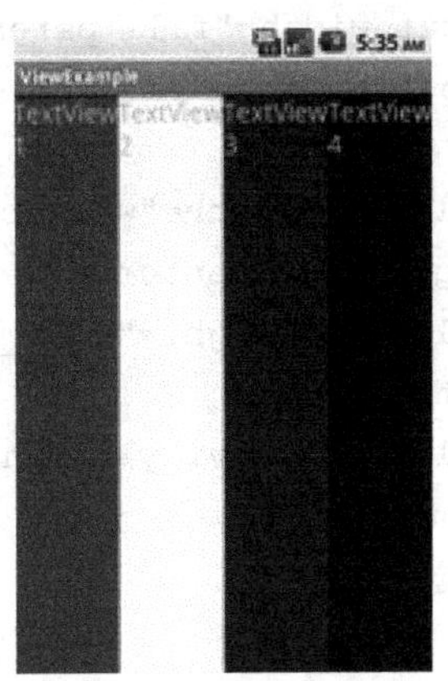

图 5-2　垂直（vertical）

在 LinearLayout 中有几个重要的属性值，如表 5-1 所示。

表 5-1 LinearLayout 重要的属性值

属性值	说明
android:orientation	设置控件或者容器存放的方式
android:id	设置控件 id，方便在使用时找到其引用
android:layout_width	容器的宽度，该值必须设置
android:layout_height	容器的高度，该值必须设置
android:layout_weight	该属性针对其内的子控件，存放在 LinearLayout 中的控件都有这个属性，用来设置该控件或者容器占父控件或者容器的比例

需要注意的，LinearLayout 有两个非常相似的属性：

```
android:gravity
android:layout_gravity
```

它们的区别在于：

（1）“android:gravity”属性是对该 view 中内容的限定。用于设置 view 中内容相对于 view 组件的对齐方式。例如，一个 button 上面的 text，可以设置该 text 相对于 view 的靠左、靠右等位置。

（2）android:layout_gravity 是用来设置该 view 相对于父 view 的位置。用于设置 view 组件相对于 container 的对齐方式。例如，一个 button 在 LinearLayout 里，若要想把该 button 放在 LinearLayout 里靠左、靠右等位置就可以通过该属性设置。

可以通过设置 android:gravity="center"来让 EditText 中的文字在 EditText 组件中居中显示，同时设置 EditText 的 android:layout_gravity="right"来让 EditText 组件在 LinearLayout 中居右显示。

```
<LinearLayout
xmlns:android="http://schemas.android.com/apk/res/android"
android:orientation="vertical"
android:layout_width="fill_parent"
android:layout_height="fill_parent">
<EditText
    android:layout_width="wrap_content"
    android:gravity="center"
    android:layout_height="wrap_content"
    android:text="one"
    android:layout_gravity="right"/>
</LinearLayout>
```

5.1.2 帧布局

帧布局（FrameLayout）是指该容器内放置的控件或者容器没有上下左右的关系，只有层叠前后的关系。放置在容器内的控件按放置的前后顺序逐一层叠摆放，自然地后面摆放的控件就将前面摆放的控件覆盖了，叠在它的上面了。

FrameLayout 被定制为用户屏幕上的一个空白备用区域，之后用户可以在其中填充一个单一对象。例如，一张用户要发布的图片。所有的子元素将会固定在屏幕的左上角；用户不能为 FrameLayout 中的一个子元素指定一个位置。后一个子元素将会直接在前一个子元素之上进行覆盖填充，把它们部分或全部挡住（除非后一个子元素是透明的）。

里面可以放多个控件，不过控件的位置都是相对位置。可以通过设置属性“android:bringToFront="true|false"”将前面放置的控件提到最前面可见。

5.1.3 相对布局

相对布局（Relative Layout）是指利用控件之间的相对位置关系来对布局进行放置。换句话说，在该容器中的控件与其他任何一个控件或者容器（包括父控件）有相对关系。因此，可以以右对齐，或上下，或置于屏幕中央的形式来排列两个元素。元素按顺序排列，因此如果第一个元素在屏幕的中央，那么相对于这个元素的其他元素将以屏幕中央的相对位置来排列。如果使用 XML 来指定这个 layout，在定义它之前，被关联的元素必须定义。

这个布局是最灵活的布局，因此复杂的布局多用这个布局。

LayoutParams 中特殊的参数如下。

（1）属性值为 true 或 false，如表 5-2 所示。

表 5-2 属性值为 true 或 false

属性名称	说 明
android:layout_centerHrizontal	水平居中
android:layout_centerVertical	垂直居中
android:layout_centerInparent	相对于父元素完全居中
android:layout_alignParentBottom	贴紧父元素的下边缘
android:layout_alignParentLeft	贴紧父元素的左边缘
android:layout_alignParentRight	贴紧父元素的右边缘
android:layout_alignParentTop	贴紧父元素的上边缘
android:layout_alignWithParentIfMissing	若找不到兄弟元素以父元素做参照物

（2）属性值必须为 id 的引用名（@id/id-name），如表 5-3 所示。

表 5-3 属性值必须为 id 的引用名（@id/id-name）

属性名称	说 明
android:layout_below	在某元素的下方
android:layout_above	在某元素的上方
android:layout_toLeftOf	在某元素的左边
android:layout_toRightOf	在某元素的右边
android:layout_alignBaseLine	该控件的 baseline 和给定 ID 的控件的 Baseline 对齐
android:layout_alignTop	本元素的上边缘和某元素的上边缘对齐

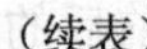

（续表）

属性名称	说　明
android:layout_alignLeft	本元素的左边缘和某元素的左边缘对齐
android:layout_alignBottom	本元素的下边缘和某元素的下边缘对齐
android:layout_alignRight	本元素的右边缘和某元素的右边缘对齐

5.1.4　表格布局

表格布局（TableLayout）指该容器是一个表格，放置控件时，控件的位置坐落在表格的某个位置上。其中 TableRow 是配合 TableLayout 使用的，目的是为了让 TableLayout 生成多个列，否则 TableLayout 中就只能存在一列元素，但可以有多行。

TableLayout 的直接父类是 LinearLayout，所以其具有 LinearLayout 的属性，TableLayout 中的每一行用 TableRow 表示，每一列就是 TableRow 中的个数指定的。TableRow 的直接父类是 LinearLayout，但是其放置的方式只能水平放置。TableLayout 的重要属性如表 5-4 所示。

表 5-4　TableLayout 的重要属性

属性名称	说　明
android:stretchColumns	伸展的列的索引
android:shrinkColumns	收缩的列的索引
android:collapseColumns	折叠的列的索引

5.1.5　绝对布局

绝对布局（Absolute Layout）是指以屏幕左上角为坐标原点（0,0），控件在容器中的位置以坐标的形式存在，可以随意指定控件的坐标位置，非常灵活。

此种布局在开发过程中很少使用，原因是屏幕兼容性不好，不便控制两个控件之间的位置。AbsoluteLayout 属性如表 5-5 所示。

表 5-5　AbsoluteLayout 属性

属性名称	说　明
android:layout_x	x 方向的坐标
android:layout_y	y 方向的坐标

5.2　Android UI 控件

AndroidSDK 包含一个名为 android.widget 的 Java 包。当提及控件时，通常指该包中的某个类。控件涵盖 Android SDK 中几乎所有可绘制到屏幕上的东西，包括 ImageView、FrameLayout、EditText 和 Button 对象。通常所有的控件都是从 View 类继承而来。

UI 控件就是为用户界面提供服务的视图对象，它是所有具有事件处理控件的父类。

UI 控件的三要素：绘制、数据、控制。

首先，展现在人们视线里的是可见的，那就是绘制，每一个控件都有自己的样子，就跟人的相貌一样，如 TableView 是一张数据表，又如 datePicker 是一个时间选择器，它们的样子都是不一样的。

然后是数据，控件也需要自己的数据，如 label，需要显示文字的数据，如 imageView，需要显示图片的数据，如果没有数据这些控件的使用将会变得没有意义。

最后一个就是控制了，最典型的就是 button 了，这是用户与界面交互的关键，还有其他的控件，如 scrollView，可以滑动加载数据，这是控制。

Android 提供的 UI 控件分别包括了几种 Layout 和多种组件（widget），如 Button、TextView、EditText 等。

5.2.1 UI 事件捕获与处理

事件在图形界面（UI）的开发中，有两个非常重要的内容：一个是控件的布局，另一个就是控件的事件处理。其中，Android 在事件处理过程中主要涉及以下 3 个概念。

（1）事件（Event）。事件表示用户在图形界面的操作的描述，通常是封装成各种类，如键盘事件操作相关的类为 KeyEvent、触摸屏相关的移动事件类为 MotionEvent 等。它可以分为触摸事件、晃动事件、远程控制事件三类。

（2）事件源。事件源是指事件发生的场所，通常是指各个控件，如 Button、EditText 等。

（3）事件处理者。事件处理者是指接收事件对象并对其进行处理的对象，事件处理一般是一个实现某些特定接口类创建的对象。

当 UI 控件被添加到应用程序用户界面后，一部分控件需要对用户的操作事件进行捕获和响应处理，只有实现了对事件的处理才能算是与用户进行了交互。此过程中就包括了响应和处理两个过程，其中响应过程就涉及 Android 对 UI 事件提供的一系列事件响应函数和回调函数，而处理过程则是这些函数中的具体实现代码。控件捕获用户操作事件的方式有以下两种。

（1）定义一个事件监听器并将其绑定到相应的控件。用于监听用户事件，view 类包含了一系列命名类似于 On<Action - name>Listener 的接口，而每一个接口都提供了一个命名类似于 On<Action - name>()的回调方法。例如，响应视图单击事件的接口和方法分别是 View.OnClickListener 和 onClick()方法，所以如果某控件需要在它被单击时获得通知就需要实现 OnClickListener 接口并定义其 onClick 回调方法，然后通过控件的 setOnClickListener()方法进行注册绑定。

（2）重写回调方法。这种方式主要用于自主实现的控件类，这种方式允许为自主实现的控件上接收到的每个事件定义默认的处理行为，并决定是否需要将事件传递给其他的子视图。

5.2.2 TextView

TextView（标签文本）用来显示文本信息，它包含了一段提示文字，作为另一个控件的搭配说明。

通常可以在 XML 文件中设置其相应的属性。XML 文件中 TextView 属性如表 5-6 所示。

表 5-6　XML 文件中 TextView 属性

属性名称	说　明
android：layout_height	该控件显示时的高度
android：layout_width	该控件显示时的宽度
android:id="@+id/textView1"	该控件的 id，在布局文件中或者代码中被引用
android:textStyle="bold"	TextView 里面的字加粗显示
android:layout_height="wrap_content"	该控件的高度为其包含内容的高度
android:layout_width="wrap_content"	该控件的宽度为其包含内容的宽度
android:text="@string/signin"	显示的内容，这里表示存放在 string.xml 文件中 name=signin 的文本
android:layout_height="40dip"	设置具体的高度
android:textColor="#7089c0"	设置文本的颜色
android:textSize="18sp"	设置文本的大小
android:gravity="center_vertical"	设置文本纵向居中
android:paddingLeft="5dip"	设置内边距
android:layout_marginTop="5dip"	设置外边距

5.2.3　Button

Button（按钮）是最常用的控件，不管发生什么改变，都需要通过单击按钮来触发。Button 是相应单击事件，可以将 Button 理解为可以单击的 TextView，其使用方法与 TextView 设置一样，区别在于 Button 可以有按键的效果和事件的监听。

常用方法：super.findViewById(id)得到在 layout 中声明的 Button 的引用，setOnClickListener（View.OnClickListener）添加监听。然后在 View.OnClickListener 监听器中使用 v.equals(View)方法判断哪个按钮被按下，进行分别处理。

关于 android:onClick="onLoginClick"，该属性需要在源代码中设置一个 onLoginClick 方法，作为该 Button 的单击监听方法：

```
    public void onLoginClick(View v)
    {
        if(TextUtils.isEmpty(name.getText().toString())){
name.setError(getString(R.string.no_empyt_name));
            return;
        }
    //省略...
    }
```

这样编写的好处在于可以直接完成按键监听，不必通过调用 findViewById(int id)找到该 Button，然后再为其设置单击监听器 setOnClickListener(OnClickListener)。

示例：

```
<Button
android:layout_height="40dip" android:layout_width="wrap_content"
android:minWidth="100dip"
```

```
android:layout_marginLeft="0dip"
android:layout_marginRight="2dip"
android:layout_marginTop="5dip"
android:layout_marginBottom="10dip"
android:background="@drawable/button"
android:text="@string/login"
android:textColor="#fff"
android:textSize="18sp"
android:id="@+id/login"
android:layout_alignRight="@+id/password"
android:layout_below="@+id/password"
android:onClick="onLoginClick"
/>
```

5.2.4 EditText

EditText（文本输入框）用来编辑输入文本信息，接收用户的输入。

EditText 属性的大部分设置与 TextView 是一样的，这里仅介绍 EditText 与 TextView 不同的属性，如表 5-7 所示。

表 5-7 XML 文件中 EditText 属性

属性名称	说 明
android:hint="@string/name"	输入之前的提示，当 EditText 获得输入焦点，并输入文字时，该文本自动消失，起提示的作用
android:singleLine="true"	该文本输入框不可换行输入，只能在一行内输入文本
android:password="true"	该文本输入框是用来输入密码的，输入的文本会自动转换为“•”，起到隐藏用户密码的作用

5.2.5 CheckBox 与 RadioGroup

在实际的应用程序中，往往会接触到在几个选项中选择一个或者多个选项的操作需要，如批量删除名片、设置情景模式的操作，这时就需要用到复选框（CheckBox）或者单选组框（RadioGroup）。

其中，RadioGroup 需要和 RadioButton（单选按钮）一起使用，RadioButton 要声明在 RadioGroup 中，RadioGroup 是线性布局 android.widget.LinearLayout 的子类。一个 RadioGroup 默认带有 3 个 RadioButton，可以根据实际情况添加或者删除，需要在.xml 的代码文件里面进行操作。

CheckBox、RadioButton 与普通按钮不同的是，它多了一个可选中的功能。因此都可给其额外指定一个“Android：checked”属性，该属性指定 CheckBox、RadioButton 初始是否被选中。

5.2.6 Spinner

Spinner（下拉列表）用来显示列表项，类似于一组单选框 RadioButton。下拉列表也是一种很常用的 UI 控件，例如很多网页都会使用下拉列表，根据选择下拉列表选项来设置信息，在 Android 中也提供了下拉列表的实现。

除了在程序中对下拉列表赋值之外，还可以将要赋值的内容先写在资源文件 strings.xml 里面，然后再通过适配器赋值。这里接触到了 xml 文件的另外一种用法，即用于存放一组数据，如字符串、数组等，Android 会将这些映射关系自动生成到 R.java 文件中，之后在 Java 代码中就可以通过相应的 id 和 name 来访问这些数据了。在 strings.xml 里是通过类似如下的代码来声明字符串数组的：

```
<resources>
<string-array name="cities">
    <item>北京</item>
    <item>上海</item>
    <item>成都</item>
</string-array>
</resources>
```

然后在代码中利用 Android 通过 ArrayAdapter.createFromResource()方法来获取这个字符串数组，再将这个数组资源的 Adapter 通过 setAdapter()方法与 Spinner 建立关联，Spinner 就能够使用这个数组来初始化下拉列表的内容了。

5.2.7 AutoCompleteTextView

AutoBompleteTextView（自动补全文本框）是一个可编辑的文本视图，能显示用户输入的相关信息。建议列表显示一个下拉菜单，用户可以从中选择一项，以完成输入。建议列表是从一个数据适配器获取的数据。它有以下 3 个重要的方法。

（1）clearListSelection()：清除选中的列表项。

（2）dismissDropDown()：如果存在关闭下拉菜单。

（3）getAdapter()：获取适配器。

对于 AutoCompleteTextView 比较值得注意的一个属性就是 Threshold（阈值），即从多少位开始自动补全，可以根据需求进行设置，若不进行设置则默认阈值为 2，即只有当输入位数达到两位及以上才会触发自动补全的功能。

5.2.8 ProgressBar

ProgressBar（进度条）是改善用户体验的一种重要的控件，进度条的存在可以防止应用程序处于“假死”的状态，避免用户漫无目的的等待，也能够实时地反映出程序运行的状态。在 Android 系统中有两种进度条：一种是圆形进度条；另一种是水平进度条。但通常 Android 中进度条默认为圆圈形式，要显示水平进度条，可以在 xml 文件中设置进度条的 style 属性，其方法如下：

```
style="?android:attr/progressBarStyleHorizontal"    水平进度条
style="?android:attr/progressBarStyleLarge"         较大的进度条
```

style="?android:attr/progressBarStyleSmallTitle	标题大小的进度条

5.2.9 ListView

ListView（列表）是 Android 中非常重要也相对复杂的一个控件，它将需要显示的内容以列表的形式展示出来，并且能够根据数据的长度适当地调节显示，如名片夹的显示、列表菜单的显示、音乐播放器中的歌曲名列表等，都用到了列表这个组件。

值得注意的是，ListView 的选项可以设置单击监听和选择监听，就是当单击或选择 ListView 的某一个 Item 时，可以分别做出不同的响应。

一个 ListView 要显示其相关内容，需要满足三个条件：需要 ListView 显示的数据、与 ListView 相关联的适配器（Adapter）、一个 ListView 对象来显示内容。

ListView 可用的适配器又有以下三种。

（1）ArrayAdapter，可称为数组适配器，是 ListView 中最简单的一种适配器，它将一个数组和 ListView 之间建立连接，可以将数组里定义的内容一一对应的显示在 ListView 中，每一项一般只有一个 TextView，即一行只能显示一个数组 Item 调用 toString()方法生成的一行字符串。

（2）SimpleAdapter，是扩展性最好的一种适配器，通过这个适配器，可以让 ListView 中的每一项内容可以自定义出各种效果，可以将 ListView 中某一项的布局信息直接写在一个单独的 xml 文件中，通过 R.layout.layout_name 来获得这个布局（layout_name 是 xml 布局文件的名字）。

（3）SimpleCursorAdapter，是 SimpleAdapter 与数据库的简单结合，通过这个适配器，ListView 能方便地显示对应的数据库中的内容。

5.2.10 Window

在开发程序时经常会需要软件全屏显示、自定义标题（使用按钮等控件）和其他的需求，这就需要控制 Android 应用程序的窗体显示。图 5-3～图 5-6 所示为几种不同的窗体风格。

图 5-3 自定义标题栏

图 5- 4 隐藏标题栏

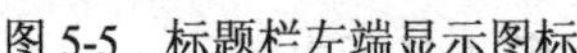

图 5-5　标题栏左端显示图标

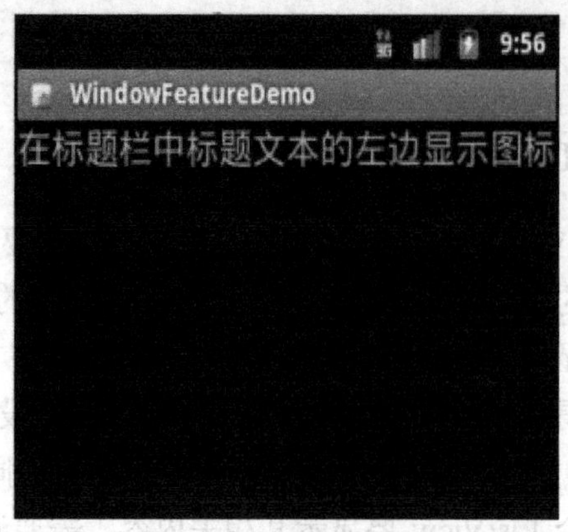

图 5-6　隐藏状态栏

Android 应用程序的窗体显示，主要使用 requestWindow Feature(featrueId)方法设置，它的功能是启用窗体的扩展特性，其参数是 Window 类中定义的枚举常量。另外，还可以通过 Window 类的 setFlags()方法来隐藏系统的状态栏。当一个 Activity 设置了同时隐藏标题栏和状态栏时，就是全屏显示的状态了。

部分 Window 类中定义的枚举常量如表 5-8 所示。

表 5-8　部分 Window 类中定义的枚举常量

常　量	说　明
DEFAULT_FEATURES	系统默认的状态
FEATURE_CONTEXT_MENU	启动 ContextMenu，默认启动该项
FEATURE_CUSTOM_TITLE	当需要自定义标题的时候指定
FEATURE_INDETERMINATE_PROGRESS	在标题栏上不确定的进度
FEATURE_LEFT_ICON	标题栏左侧显示图标
FEATURE_NO_TITLE	无标题栏
FEATURE_OPTION_PANEL	启动选项面板功能，默认启动
FEATURE_PROGRESS	进度指示器功能
FEATURE_RIGHT_ICON	标题栏右侧显示图标

5.2.11　其他 UI 控件概览

前几小节中，学习了一部分最常用的 UI 控件，基本的用法都是将其放置在其所隶属的 Layout 上，对控件所具有的属性值进行预设或者在代码中对各属性进行需要的更改即可，这些属性可以在 SDK 文档中查阅到。本小节将通过简单列举的方法来了解其他的 UI 控件。

（1）WebView（网络视图），如图 5-7 所示。

（2）GridView（网格视图），如图 5-8 所示。

（3）Gallery（画廊视图），如图 5-9 所示。初始状态如图 5-10 所示。

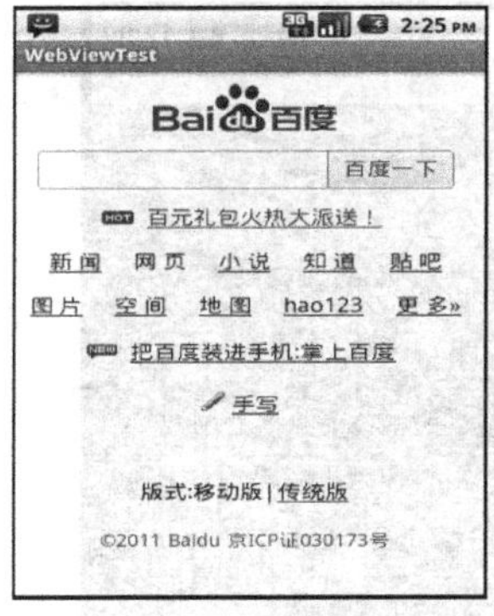

图 5-7 网络视图

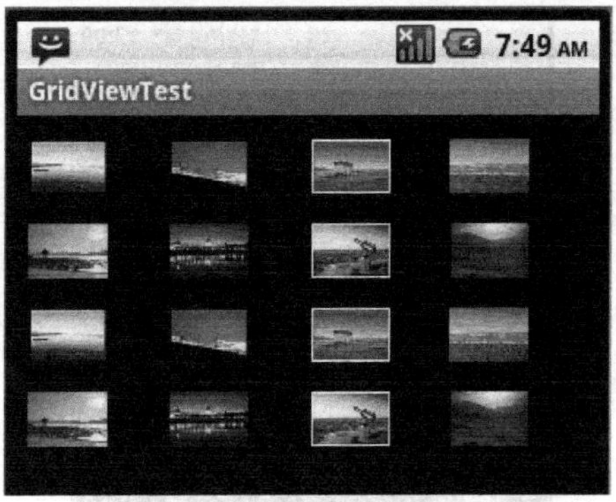

图 5-8 网格视图

图 5-9 画廊视图

图 5-10 初始状态

（4）DatePicker&TimePicker（日期和时间），如图 5-11 和图 5-12 所示。

图 5-11 设置日期

图 5-12 设置时间

（5）ExpandableListView（可展开、收缩列表），如图 5-13 和图 5-14 所示。

（6）RatingBar（评分条），如图 5-15 所示。

图 5-13　展开列表　　　　图 5-14 收缩列表

图 5-15　评分条

（7）SlidingDrawer（滑动式抽屉），如图 5-16 和图 5-17 所示。

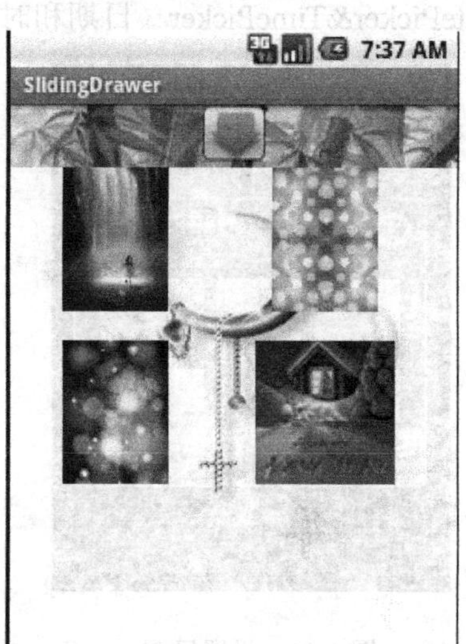

图 5-16　隐藏状态　　　　图 5-17 正在滑动

（8）ZoomControls（缩放控件），如图 5-18～图 5-20 所示。

图 5-18 初始状态

图 5-19 放大

图 5-20 缩小

5.3 用户界面设计原则

在人和机器的互动过程（Human Machine Interaction）中，有一个层面，即人们所说的界面（Interface）。从心理学意义来分，界面可分为感觉（视觉、触觉、听觉等）和情感两个层次。用户界面设计是屏幕产品的重要组成部分。用户界面设计的三大原则是：置界面于用户的控制之下；减少用户的记忆负担；保持界面的一致性。下面将向读者简要介绍其设计规范。

5.3.1 一致性

坚持以用户体验为中心设计原则，界面直观、简洁，操作方便快捷，用户接触软件后对界面上对应的功能一目了然，不需要太多培训就可以方便使用本应用系统。

1. 字体

（1）保持字体及颜色一致，避免一套主题出现多个字体。

（2）不可修改的字段，统一用灰色文字显示。

2. 对齐

保持页面内元素对齐方式的一致，如无特殊情况应避免同一页面出现多种数据对齐方式。

3. 表单录入

（1）在包含必须与选填的页面中，必须在必填项旁边给出醒目标识（*）。

（2）各类型数据输入需限制文本类型，并做格式校验如电话号码输入只允许输入数字、邮箱地址需要包含“@”等，在用户输入有误时给出明确提示。

4. 鼠标手势

可单击的按钮、链接需要切换鼠标手势至手形。

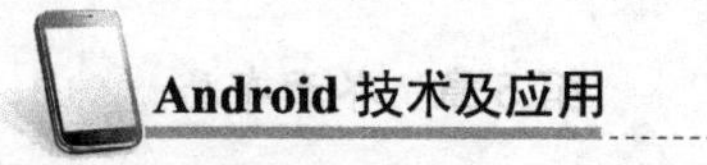

5. 保持功能及内容描述一致

避免同一功能描述使用多个词汇，如编辑和修改、新增和增加、删除和清除混用等。建议在项目开发阶段建立一个产品词典，包括产品中常用术语及描述，设计或开发人员严格按照产品词典中的术语词汇来显示文字信息。

5.3.2 准确性

（1）使用一致的标记、标准缩写和颜色，显示信息的含义应该非常明确，用户不必再参考其他信息源。

（2）显示有意义的出错信息，而不是单纯的程序错误代码。

（3）避免使用文本输入框来放置不可编辑的文字内容，不要将文本输入框当成标签使用。

（4）使用缩进和文本来辅助理解。

（5）使用用户语言词汇，而不是单纯的专业计算机术语。

（6）高效地使用显示器的显示空间，但要避免空间过于拥挤。

（7）保持语言的一致性，如“确定”对应“取消”、“是”对应“否”。

5.3.3 布局合理化

在进行 UI 设计时需要充分考虑布局的合理化问题，遵循用户从上而下，自左向右浏览、操作习惯，避免常用业务功能按键排列过于分散，以造成用户鼠标移动距离过长的弊端。多做“减法”运算，将不常用的功能区块隐藏，以保持界面的简洁，使用户专注于主要业务操作流程，有利于提高软件的易用性及可用性。

1. 菜单

（1）保持菜单简洁性及分类的准确性，避免菜单深度超过 3 层。

（2）菜单中功能是需要打开一个新页面来完成的，需要在菜单名字后面加上“…”。

2. 按钮

确认操作按钮放置左边，取消或关闭按钮放置于右边。

3. 功能

未完成功能必须隐藏处理，不要置于页面内容中，以免引起误会。

4. 排版

所有文字内容排版避免贴边显示（页面边缘），尽量保持 10～20 像素的间距并在垂直方向上居中对齐；各控件元素间也保持至少 10 像素以上的间距，并确保控件元素不紧贴于页面边沿。

5. 表格数据列表

字符型数据保持左对齐，数值型数据右对齐（方便阅读对比），并根据字段要求，统一显示小数位位数。

6. 滚动条

页面布局设计时应避免出现横向滚动条。

7. 信息提示窗口

信息提示窗口应位于当前页面的居中位置，并适当弱化背景层以减少信息干扰，让用户把注意力集中在当前的信息提示窗口。一般做法是在信息提示窗口的背面加一个半透明颜色填充的遮罩层。

5.3.4 操作合理性

（1）尽量确保用户在不使用鼠标（只使用键盘）的情况下也可以流畅地完成一些常用的业务操作，各控件间可以通过 Tab 键进行切换，并将可编辑的文本全选处理。

（2）查询检索类页面，在查询条件输入框内按回车键应该自动触发查询操作。

（3）在进行一些不可逆或者删除操作时应该有信息提示用户，并让用户确认是否继续操作，必要时应该把操作造成的后果也告诉用户。

5.3.5 响应时间

系统响应时间应该适中，响应时间过长，用户就会感到不安和沮丧，而响应时间过快也会影响到用户的操作节奏，并可能导致错误。因此在系统响应时间上坚持如下原则。

（1）2～5 秒窗口显示处理信息提示，避免用户误认为没响应而重复操作。

（2）5 秒以上显示处理窗口，或显示进度条。

（3）一个长时间的处理完成时应给予完成警告信息。

5.4 用户界面设计核心概念

5.4.1 android.view.View 类

Android 应用中的每个界面都是一个 Activity，Activity 上展现的都是 Android 系统中的可视化组件，这些组件都是从 android.view.View 继承。

5.4.2 View 类的继承关系

View 类有很多子类，分为以下三种。

（1）布局类(Layout)：继承于 ViewGroup 类。

（2）视图容器类(View Container)：继承于 ViewGroup 类。

（3）视图类：继承于 View 类。

创建 View 有两种方式：使用 XML 创建 View 与使用代码创建 View。

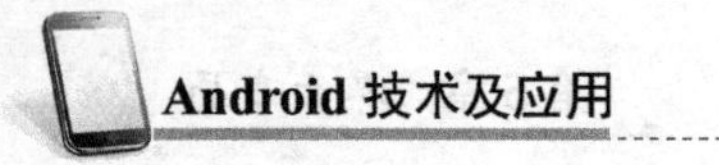

1. 使用 XML 创建 View

Android 图形用户界面上的组件可以使用 XML 文件创建，其中 XML 文件中使用属性指定组件的属性，如 id 等；XML 文件放置在 res/layout 下。

View 类的继承关系如图 5-21 所示。

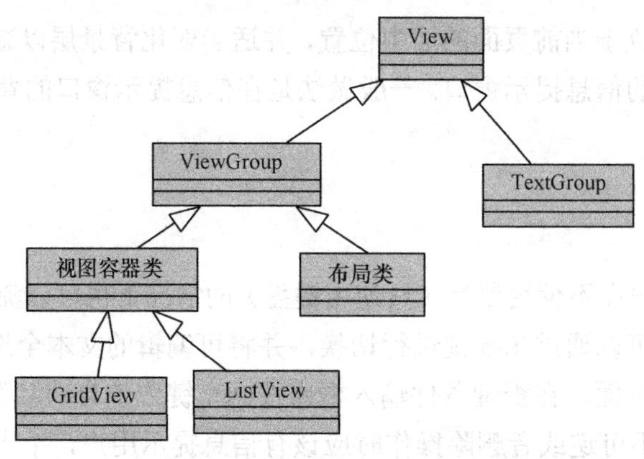

图 5-21　View 类的继承关系

2. 使用代码创建 View

每一个视图组件都是一个 View 类型的对象，可以在代码中使用视图类的构造方法创建 View 对象，并且可以调用 View 对象的 setXXX 方法，设置其属性。

5.5　菜　单

Android 中菜单（Menu）和对话框（Dialog）的设计对于人机的交换是非常人性化的。菜单提供了不同功能分组展示的能力，菜单包括选项菜单（Option Menu）、上下文菜单（Context Menu）、子菜单（Sub Menu）。

菜单在 Android 的应用程序中相对用得较多，有时为了界面的美观，可以把一些按钮适当换成菜单。上面提到的菜单有 3 种，创建和处理这 3 种菜单都要覆盖相应的事件。

5.5.1　选项菜单

不管在模拟器还是真机上面都有一个 Menu 键，单击该键后就会弹出一个菜单，此菜单就是选项菜单。选项菜单的菜单项最多只能有 6 个，如果超过 6 个，系统会自动将最后一个菜单项显示为“更多”，单击“更多”按钮时会展开隐藏的菜单。下面来看一个系统自带的选项菜单，当单击“Menu”键时就会出现如图 5-22 所示的菜单。

在开发程序时，也经常会用到选项菜单，下面通过一个实例来说明如何创建自己的选项菜单。在玩游戏时，对于声音的控制可以采用选项菜单，如图 5-23 所示。

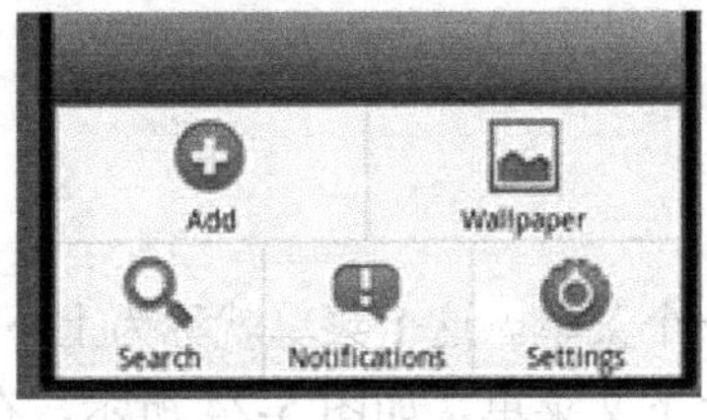

图 5-22　系统自带菜单

图 5-23　选项菜单

创建菜单的步骤如下。

（1）覆盖方法 onCreateOptionsMenu，通过 Menu 中的一个 add 方法新建菜单并且添加菜单项。

```
/**
* 覆盖该方法添加菜单
*/
@Override
public boolean onCreateOptionsMenu(Menu menu) {
//添加菜单项
menu.add(0, 0, 0, "声音：关");
menu.add(0,1,0,"声音：开");
return super.onCreateOptionsMenu(menu);
}
```

（2）单击每一个菜单项，可以进行相应的操作，需要覆盖方法 onOptionsItemSelected，根据菜单的每个 ID 进行判断。

```
/**
*覆盖方法，对选项菜单进行操作
*/
@Override
public boolean onOptionsItemSelected(MenuItem item) {
  switch (item.getItemId()) {//根据菜单的 ID
  case 0:
  Toast.makeText(OptionMenuDemoActivity.this, "声音已经关闭！！",
  Toast.LENGTH_SHORT).show();
  break;
  case 1:
  Toast.makeText(OptionMenuDemoActivity.this, "声音已经打开！！",
  Toast.LENGTH_SHORT).show();
  break;
  }
  return super.onOptionsItemSelected(item);
}
```

选项菜单的创建很简单，用得也非常多，它的创建和对其进行操作只要覆盖两个方法：

onCreateOptionsMenu 和 onOptionsItemSelected。

5.5.2 上下文菜单

图 5-24 上下文菜单

长按界面，就会弹出一个菜单。这个菜单就称为上下文菜单。下面来看看 Android 中的上下文菜单，如图 5-24 所示，在界面的文字上长按时，会弹出一个上下文菜单，可以单击每一项对字体进行颜色设置。

下面来看看具体实现的代码。

（1）布局文件。这里的界面设计得很简单，详细代码不再具体给出。

（2）覆盖方法 onCreateContextMenu。在这个方法中可以添加相应的菜单项。

```
//覆盖方法，创建上下文菜单
@Override
Public  void  onCreateContextMenu(ContextMenu  menu, View v,
ContextMenuInfo menuInfo) {
super.onCreateContextMenu(menu, v, menuInfo);
//创建菜单项
menu.add(0, RED, 0, "红色");
menu.add(0, BLUE, 0, "蓝色");
menu.add(0, YELLOW, 0, "黄色");
}
```

（3）覆盖方法 onContextItemSelected。对每一个菜单项进行相应的处理，改变字体的颜色。

```
//覆盖方法，对每一个菜单项进行事件监听
@Override
public boolean onContextItemSelected(MenuItem item) {
  switch (item.getItemId()) {
  case RED:
  textView.setTextColor(Color.RED);
  break;
  case YELLOW:
  textView.setTextColor(Color.YELLOW);
  break;
  case BLUE:
  textView.setTextColor(Color.BLUE);
  break;
  default:
  break;
```

```
    }
    return super.onContextItemSelected(item);
}
```

（4）注册上下文菜单。如果没有注册，单击界面的某一个视图是没有反应的，所以上下文菜单与前面的选项菜单不一样，需要进行注册，里面的参数为 View。

```
registerForContextMenu(linearLayout);//注册上下文菜单
```

5.5.3 子菜单

子菜单对人们来说应该很常见，如 Windows 中的“文件”菜单，菜单中又包含有“新建”、“打开”、“关闭”等菜单，这就是本节所要介绍的子菜单。在 Android 中子菜单也比较常见，在“Setting”中可以看到一些相同类型或者功能相同的放在一起，这也是子菜单。所以子菜单就是将相同功能的分组进行多级显示的一种菜单。创建子菜单有以下几个步骤。

（1）覆盖 Activity 中的 onCreateOptionsMenu 方法，调用 Menu 的 addSubMenu 方法来添加子菜单。

（2）调用 SubMenu 的 add 方法，添加子菜单。

（3）覆盖 onContextItemSelected 方法，响应子菜单的事情。

图 5-25　子菜单实例

下面通过一个实例说明这些方法的具体应用，如图 5-25 所示。

```
//覆盖方法，添加子菜单
@Override
public boolean onCreateOptionsMenu(Menu menu) {
SubMenu file = menu.addSubMenu("文件");
SubMenu editor = menu.addSubMenu("编辑");
file.add(0, ITEM1, 0, "新建");
file.add(0, ITEM2, 0, "打开");
return true;
}
//覆盖方法，对子菜单事件进行监听
@Override
public boolean onOptionsItemSelected(MenuItem item) {
switch (item.getItemId()) {
case ITEM1:
setTitle("新建文件");
break;
case ITEM2:
setTitle("打开文件");
break;
default:
```

```
break;
}
return super.onOptionsItemSelected(item);
}
```

5.6 对话框

对话框（Dialog）就是程序在运行时弹出的一个提示界面。这个提示界面可以作为提示或显示一些信息。例如，在电话本中，当要删除某一个联系人时，就会弹出一个提示对话框，提示是否确定删除这个联系人。在 Android 中提供了很多不同类型的对话框：警告对话框、进度条对话框、时间和日期对话框、单选复选按钮对话框，同时还可以自己定义对话框中显示的内容。

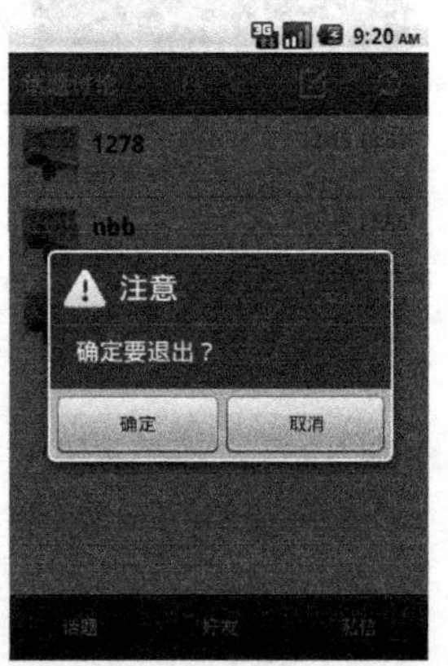

图 5-26　提示对话框

5.6.1　提示对话框

提示对话框的用途很多，不少应用在退出程序时会有一个提示框呈现给用户，让用户决定是否退出程序，如图 5-26 所示。

提示对话框的使用步骤如下。

（1）创建 Builder 实例对象。

（2）通过 Builder 实例对象设置对话框的一些属性。

（3）通过 Builder 创建 AlertDialog 对象，并调用 show()方法。

（4）当使用完后通过 AlertDialog 对象进行对话框的回收。

提示框的属性如表 5-9 所示。

表 5-9　提示框的属性

重要属性	说　明
setSingleChoiceItems	表示单选对话框
setMultiChoiceItems	表示多选对话框
setItems	表示列表对话框
setTitle()	设置标题
setIcon()	设置图标
setMessage()	设置内容
setPositiveButton()、setNegativeButton()	设置不同的按键

5.6.2　列表对话框

列表对话框提供一个列表可以进行选择。例如，选择城市时，可以采用弹出一个列表对话框让用户进行选择，如图 5-27 所示。在 AlertDialog 中有一个 setItems，可以进行设置。

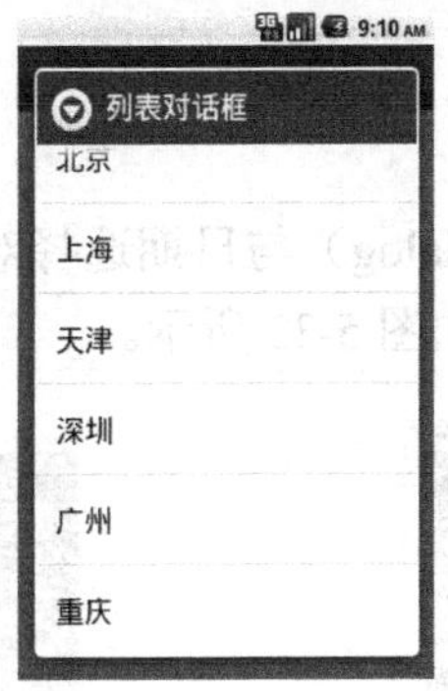

图 5-27 列表对话框

5.6.3 单选对话框和复选对话框

这两个对话框与前面的列表有一点相似，单选按钮对话框只能从列表中选中一个，而复选按钮对话框就不一样了，可以通过对其进行处理得到用户想要的数据，如图 5-28 和图 5-29 所示，通过 setSingleChoice Items 和 setMultiChoiceItems 方法显示单选和复选。

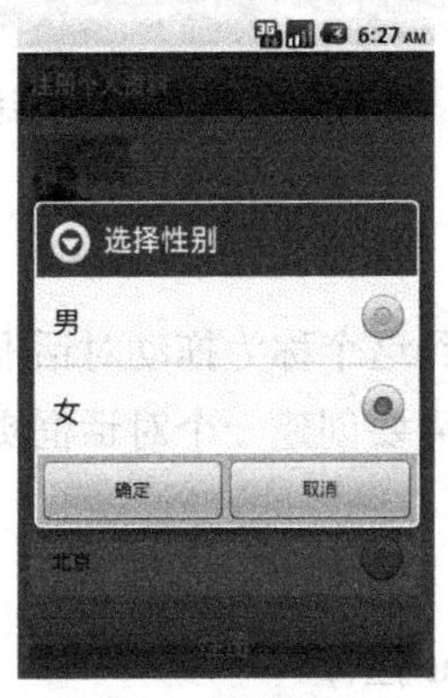

图 5-28 单选对话框

图 5-29 复选对话框

5.6.4 进度条对话框

Android 系统的进度条对话框（ProgressDialog）为人机之间提供了良好的交互体验，它是对对话框进行封装，使用起来方便而简单，开发者可以根据需要定制其个性化样式。进度条对话框的应用场合非常广泛，大部分应用中都有它的身影，如图 5-30 所示。

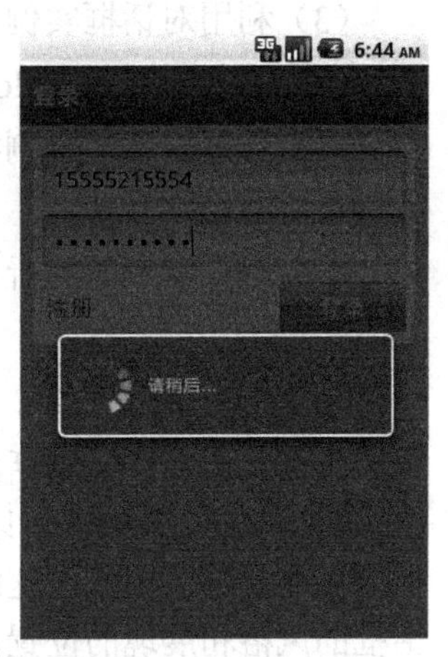

图 5-30 进度条对话框

5.6.5 日期选择对话框

日期选择对话框（DatePickerDialog）用来对日期进行选取，最直接的应用是设置手机的时间，如图 5-31 所示。

5.6.6 时间选择对话框

时间选择对话框（TimePickerDialog）与日期选择对话框操作极其相似，它是用来对时间进行设置，这里不再详细说明，如图 5-32 所示。

图 5-31 日期选择对话框

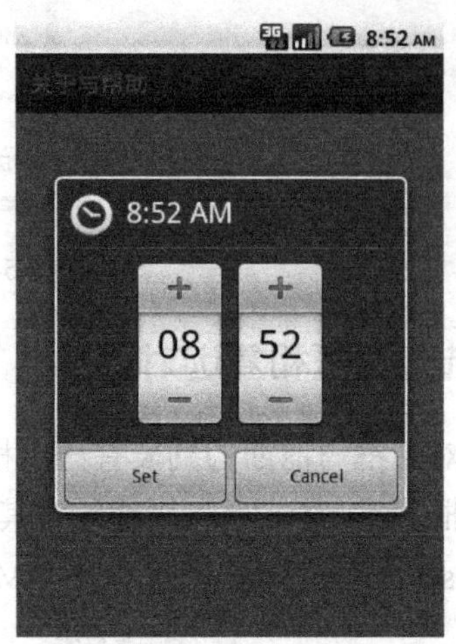

图 5-32 时间选择对话框

5.6.7 拖动对话框

在设置音量大小时，或者设置屏幕亮度时会使用到这个称为拖动对话框中的控件。由于 AlertDialog 中并没有实现该对话框类型，因此开发者需要创建一个对话框实例，并将想要设置的 View 视图对象（如 SeekBar）设置到对话框中。

使用步骤如下。

（1）准备一个简单的布局文件，里面设置 SeekBar 控件。

（2）直接创建 Dialog 实例对象（Dialog dialog = new Dialog(...)）。

（3）利用对话框实例将布局文件设置到对话框中（dialog.setContentView(...)）。

（4）显示对话框 dialog .show( )。

（5）通过对话框实例找到设置进去的控件（SeekBar sbar = dialog .findViewById(seekBar 的 id)）。

（6）进行响应的监听 sBar.setOnSeekBarChangeListener( )。

5.6.8 自定义对话框

上面几节所讲的对话框都是基于 Dialog 类系统封装好的，如 AlertDialog、ProgressDialog、DatePickerDialog 等，可以发现这些对话框的风格、背景都是原生的，然而在开发过程中会有个性化定制的需求。这时，开发者可以通过继承 Dialog 类，并设置其中的属性来改变对话框的风格和展现的位置，定制属于自己的对话框样式。

使用步骤如下。

（1）创建一个对话框类继承自 Dialog。

（2）获得 Window 对象，通过 Window 来设置对话框的属性。

（3）在 OnCreate()、onStart()方法中执行任务代码。

5.7 滚动处理

当界面中的内容超出界面的大小范围，就需要对界面实现滚动处理，以查看整个界面布局。ScrollView 也是一种常见的 Layout，可以在它内部的数据显示不下的时候出现垂直滚动条，需要注意的是不能在 ScrollView 中放多个组件。

如图 5-33 所示，这个界面只有一个按钮，当不断单击这个按钮时，就会增加一个 TextView 和一个 Button，随着不断地单击，界面就会显示一个滚动条，如图 5-34 所示，这是因为整个布局文件都放在了滚动视图（ScrollView）中。

下面来看看实现以上效果的代码。

（1）布局文件。此布局文件最外面采用 ScrollView，嵌套了一个线性布局，按钮和文本框都在线性布局中。

图 5-33 ScrollView 实例

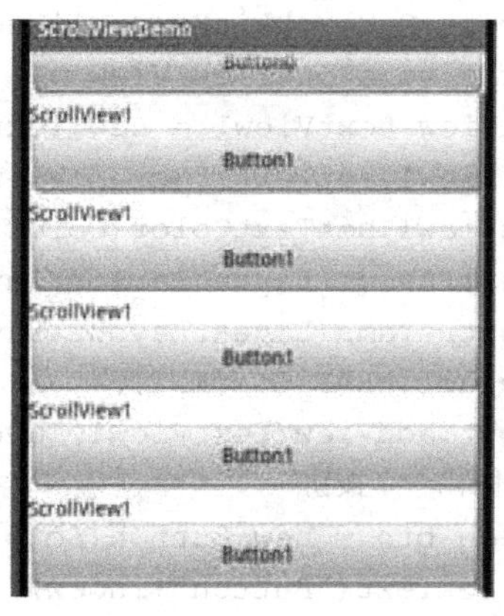

图 5-34 出现滚动条

```
<?xml version="1.0" encoding="utf-8"?>
<ScrollView  xmlns:android="http://schemas.android.com/apk/res/android"
android:id="@+id/ScrollView01"
android:layout_width="fill_parent"
android:layout_height="wrap_content"
android:background="#ffffff"
>
<LinearLayout xmlns:android="http://schemas.android.com/apk/res/android"
android:layout_width="fill_parent"
android:layout_height="fill_parent"
android:id="@+id/LinearLayout01"
android:orientation="vertical" >
<TextView
```

```
android:layout_width="fill_parent"
android:layout_height="wrap_content"
android:id="@+id/textView"
android:textSize="17sp"
android:textColor="#000000"
android:text="ScrollView0" />
<Button
android:id="@+id/button"
android:layout_width="fill_parent"
android:layout_height="wrap_content"
android:text="Button0"
/>
</LinearLayout>
</ScrollView>
```

（2）按钮事件的实现。单击按钮增加一个线性布局，这个布局文件中添加了一个按钮（Button）和文本框（TextView）。

```
//按钮事件：单击按钮增加一个文本框和按钮
private OnClickListener listener = new OnClickListener(){
public void onClick(View v){
TextView textView1 = new TextView(ScrollViewDemoActivity.this);
textView1.setText("ScrollView"+index);
textView1.setTextColor(Color.BLACK);
LinearLayout.LayoutParams layoutParams = new LinearLayout.
LayoutParams(LinearLayout.LayoutParams.FILL_PARENT,            LinearLayout.
LayoutParams.WRAP_CONTENT);
layout.addView(textView1,layoutParams);//把 TextView 增加到布局中
//实例化一个按钮
Button btn = new Button(ScrollViewDemoActivity.this);
btn.setText("Button"+index);
//把 Button 增加到布局中
layout.addView(btn,layoutParams);
}
};
```

由上面的例子可以知道，ScrollView 的主要作用是在一屏幕无法完全显示时，可以考虑用 ScrollView。

5.8 示 例

通过以上知识的学习，已经对 Android 的 UI 布局、UI 控件的使用及分类、用户界面设计原则、用户界面设计核心概念、菜单、对话框、滚动处理等有关视图的知识点有所了解，接下来通过一个综合示例来感受一下 UI 控件的使用。

首先来体验一下示例的效果，如图 5-35～图 5-44 所示。

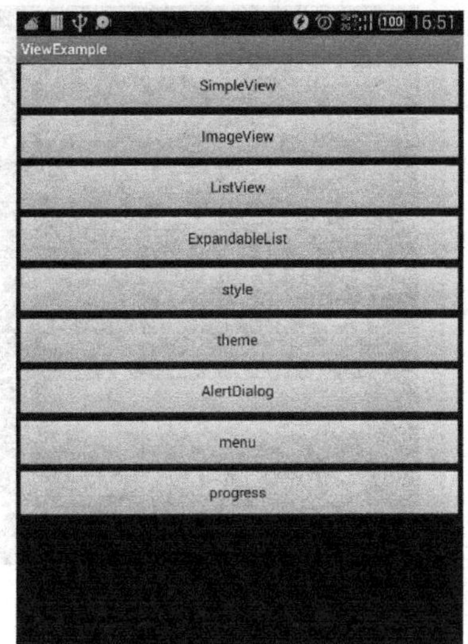

图 5-35　主页面

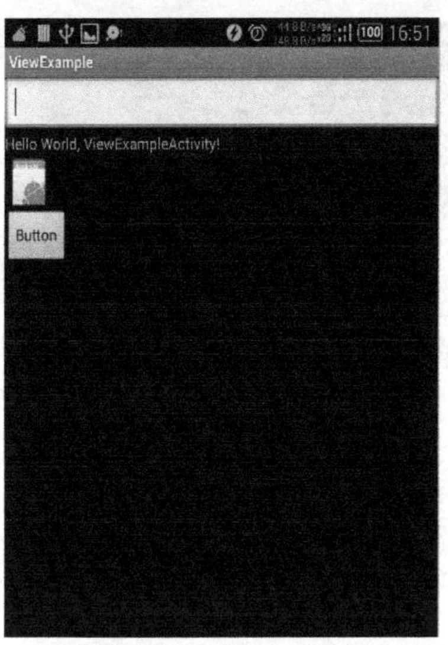

图 5-36　SimpleView

图 5-37　ImageView

图 5-38　ListView

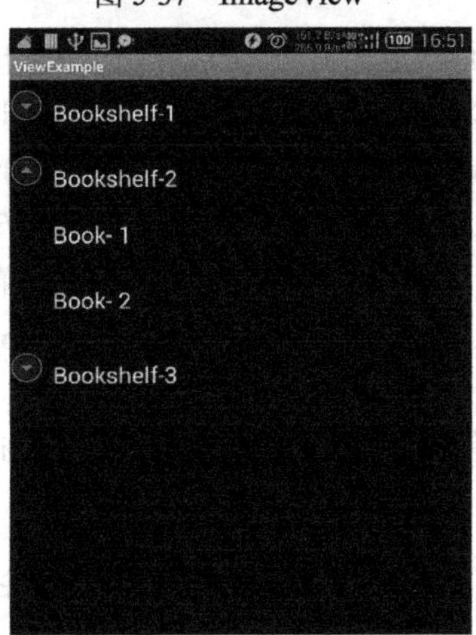

图 5-39　ExpandableList

图 5-40　Style

图 5-41　Theme

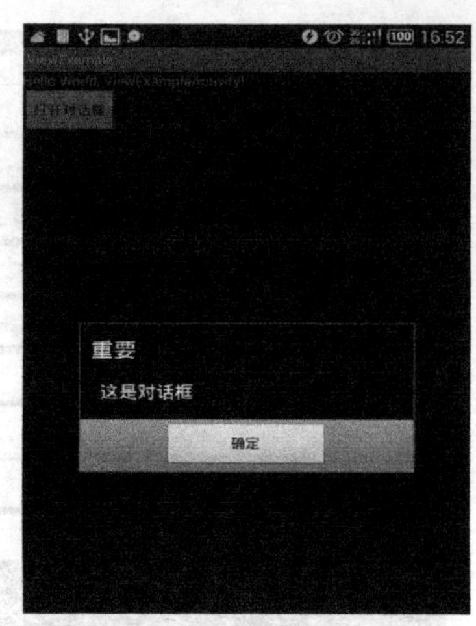

图 5-42　AlertDialog

图 5-43　Menu

图 5-44　Progress

通过以上示例效果可知，这个示例有一个主页面，里面有 9 个按钮，分别指向了 9 个 UI 示例，分别是 SimpleView、ImageView、ListView、ExpandableList、Style、Theme、AlertDialog、Menu、Progress。SimpleView 展示了如何使用 EditText、TextView、ImageView、Button 等控件；ImageView 展示了如何使用 ImageView 控件；ListView 展示了如何使用 ListView 控件；ExpandableList 展示了如何使用 ExpandableListView 控件；Style 展示了如何创建样式和使用样式；Theme 展示了如何创建和使用主题；AlertDialog 展示了如何使用 AlertDialog 对话框；Menu 展示了菜单控件的创建和使用；Progress 展示了进度条的使用。

看了示例效果，接下来看代码是如何实现的，所有的 Activity 组件需要在 AndroidManifest.xml 文件中进行注册：

```
    <application  android:icon="@drawable/icon"  android:label="@string/app_name">
        <activity android:name=".MainActivity"
```

```
            android:label="@string/app_name">
        <intent-filter>
            <action android:name="android.intent.action.MAIN" />
            <category android:name="android.intent.category.LAUNCHER" />
        </intent-filter>
    </activity>
    <activity android:name=".AlertActivity"
            android:label="@string/app_name2">
    </activity>
    <activity android:name=".ExpandableList"
            android:label="@string/lxl">
    </activity>
    <activity android:name=".ImageViewActivity"
            android:label="@string/app_name">
    </activity>
    <activity android:name=".ListViewActivity"
            android:label="@string/app_name">
    </activity>
    <activity android:name=".MenuActivity"
            android:label="@string/app_name">
    </activity>
    <activity android:name=".SimpleViewActivity"
            android:label="@string/app_name">
    </activity>
     <activity android:name=".StyleActivity"
            android:label="@string/app_name">
    </activity>
    <activity android:name=".ThemeActivity"
            android:label="@string/app_name">
    </activity>
    <activity android:name=".ProgressActivity"
            android:label="@string/app_name">
    </activity>
</application>
```

各 Activity 注册后即可在系统中使用，然后开始完善各 Activity 相应的功能，主 Activity 主要是起跳入多个 Activity 应用的入口菜单作用，其主要代码如下：

```
public void onCreate(Bundle savedInstanceState) {
    super.onCreate(savedInstanceState);
    setContentView(R.layout.main);
    initView();
}
```

```
    public void initView(){
     button1 = (Button) findViewById(R.id.button1);
        button1.setOnClickListener(new OnClickListener() {
            @Override
            public void onClick(View v) {
                Intent intent = new Intent();

intent.setClass(getApplicationContext(),SimpleViewActivity.class);
                startActivity(intent);
            }
        });
        button2 = (Button) findViewById(R.id.button2);
        button2.setOnClickListener(new OnClickListener() {
            @Override
            public void onClick(View v) {
                Intent intent = new Intent();

intent.setClass(getApplicationContext(),ImageViewActivity.class);
                startActivity(intent);
            }
        });
    ............//其他代码此处限于篇幅省略
    }
```

主页面 Activity 中将获取按钮控件并为按钮控件绑定点击事件的，此处因为按钮控件比较多，所以用了一个 initView 方法对事件绑定方法进行封装，从而方便代码阅读。

SimpleViewActivity.java 的主要代码如下，它继承了 Activity 类：

```
public void onCreate(Bundle savedInstanceState) {
        super.onCreate(savedInstanceState);
        setContentView(R.layout.simple_view);
        textView1 = (TextView) findViewById(R.id.textText1);
        imageView1 = (ImageView) findViewById(R.id.imageView1);
        button1 = (Button) findViewById(R.id.button1);
        button1.setOnClickListener(new OnClickListener() {
            @Override
            public void onClick(View v) {
                if(flag) {
                    imageView1.setImageResource(R.drawable.icon);
                    button1.setText("A-->B");
                } else {
    imageView1.setImageResource(R.drawable.ic_contact_list_picture);
                    button1.setText("B-->A");
```

```
                }
                flag = !flag;
            }
        });
        editText1 = (EditText) findViewById(R.id.editText1);
        editText1.addTextChangedListener(new TextWatcher() {
            @Override
            public void onTextChanged(CharSequence s, int start, int before,
int count) {

            }
            @Override
            public void beforeTextChanged(CharSequence s, int start, int
count,
                    int after) {
            }
            @Override
            public void afterTextChanged(Editable s) {
                textView1.setText(s.toString());
            }
        });
    }
```

通过阅读代码，可以知道 SimpleViewActivity 中有 textView1、imageView1、button1、editText1 等 UI 控件，textView1 控件用来显示 editText1 中用户输入的文字，imageView1 用来显示图片内容，button1 用来获取单击事件并对事件进行处理，改变图片为另一张图片。

ImageViewActivity.java 的主要代码如下：

```
    public void onCreate(Bundle savedInstanceState) {

        super.onCreate(savedInstanceState);
        setContentView(R.layout.image_view);

        /* 取得 Button、ImageView 对象 */
        mImageView01 = (ImageView) findViewById(R.id.myImageView1);
        mImageView02 = (ImageView) findViewById(R.id.myImageView2);
        mButton01 = (Button) findViewById(R.id.myButton1);
        mButton02 = (Button) findViewById(R.id.myButton2);

        /* 设置 ImageView 背景图 */
        mImageView01.setImageDrawable(getResources().getDrawable(
                R.drawable.right));
        mImageView02
```

```
            .setImageDrawable(getResources().getDrawable(R.drawable. oa));

            /* 用 OnClickListener 事件来启动 */
        mButton01.setOnClickListener(new Button.OnClickListener() {
            public void onClick(View v) {
            /* 当启动后，ImageView 立刻换背景图 */
            mImageView01.setImageDrawable(getResources().getDrawable(
                    R.drawable.right));
            }
        });

        mButton02.setOnClickListener(new Button.OnClickListener() {
            @Override
            public void onClick(View v) {
                mImageView01.setImageDrawable(getResources().getDrawable(
                        R.drawable.left));
            }
        });
    }
```

以上代码通过 3 张图片 2 个按钮实现了简单的动画控制，一张带门的底图，一张右边的娃娃图，一张左边的娃娃图，单击按钮改变娃娃图即可实现娃娃在门两侧交替出现的动画，简单有趣。

ListViewActivity.java 主要代码如下：

```
    public void onCreate(Bundle savedInstanceState) {
            super.onCreate(savedInstanceState);
            setContentView(R.layout.list_view);

            ListView listView = (ListView) findViewById(R.id.List);
            listView.setAdapter(new ArrayAdapter<String>(this,
             android.R.layout.simple_list_item_1,
               new String[] {"兰州","北京","上海"}));
    }
```

通过使用 ListView 控件，调用 setAdapter 方法为 ListView 控件绑定数据，从而在页面中显示“兰州，北京，上海”的列表视图。

同理 ExpandableList.java 的代码如下：

```
    public void onCreate(Bundle savedInstanceState) {
            super.onCreate(savedInstanceState);
            List<Map<String, String>> groupData = new ArrayList<Map<String,
String>>();
```

```
        List<List<Map<String, String>>> childData = new ArrayList<List<Map
<String, String>>>();
        for (int i = 1; i < 4; i++) {
            Map<String, String> curGroupMap = new HashMap<String, String>();
            groupData.add(curGroupMap);
            curGroupMap.put(SHELF, "Bookshelf-" + i);
        List<Map<String, String>> children = new ArrayList<Map<String, String
>>();
            for (int j = 1; j < 3; j++) {
                Map<String, String> curChildMap = new HashMap<String, String
>();
                children.add(curChildMap);
                curChildMap.put(SHELF, "Book- " + j);
            }
            childData.add(children);
        }
        // Set up our adapter
        mAdapter = new SimpleExpandableListAdapter(
                this,
                groupData,
                android.R.layout.simple_expandable_list_item_1,
                new String[] { SHELF, BOOK},
                new int[] { android.R.id.text1, android.R.id.text2 },
                childData,
                android.R.layout.simple_expandable_list_item_2,
                new String[] { SHELF, BOOK},
                new int[] { android.R.id.text1, android.R.id.text2 }
                );
        setListAdapter(mAdapter);
    }
```

StyleActivity.java 的代码如下：

```
    public void onCreate(Bundle savedInstanceState) {
        super.onCreate(savedInstanceState);
        setContentView(R.layout.style_view);
    }
```

此处设定了 StyleActivity 所对应的页面为 style_view.xml 修饰的视图，样式的设置代码在 res/values/style.xml 中，此处的 style.xml 就类似与 Web 系统中的 css 样式表，都是对视图的颜色、字体、尺寸、位置等进行定义的样式文件。下面来看看 style.xml 中的代码：

```
    <?xml version="1.0" encoding="utf-8"?>
    <resources>
```

```
    <style name="style1">
      <item name="android:textSize">18sp</item>
      <item name="android:textColor">#EC9237</item>
    </style>
    <style name="style2">
      <item name="android:textSize">14sp</item>
      <item name="android:textColor">#FF7F7C</item>
      <item name="android:fromAlpha">0.0</item>
      <item name="android:toAlpha">0.0</item>
    </style>
  </resources>
```

通过阅读上面的代码可以知道，通过<style name="***"></style>标签即可实现设定一个新的样式，可以在其中添加 item 标签增加样式属性。style_view.xml 代码如下：

```
<?xml version="1.0" encoding="utf-8"?>
<LinearLayout
  xmlns:android="http://schemas.android.com/apk/res/android"
  android:background="@drawable/white"
  android:orientation="vertical"
  android:layout_width="fill_parent"
  android:layout_height="fill_parent"
  >
  <!-- 应用样式 1 的 TextView -->
  <TextView
  style="@style/style1"
  android:layout_width="fill_parent"
  android:layout_height="wrap_content"
  android:gravity="center_vertical|center_horizontal"
  android:text="@string/str_text_view1"
  />
  <!-- 应用样式 2 的 TextView -->
  <TextView
  style="@style/style2"
  android:layout_width="fill_parent"
  android:layout_height="wrap_content"
  android:gravity="center_vertical|center_horizontal"
  android:text="@string/str_text_view2"
  />
</LinearLayout>
```

通过 style="@style/style1" 即可实现使用自定义的样式。

Theme 示例类似于 Style 示例，不过 theme 侧重的是应用程序主题样式的设置，如下代码所示为设定了多种不同的主题：

```
<!--基础应用程式主题，为预设主题 -->
<style name="Theme" parent="android:Theme">
</style>

<!--变更应用程序的主题，使之具有 translucent 背景-->
<style name="Theme.Translucent">
  <item name="android:windowBackground">
     @drawable/translucent_background
  </item>
  <item name="android:windowNoTitle">
     false
  </item>
  <item name="android:colorForeground">
     @drawable/blue
  </item>
  <item name="android:colorBackground">
     @drawable/white
  </item>
</style>

<!--变更应用程序的主题，使之具有不同颜色背景且具有 translucent 背景-->
<style name="Theme.Translucent2">
  <item name="android:windowBackground">
     @drawable/pink
  </item>
  <item name="android:windowNoTitle">
     false
  </item>
  <item name="android:colorForeground">
     @drawable/darkgreen
  </item>
  <item name="android:colorBackground">
     @drawable/pink
  </item>
</style>

<!--变更应用程序的主题，使之具有透明 transparent 背景-->
<style name="Theme.Transparent">
  <item name="android:windowBackground">
     @drawable/transparent_background_2
  </item>
```

```
    <item name="android:windowNoTitle">
        true
    </item>
    <item name="android:colorForeground">
        @drawable/blue
    </item>
    <item name="android:colorBackground">
        @drawable/pink
    </item>
  </style>
```

在 ThemeActivity.java 中使用主题：

```
public void onCreate(Bundle savedInstanceState) {
    super.onCreate(savedInstanceState);
    // 应用透明背景的主题
    setTheme(R.style.Theme_Transparent);
    // 应用布景主题 1
    setTheme(R.style.Theme_Translucent);
    // 应用布景主题 2
    setContentView(R.layout.theme_view);
}
```

AlertDialogActivity.java 主要代码如下：

```
public void onCreate(Bundle savedInstanceState) {
        super.onCreate(savedInstanceState);
        setContentView(R.layout.alert_dialog);

        mButton1 = (Button) findViewById(R.id.myButton1);
        mButton1.setOnClickListener(new Button.OnClickListener() {
            public void onClick(View v) {
                new AlertDialog.Builder(AlertActivity.this).setTitle(
                    R.string.app_about).setMessage(R.string.app_about_ msg)
                    .setPositiveButton(R.string.str_ok,
                            new DialogInterface.OnClickListener() {
                                public void onClick(
                                        DialogInterface dialoginterface,
                                        int i) {
                                }
                            }).show();
            }
        });
    }
```

为 mButton1 设置点击事件，点击后就会执行对话框的初始化代码。对应的视图代码如下：

```
<?xml version="1.0" encoding="utf-8"?>
<LinearLayout xmlns:android="http://schemas.android.com/apk/res/android"
  android:orientation="vertical"
  android:layout_width="fill_parent"
  android:layout_height="fill_parent"
  >
  <TextView
    android:layout_width="fill_parent"
    android:layout_height="wrap_content"
    android:text="@string/hello"
  />
  <Button
    android:id="@+id/myButton1"
    android:layout_width="wrap_content"
    android:layout_height="wrap_content"
    android:text="@string/str_button1"
  />
</LinearLayout>
```

MenuActivity.java 的主要代码如下：

```
/**
* 覆盖该方法添加菜单
*/
@Override
public boolean onCreateOptionsMenu(Menu menu) {
//添加菜单项
menu.add(0, 0, 0, "声音：关");
menu.add(0,1,0,"声音：开");
return super.onCreateOptionsMenu(menu);
}

/**
*覆盖方法，对选项菜单进行操作
*/
@Override
public boolean onOptionsItemSelected(MenuItem item) {
switch (item.getItemId()) {//根据菜单的 ID
case 0:
Toast.makeText(MenuActivity.this, "声音已经关闭！！",
Toast.LENGTH_SHORT).show();
```

```
break;
case 1:
Toast.makeText(MenuActivity.this, "声音已经打开！！",
Toast.LENGTH_SHORT).show();
break;}
return super.onOptionsItemSelected(item);
}
```

由以上代码可知，初始化菜单需要重写 onCreateOptionsMenu 方法，捕获菜单中按钮的点击事件则需要重写 onOptionsItemSelected 方法。通过“menu.add(0, 0, 0, "声音：关");”即可实现在菜单中增加一个按钮，其对应的菜单项值为 0；在 onOptionsItemSelected 方法中通过“switch (item.getItemId())”获取时间响应的按钮的值，根据值的不同触发不同的操作。

ProgressActivity.java 的主要代码如下：

```
Button.OnClickListener myShowProgressBar = new Button.OnClickListener() {

    public void onClick(View v) {

        final CharSequence dialogTitle = getString(R.string.str_dialog_ title);
        final CharSequence dialogBody = getString(R.string.str_dialog_ body);

        // 显示 Progress 对话框
        dialog = ProgressDialog.show(ProgressActivity.this, dialogTitle,
                dialogBody, true);

        textView1.setText(dialogBody);

        new Thread() {
            public void run() {
                try {
                    /* 在这里写上要背景运行的程序片段 */
                    /* 为了明显看见效果，以暂停 3 秒作为示范 */
                    sleep(3000);
                }
                catch (Exception e) {
                    e.printStackTrace();
                }
                finally {
                    // 卸载所创建的 dialog 对象。
                    dialog.dismiss();
                }
            }
        }.start();
```

```
        }
    };
    public void onCreate(Bundle savedInstanceState) {
        super.onCreate(savedInstanceState);
        setContentView(R.layout.progress_view);
        button1 = (Button) findViewById(R.id.myButton1);
        textView1 = (TextView) findViewById(R.id.myTextView1);
        button1.setOnClickListener(myShowProgressBar);
    }
```

上面代码完成了进度条的控制，通过创建线程实现进度条显示一定的时间后自动退出的功能。具体的线程的知识会在第 11 章中进行学习。

通过学习以上的示例，对于一些常用的 UI 控件读者已经掌握了，当需要开发一个自己的应用时就可以根据需求选择自己需要的 UI 控件和布局效果来完成应用页面的组织。

5.9　习　　题

1．Android UI 布局方式有哪几种？分别为什么？

2．UI 控件捕获用户操作的时间的方式有哪几种？

3．用户界面设计的原则是什么？

4．Android 中有哪几种菜单？

5．与时间和日期有关的对话框有（　　）两种。

A．DatePickerDialog

B．DatePicker

C．TimePickerDialog

D．AlertDialog

第 6 章　Intent 组件

本章主要内容：

- Intent 的概念。
- Intent 的组成。
- Intent Filter 的相关概念及其管理方式。
- Intent 的解析机制。
- 常用的 Intent 的调用方法。
- Intent 在多 Activity 中的使用。

本章主要介绍 Intent 的概念、Intent 的组成、Intent Filter、Intent 的解析机制、Intent 调用常用组件、Intent 实现 Activity 之间的协同的内容。

6.1　Intent 的概念

Intent 类的对象是组件间通信的载体，组件之间进行通信就是一个个 Intent 对象在不断地传递。Intent 对象主要作用于运行在相同或不同应用程序的 Activity、Service 和 Broadcast Receiver 组件之间，对于这 3 种组件，其作用机制也不相同。

（1）对于 Activity 组件，Intent 主要通过调用 Context.startActivity、Context.startActivity ForResult 等方法实现传递，其结果是启动一个新的 Activity 或者使当前的 Activity 开始新的任务。

（2）对于 Service 组件，Intent 主要通过 Context.startService 和 Context.bindService 方法实现传递，其作用结果是初始化并启动一个服务或者绑定服务到 Context 对象。

（3）对于 Broadcast Receiver 组件，Intent 主要通过 sendBroadcast 等一系列发送广播的方法实现传递，其作用结果是将 Intent 组件以广播的形式发出以便合适的组件接收。

6.2　Intent 的组成

Intent 的中文意思是“意图，意向”，在 Android 中提供了 Intent 机制来协助应用间的交互与通信，Intent 负责对应用中一次操作的动作、动作涉及数据、附加数据进行描述，Android 则根据此 Intent 的描述，负责找到对应的组件，将 Intent 传递给调用的组件，并完成组件的调用。一个 Intent 对象就是一组信息，其包含接收 Intent 组件所关心的信息（如 Action 和 Data）和 Android 系统关系的信息（如 Category），一般来讲，一个 Intent 对象包含如下内容。

1. Component Name 部分

组件名称指明了未来要处理 Intent 的组件，组件名称封装在一个 ComponentName 对象

中，该对象用于唯一标识一个应用程序组件，如 Activity、Service、Content Provider 等。ComponontName 类包含两个 String 成员，分别代表组件的全程类名和包名，包名必须和 AndroidMainfest.xml 中标记中的对应信息一致。

对于 Intent 对象来说，组件名称不是必须的，如果添加了组件名称则该 Intent 为“显式 Intent”，这样 Intent 在传递的时候会直接根据 ComponentName 对象的信息去寻找目标组件。如果不设置组件名称，则为“隐式 Intent”，Android 会根据 Intent 中的其他信息来确定应该响应 Intent 的组件是哪个。

2. Action 部分

Action 为一个字符串对象，其描述了该 Intent 会触发的动作。Android 系统中已经预先设定好了一些表征 Action 的常量，如 ACTION_CALL、ACTION_MAIN 等，同时，开发人员也可以自己定义 Intent 的动作描述，一般来讲，自己定义 Action 字符串应该以应用程序的包名为前缀，如可以定义一个 Action 为“karat.zhan.StartService”。

因为 Action 很大程度上决定了一个 Intent 的内容（主要是 Data 和 Extras 部分），所以定义自己的 Action 时应该做到见名知义，同时如果应用程序比较复杂，应该为其定义一个整体的 Action 协议，使所有的 Action 集中管理

3. Data 部分

Data 描述 Intent 的动作所操作到的数据的 URI 及类型，不同的 Action 对应不同的操作数据，如 Action 为 ACTION_VIEW 的 Intent 的 Data 应该是“http:”格式的 URI。当前组件进行 Intent 的匹配检查时，正确设置 Data 的 URI 资源和数据类型很重要。

4. Category 部分

Category 为字符串对象，其包含了可以处理 Intent 的组件的类别信息，Intent 中可以包含任意个 Category。同 Action 一样，Android 系统预先定义了一些 Category 常量，但是不可以自定义 Category。

调用方法 addCategory 用来为 Intent 添加一个 Category，方法 removeCategory 用来移除一个 Category，方法 getCategories 返回已定义的 Category。

5. Extras 部分

Extras 是一组键值对，其包含需要传递给目标组件并由其处理的一些额外信息。

6. Flags 部分

一些有关系统如何启动组件的标志位，所有的标志位都已在 Android 系统中预先定义。

6.3 Intent Filter

当 Intent 在组件之间进行传递时，组件如果需要告知 Android 系统自己能够响应和处理

哪些 Intent，就需要使用 IntentFilter 对象。顾名思义，IntentFilter 对象负责过滤掉组件无法响应和处理的 Intent，只将自己关心的 Intent 接收进来进行处理。

IntentFilter 实行“白名单”管理，即只列出组件乐意接收的 Intent，但 IntentFilter 只会过滤掉隐式 Intent，显式的 Intent 会被直接传递到目标组件，一个隐式的 Intent 只有通过了组件的某一个 IntentFilter 的过滤，才可以被组件接收并处理。

像 Activity、Service、Broadcast Receiver 这些组件可以有一个或者多个 IntentFilter，每个 IntentFilter 相互独立，只需要通过一个即可。每个 IntentFilter 都是 android.content 包下的 IntentFilter 类的对象，除了用于过滤广播的 IntentFilter 可以在代码中创建外，其他组件的 IntentFilter 必须在 AndroidMainfest.xml 文件中进行声明。

IntentFilter 中具有与 Intent 对应的用于过滤 Action、Data 和 Category 的字段，一个 Intent 对象要想被一个组件处理，必须通过这三层的检查。

1. 检查 Action

尽管一个 Intent 只可以设置一个 Action，一个 IntentFilter 却可以持有一个或多个 Action 用于过滤，到达的 Intent 对象只需要匹配其中一个 Action 即可。但是 IntentFilter 的 Action 部分不可以为空，如果 Action 部分为空则会过滤掉所有 Intent。

2. 检查 Data

同 Action 一样，IntentFilter 中的 Data 部分也可以是一个或者多个，也可以没有。每个 Data 包含的内容为 URI 和数据类型，进行 Data 检查时主要也是对这两点进行比较，比较规则如下。

（1）如果 Intent 对象没有设置 Data，只有 IntentFilter 也未作设置时才可以通过检查。

（2）如果 Intent 对象只设置了 URI 而没有指定数据类型，只有当其匹配 IntentFilter 的 URI，并且 IntentFIlter 也没有设置数据类型时该 Intent 对象才可以通过检查。

（3）如果 Intent 对象只指定了数据类型而没有设置 URI，只有当其匹配 IntentFIlter 的数据类型，并且也没有设置 URI 时该 Intent 对象才可以通过检查。

（4）如果 Intent 对象既包含了 URI 又包含了数据类型，只有当其数据类型匹配 IntentFilter 中的数据类型并且通过了 URI 检查时该 Intent 对象才可以通过检查。

3. 检查 Category

IntentFilter 中可以设置多个 Category，检查 Category 时，只有当 Intent 对象中所有的 Category 都匹配 IntentFilter 中的 Category 时该 Intent 对象才可以通过检查，并且 IntentFilter 中的 Category 可以比 Intent 中的 Category 多，但是必须都包含 Intent 对象中所有的 Category。如果一个 Intent 没有设置 Category，则将不能通过任何 IntentFilter 的 Category 检查。

IntentFilter 既可以在 AndroidMainfest.xml 中声明，也可以在代码中动态创建。如果是在 AndroidMainfest.xml 中声明 IntentFilter，需要使用<intent-filter>标记。该标记包含<action>、<data>、<category>子标签，每个子标签中包含的属性以及对应的方法如表 6-1 所示。

表 6-1 标签

子标签	属性	对应方法
<action>	name	addAction(string)
<category>	name	addCategory(String)
<data>	mimeType	addDataType(String)
	scheme	addDataScheme(String)
	host	addDataAuthority(String)
	port	
	path	addDataPath(String)

如果一个到来的 Intent 对象通过了不止一个组件（如 Activity、Service 等）的 IntentFilter 的检查，那么系统将会弹出提示，让用户选择激活某个组件。

6.4 Intent 的解析机制

在应用中，可以以两种形式来使用 Intent。

（1）直接 Intent：指定了 component 属性的 Intent，通过指定具体的组件类，通知应用启动对应的组件。常用方法有 setComponent()、setClassName()或 setClass()，如下示例：

```
//创建一个 Intent 对象
Intent intent = new Intent();
//指定 Intent 对象的目标组件是 Activity2
intent.setClass(Activity1.this, Activity2.class);
```

（2）间接 Intent：没有指定 comonent 属性的 Intent。这些 Intent 需要包含足够的信息，这样系统才能根据这些信息，在所有的可用组件中，确定满足间接 Intent 的组件。

间接 Intent 通过 Intent Filter 过滤实现，过滤时通常根据 Action、Data 和 Category 属性进行匹配查找。Android 提供了两种生成 Intent Filter 的方式：一种是通过 IntentFilter 类生成；另一种是通过在配置文件 AndroidManifest.xml 中定义<intent-filter>元素生成。

在 AndroidManifest.xml 配置文件中，Intent Filter 以<intent-filter>元素来指定。一个组件中可以有多个<intent-filter>元素，每个<intent-filter>元素描述不同的能力，如下示例：

```
<activity
    android:name="com.androidbook.Activity1"
    android:label="@string/app_name">
    <intent-filter>
        <action android:name="android.intent.action.MAIN" />
        <!-- 应用程序入口 -->
        <category android:name="android.intent.category.LAUNCHER" />
        <!-- 该活动优先级最高 -->
    </intent-filter>
```

```
</activity>
```

对于直接 Intent，Android 不需要去做解析，因为目标组件已经很明确，Android 需要解析的是那些间接 Intent，通过解析将 Intent 映射给可以处理间接 Intent 的 Activity、Service 或 Broadcast Receiver。

Intent 解析机制主要是通过查找已注册在 AndroidManifest.xml 中的所有<intent-filter>及其中定义的 Intent，通过 PackageManager（注：PackageManager 能够得到当前设备上所安装的 application package 的信息）来查找能处理这个 Intent 的 component。在这个解析过程中，Android 是通过 Intent 的 Action、Type、Category 这三个属性来进行判断的，判断方法如下：

（1）如果 Intent 指定了 Action，则目标组件的 IntentFilter 的 Action 列表中就必须包含有这个 Action，否则不能匹配。

（2）如果 Intent 没有提供 Type，系统将从 Data 中得到数据类型。和 Action 一样，目标组件的数据类型列表中必须包含 Intent 的数据类型，否则不能匹配。

（3）如果 Intent 中的数据不是“content:”类型的 URI，而且 Intent 也没有明确指定 Type，将根据 Intent 中数据的 scheme（如“http:”或者“mailto:”）进行匹配。同上，Intent 的 scheme 必须出现在目标组件的 scheme 列表中。

（4）如果 Intent 指定了一个或多个 Category，这些类别必须全部出现在组件的类别列表中。如 Intent 中包含了 LAUNCHER_CATEGORY 和 ALTERNATIVE_CATEGORY 两个类别，解析得到的目标组件必须至少包含这两个类别。

6.5 Intent 调用常用组件

Intent 的用法很多，下面列出一些常用的 Intent 调用方法。

（1）启动浏览器：

```
Intent intent = new Intent(Intent.ACTION_VIEW, Uri.parse("http://www.google.
com"));
startActivity(intent);
```

说明：启动浏览器并前往 http://www.google.com 。

（2）启动拨号程序：

```
Intent intent = new Intent(Intent.ACTION_VIEW, Uri.parse("tel:138"));
startActivity(intent);
```

说明：启动拨号程序并输入号码“138”。

（3）通话：

```
Uri uri=Uri.parse("tel:138");
Intent intent=new Intent(Intent.ACTION_CALL,uri);
startActivity(intent);
```

说明：拨打号码 138。需要为程序申请权限<uses-permission android:name="android.permission.CALL_PHONE" />。

（4）发送短信：

```
Uri smsUri = Uri.parse(url);
Intent intent = new Intent(Intent.ACTION_VIEW, smsUri);
intent.setType("vnd.android-dir/mms-sms");
startActivity(intent);
```

说明：启动短信程序。

（5）启动通讯录：

```
Intent intent = new Intent(Intent.ACTION_VIEW, Uri.parse("content://contacts/people/1"));
startActivity(intent);
```

说明：启动通讯录的某一条目。

（6）启动地图程序：

```
Uri mapUri = Uri.parse(url);
Intent intent = new Intent(Intent.ACTION_VIEW, mapUri);
startActivity(intent);
```

说明：启动地图程序。

（7）启动邮件程序：

```
Uri uri =Uri.parse("mailto:xxx@example.com");
Intent intent = newIntent(Intent.ACTION_SENDTO, uri);
intent.putExtra(Intent.EXTRA_SUBJECT, "Hello world");
intent.putExtra(Intent.EXTRA_TEXT, "Ganbarimasu");
startActivity(intent);
```

说明：启动邮件程序并将收件人设为 xxx@example.com，邮件主题设为 Hello world，内容设为 Ganbarimasu。

（8）启动邮件程序并添加多个收件人：

```
Intent intent=new Intent(Intent.ACTION_SEND);
String[] tos={"me@example.com"};
String[]ccs={"you@example.com"};
intent.putExtra(Intent.EXTRA_EMAIL, tos);
intent.putExtra(Intent.EXTRA_CC, ccs);
intent.putExtra(Intent.EXTRA_TEXT, "The email body text");
intent.putExtra(Intent.EXTRA_SUBJECT, "The email subject text");
intent.setType("message/rfc822");
startActivity(Intent.createChooser(intent,"Choose Email Client"));
```

说明：启动邮件程序并设置为发送给多个收件人。

（9）启动邮件程序并添加附件：

```
Intent intent = newIntent(Intent.ACTION_SEND);
intent.putExtra(Intent.EXTRA_SUBJECT, "The email subject text");
intent.putExtra(Intent.EXTRA_STREAM,"file:///sdcard/mysong.mp3);
sendIntent.setType("audio/mp3");
startActivity(Intent.createChooser(intent,"Choose Email Client"));
```

说明：启动邮件程序并添加附件。

（10）播放 MP3 文件：

```
Intent intent = new Intent(Intent.ACTION_VIEW);
Uri uri =Uri.parse("file:///sdcard/song.mp3");
intent.setDataAndType(uri,"audio/mp3");
startActivity(intent);
```

说明：启动音乐程序并播放 MP3 歌曲。

（11）安装应用：

```
public void setupAPK(String apkname){
String fileName = Environment.getExternalStorageDirectory() + "/" + apkname;
Intent intent = new Intent(Intent.ACTION_VIEW);
intent.setDataAndType(Uri.fromFile(new File(fileName)),
"application/vnd.android.package-archive");
mService.startActivity(intent);
}
```

说明：调用 setupAPK 方法，传入应用名称即可安装指定的应用。

（12）卸载程序：

```
Uri uri =Uri.fromParts("package", strPackageName, null);
Intent intent = newIntent(Intent.ACTION_DELETE, uri);
startActivity(intent);
```

说明：卸载包名为 strPackageName 的程序。

（13）启动设置：

```
Intent intent=new Intent("android.settings.SETTINGS");
startActivity(intent);
```

说明：进入设定程序。

（14）从图库（Gallery）中选择并获取一张图片：

```
Intent intent = new Intent();
intent.setType("image/*");
```

```
intent.setAction(Intent.ACTION_GET_CONTENT);
startActivityForResult(intent, 11);
```

说明：启动图库，从中选择并获取一张图片，返回源程序。

6.6 Intent 在多 Activity 中的使用

多 Activity 跳转与传值主要通过 Intent 类来连接多个 Activity，通过 Bundle 类来传递数据。

6.6.1 由一个 Activity 启动另一个 Activity

最常见最一般的页面跳转代码：

```
Intent intent = new Intent(FirstActivity.this, SecondActivity.class);
startActivity(intent);
```

或者：

```
Intent intent = new Intent();
intent.setClass(FirstActivity.this, SecondActivity.class);
startActivity(intent);
```

或者：

```
Intent intent = new Intent();
intent.setClass(getApplicationContext(), SecondActivity.class);
startActivity(intent
```

6.6.2 Activity 间的数据交换

当一个 Activity 启动另一个 Activity 时，常常要传递一些数据，就像 Web 应用从一个 Servlet 跳到另一个 Servlet 时，习惯把数据放入到 requestScope、sessionScope 中。而对于 Activity，在 Activity 之间进行数据交换更为简单，因为两个 Activity 之间本来就有一个“信使” Intent，所以把数据放到 Intent 中即可。

1. Bundle 的使用

SDK 里是这样描述：A mapping from String values to various parcelable types。它帮助用户将数据打包传入 Intent 里面，为使用这些数据提供了便利。

```
protected void onListItemClick (ListView l,View v,int position,long id)
{
super.onListItemClick(l,v,position,id);
//获得选中项的 HashMap 对象
```

```
HashMap map=(HashMap)lv.getItemAtPosition(position);
String Type=map.get("Type");
Intent i=new Intent(this,title.class);
Bundle mBundle=new Bundle();
mBundle.putString("type",Type);
i.putExtras(mBundle);
startActivity(i);
}
```

（1）实例化 Bundle 一个对象，用 putString(标记，数据)来将数据导入到 Bundle 对象中。

（2）然后将 Bundle 对象导入到 Intent 对象中。

（3）Intent 启动另一个 Activity。

从 Intent 中读出需要的数据：

```
bundle = getIntent().getExtras();
if(bundle!=null)
Type=bundle.getString("type");
if(Type!=null)
//从数据库依据所选类型读出 文章的Title，保存在cur中
cur=myDBadapter.getTitle(new String[]{Type});
```

（4）Bundle 对象可以从 activity.getIntent().getExtras()中返回。可见，启动当前 Activity 的 Intent 对象是由 getIntent()来找到的。

（5）通过 Bundle 的 getString()方法，就可以读出所要的数据。

2. 其他方法简介

如果数据比较少，如只要传一个名字，不需要通过 Bundle 对象来传递数据，只要加一句“intent.putExtra("Name", "ppy2790");”即可，代码如下：

```
Intent intent = new Intent();
intent.setClass(FirstActivity.this, SecondActivity.class);
intent.putExtra("Name", "ppy2790");
startActivity(intent);
```

6.6.3 带结果返回的 Activity

有时在页面跳转之后，需要返回到之前的页面，同时要保留用户之前输入的信息，这时该怎么办呢？

在页面跳转后，前一个 Activity 已经被 destroy 了。如果要返回并显示数据，就必须将前一个 Activity 再次唤醒，同时调用某个方法来获取并显示数据。

要实现这个效果，需要做以下几步。

（1）首先，从 FirstActivity 页面跳转到 SecondActivity 页面时，不可以使用 startActivity()方法，而要使用 startActivityForResult 方法。

（2）在 FirstActivity 页面的 Activity 中，需要重写 onActivityResult 方法

```
@Override
protected void onActivityResult(int requestCode,int resultCode,Intent data){
    switch(requestCode){
    case RESULT_OK:
    /*取得来自 SecondActivity 页面的数据，并显示到画面*/
    Bundle bundle = data.getExtras();
    /*获取 Bundle 中的数据，注意类型和 key*/
    String name = bundle.getString("Name");
    boolean ismale = bundle.getBoolean("Ismale");
   }
}
```

在 SecondActivity 页面上加一个返回按钮，并在事件写如下代码：

```
/*给上一个 Activity 返回结果*/
SecondActivity.this.setResult(RESULT_OK,intent);
/*结束本 Activity*/
SecondActivity.this.finish();
```

6.7 示 例

通过学习以上的知识点，这里可以完成一个简单的短信应用。用户可以先编辑短信，然后再去通讯录中选择相应的人并发送给他；用户可以在短信内容中插入通讯录中联系人的号码。要实现这个功能，即是创建一个新的 Activity 选择（ACTION_PICK）通讯录中的数据，它会显示通讯录中的所有联系人并让用户选择，然后关闭并返回一个联系人的 URI 给短信程序。

首先需要添加用于显示通讯录的布局文件，用一个 ListView 来显示整个通讯录，其中用 TextView 显示每一记录。它们的 xml 文件分别为 Contact.xml、Listitemlayout，如下所示。

Contact.xml：

```
<?xml version="1.0" encoding="utf-8"?>
<LinearLayout xmlns:android="http://schemas.android.com/apk/res/android"
android:orientation="vertical"
android:layout_width="fill_parent"
android:layout_height="fill_parent"
>
<ListView android:id="@+id/contactListView"
    android:layout_width="fill_parent"
    android:layout_height="wrap_content"
    />
</LinearLayout>
```

Listitemlayout.xml：

```
<?xml version="1.0" encoding="utf-8"?>
<LinearLayout xmlns:android="http://schemas.android.com/apk/res/android"
    android:orientation="vertical" android:layout_width="fill_parent"
    android:layout_height="fill_parent">
    <TextView  android:id="@+id/itemTextView"  android:layout_width="wrap_
content"
    android:layout_height="wrap_content" android:padding="10px"
    android:textSize="16px" android:textColor="#FFF" />
</LinearLayout>
```

为了能够打开通讯录，还需要在 TextMessage 程序中加入一个 Button btnContact，通过点击 btnContact 激活显示通讯录的活动。这只需在 main.xml 文件中加入如下代码：

```
<Button android:layout_width="wrap_content"
    android:layout_height="wrap_content" android:text="@string/btnContact"
    android:id="@+id/btnContact"/>
```

还要在 values/strings.xml 中相应加入：

```
<string name="btnContact">contact</string>
```

然后需要为 Button 添加点击事件，在上面准备工作做完之后，需要监听 btnContact 的点击事件，当用户点击 btnContact 时，跳转显示通讯录界面，当用户选择一个联系人之后，返回 SMS 程序的主界面。这里就要用到 Intent 了。

```
btnContact = (Button) findViewById(R.id.btnContact);
btnContact.setOnClickListener(new View.OnClickListener() {
    @Override
    public void onClick(View v) {
        // TODO Auto-generated method stub
        Intent intent = new Intent(Intent.ACTION_PICK,
                ContactsContract.Contacts.CONTENT_URI);
        startActivityForResult(intent, PICK_CONTACT);
    }
});
```

然后再添加通讯录活动，添加一个类文件，类名为 ContactPick（表示通讯录活动名）继承 Activity。它的主要功能就是获取从 SMS 主程序传递来的 Intent 并提取数据；然后去查询通讯录数据库，取出数据并填充到 STEP1 中定义的 ListView；最后，还需要添加用户选择一个联系人的事件 onItemClick，将结果返回给 SMS 主程序，这里也用到了 Intent，代码如下：

```
import android.app.Activity;
```

```
    import android.content.Intent;
    import android.database.Cursor;
    import android.net.Uri;
    import android.os.Bundle;
    import android.provider.ContactsContract;
    import android.view.View;
    import android.widget.AdapterView;
    import android.widget.ListView;
    import android.widget.SimpleCursorAdapter;
    import android.widget.AdapterView.OnItemClickListener;
    public class ContactPick extends Activity {
        /** Called when the activity is first created. */
        @Override
        public void onCreate(Bundle savedInstanceState) {
            super.onCreate(savedInstanceState);
            setContentView(R.layout.main);
            Intent orgIntent=getIntent();
            Uri queryUri=orgIntent.getData();
            final Cursor c = managedQuery(queryUri,
                    null,
                    null,
                    null,
                    null);
            String[]    fromColumns=new    String[]{ContactsContract.Contacts.
DISPLAY_NAME};
            int[] toLayoutIDs = new int[] { R.id.itemTextView };
            SimpleCursorAdapter adapter = new SimpleCursorAdapter(this,
                    R.layout.listitemlayout, c, fromColumns, toLayoutIDs);
            ListView lv = (ListView) findViewById(R.id.contactListView);
            lv.setAdapter(adapter);
            lv.setOnItemClickListener(new OnItemClickListener() {
                @Override
                public void onItemClick(AdapterView<?> parent, View view, int pos,
                        long id) {
                    c.moveToPosition(pos);
                    int rowId = c.getInt(c.getColumnIndexOrThrow(ContactsContract.
Contacts._ID));
                    Uri  outURI  =  Uri.parse(ContactsContract.Contacts.CONTENT_
URI.toString() + rowId);
                    Intent outData = new Intent();
                    outData.setData(outURI);
                    setResult(Activity.RESULT_OK,outData);
                    finish();
```

```
            }
        });
    }
}
```

接着需要解析通讯录返回的数据，从通讯录活动返回之后，再从返回的 Intent 中提取数据并填充到填写电话号码的 EditView 中。代码主要如下：

```
    @Override
    public void onActivityResult(int reqCode, int resCode, Intent data) {
        super.onActivityResult(reqCode, resCode, data);
        switch (reqCode) {
        case (PICK_CONTACT): {
            if (resCode == Activity.RESULT_OK) {
                String name;
                Uri contactData = data.getData();
                Cursor c = managedQuery(contactData, null, null, null, null);
                c.moveToFirst();
                name  =  c.getString(c.getColumnIndex(ContactsContract.Contacts.
DISPLAY_NAME));
                TextView tv;
                tv = (TextView)findViewById(R.id.edtPhoneNo);
                tv.setText(name);
            }
            break;
        }
        }
    }
```

最后需要注意在清单文件 AndroidManifest.xml 中注册通讯录活动和读取 Contact 数据库的权限，主要工作基本做完了，现在只需要注册通讯录活动和读取 Contact 数据的权限了。完整的清单文件代码如下：

```
    <?xml version="1.0" encoding="utf-8"?>
    <manifest xmlns:android="http://schemas.android.com/apk/res/android"
        package="skynet.com.cnblogs.www" android:versionCode="1"
        android:versionName="1.0">
        <application>
            <activity  android:name=".TextMessage"  android:label="@string/app_
name">
                <intent-filter>
                    <action android:name="android.intent.action.MAIN" />
                    <category android:name="android.intent.category.LAUNCHER" />
```

```
        </intent-filter>
    </activity>
    <activity android:name=".ContactPick" android:label="@string/app_
name">
        <action android:name="android.intent.action.PICK" />
        <category android:name="android.intent.category.DEFAULT" />
    </activity>
  </application>
  <uses-permission android:name="android.permission.SEND_SMS" />
  <uses-permission android:name="android.permission.READ_CONTACTS" />
</manifest>
```

注意通讯录活动的 Intent Filters，它的 Action 是 android.intent.action.PICK；Category 是 android.intent.category.DEFAULT。现在分析这个 Intent Filter。

<action android:name="android.intent.action.PICK" />：使用户能够在通讯录列表中选择一个，然后将选择的联系人的 URL 返回给调用者。

<category android:name="android.intent.category.DEFAULT" />：这是默认的 Category，如果不知道 Category 系统会自动加上。这个属性是使其能够被像 Context.startActivity()等找到。要说明的是，如果列举了多个 Category，这个活动仅会去处理那些 Intent 中都包含了所有列举的 Category 的组件。

还可以在清单文件中看到 TextMessage 活动的 Intent Filter：

```
<intent-filter>
    <action android:name="android.intent.action.MAIN" />
    <category android:name="android.intent.category.LAUNCHER" />
</intent-filter>
```

TextMessage 活动是一个程序的入口并且 TextMessage 会列举在 Launcher 即启动列表中。

最后程序运行结果如图 6-1～图 6-3 所示。

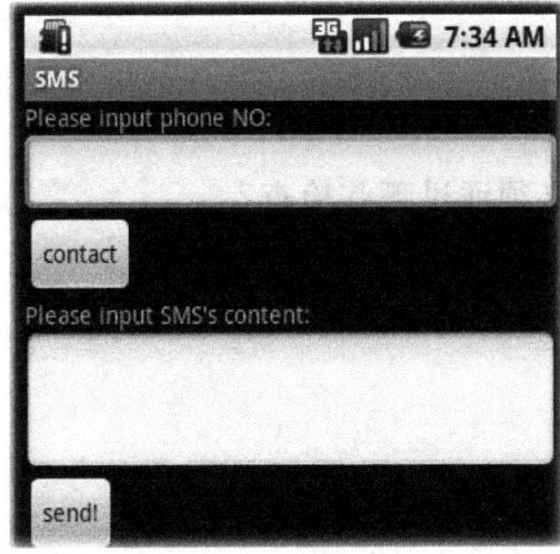

图 6-1　主界面

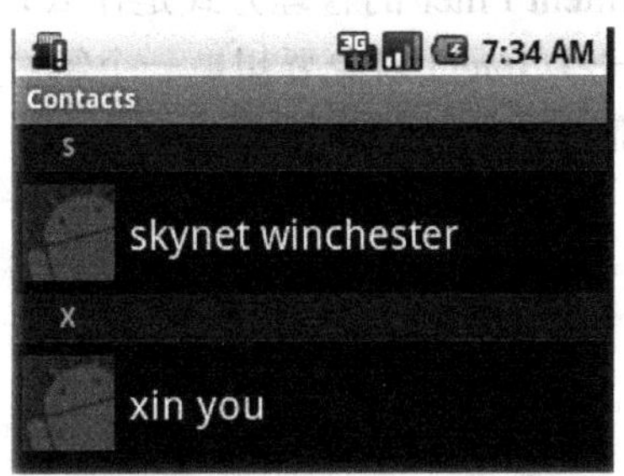

图 6-2　点击 contact 按钮之后界面

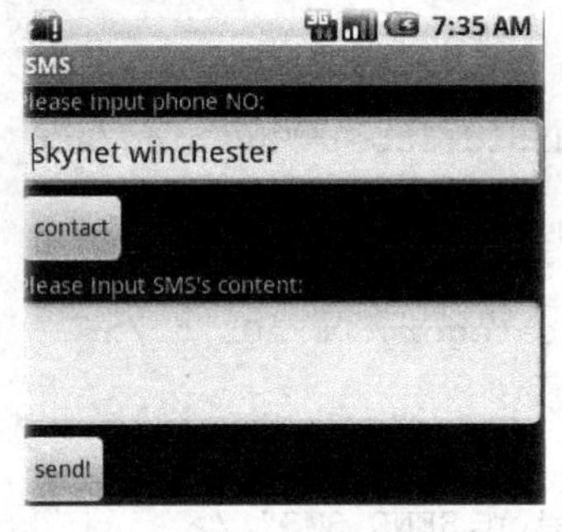

图 6-3 选择一个联系人之后界面

以下知识点是本示例中用到的，但是在前面的知识点中没有提到，在此做补充：

Cursor 类跟平时用的数据库中的游标类似，它提供了从数据库返回的结果的随机读写操作。如示例中用到的，通过 managedQuery 方法查询数据库并返回结果，然后利用 Cursor 对它进行操作。下面介绍 Cursor 类的几个方法（示例中用到的，更多的方法请自行查阅相关资料）：

public abstract int getColumnIndexOrThrow (String column Name)：返回给定列名的索引（注意：从 0 开始的），或者当列名不存在时抛出 llegalArgumentException 异常。

public abstract boolean moveToFirst ()：移动到第一行。如果 Cursor 为空，则返回 FALSE。

public abstract boolean moveToPosition (int position)：将游标移动到一个指定的位置，它的范围为-1 <= position <= count。如果 position 位置不可达，返回 FALSE。

managedQuery 方法：根据指定的 URI 路径信息返回包含特定数据的 Cursor 对象，应用这个方法可以使 Activity 接管返回数据对象的生命周期。参数：

URI: Content Provider 需要返回的资源索引。

Projection: 用于标识有哪些 columns 需要包含在返回数据中。

Selection: 作为查询符合条件的过滤参数，类似于 SQL 语句中 Where 之后的条件判断。

SelectionArgs: 作为查询符合条件的过滤参数。

SortOrder: 用于对返回信息进行排序。

SimpleCursorAdapter 允许绑定一个游标的列到 ListView 上，并使用自定义的 layout 显示每个项目。SimpleCursorAdapter 的创建需要传入当前的上下文、一个 layout 资源，一个游标和两个数组[一个包含使用的列的名字，另一个（相同大小）数组包含 View 中的资源 ID，用于显示相应列的数据值]。

6.8 习 题

1．一个 Intent 对象包含哪些内容？

2．Intent 中 Data 部分的作用是什么？

3．Intent Filter 的管理方式是什么？

4．一个 Intent 对象要想被一个组件处理，则必须通过哪些检查？

5．简述 Intent 解析机制。

第 7 章　Service 组件

本章主要内容：

- Service 的定义。
- Service 的生命周期。
- Service 的常用方法。
- IntentService 概述。
- Service 优先级的提高。
- 使用系统服务的简单介绍。
- 远程 Service。

本章讲述 Service 的相关概念，通过本章内容的学习，读者可以对 Service 有一定的了解，为以后开发 Android 及其他软件的学习有很大帮助。

7.1　Service 的定义

Service 是 Android 系统中的四大组件之一，它与 Activity 不同，它是不能与用户交互的。它是一种长生命周期的，没有可视化界面，运行于后台的一种服务程序。

一个 Service 也是一种应用程序组件，它运行在后台以提供某种服务，通常不具有可见的用户界面。其他的应用程序组件可以启动一个 Service，即使在用户切换到另外一个应用程序后，这个 Service 还是一直会在后台运行。此外，一个应用程序也可以绑定到一个 Service 然后使用进程间通信（IPC）方式与 Service 之间发生交互。例如，一个 Service 可以处理网络事物、播放音乐、读写文件或者读写 ContentProvider，所以这些都在后台运行。

一个 Service 可以有以下两种形式存在。

（1）Started（启动）：在一个应用程序以 startService()来启动一个 Service 时，这个 Service 将处于“Started”状态。一旦启动，这个 Service 可以在后台一直运行下去，即使启动它的应用程序已推出。通常，一个处于“Started”状态的 Service 完成某个功能而不会给启动它的应用程序组件返回结果。例如，这个服务（Service）可能是上载或是下载一个文件，当任务完成后，服务自行退出。

（2）Bound（绑定）：当一个应用程序组件以 bindService()绑定一个 Service 时，这个 Service 处于“Bound”状态。处于“Bound”状态的 Service 提供了一个客户/服务（C/S）调用接口支持其他应用程序组件和它交互，如发生请求、返回结果，或者使用 IPC 完成跨进程间通信。一个处于“Bound”的 Service 只能和与其绑定的应用程序一起运行。多个应用程序组件可以绑定到同一个 Service。当所有绑定的应用程序组件都退出绑定后，被“绑定”的 Service 将被销毁。

对于一个 Service 来说，它可以是“Started”、“Bound”或者同时处于两种状态。其他任一应用程序组件（如一个 Activity）都可以使用这个 Service，即使其他应用程序组件是在不同的应用程序中。当然用户可以把 Service 定义为私有的，这样其他应用程序就无法使用用户定义的 Service。

需要注意的是，一个 Service 运行在其宿主进程的主线程中，服务不会自己创建新的线程也不运行在独立的进程中（除非用户特别指明）。这意味着，如果用户的 Service 需要完成一些很耗 CPU 资源的操作（如播放 MP3 或者使用网络），应该在 Service 中创建新的线程来完成这些工作，从而降低出现程序无响应（ANR）的风险。

7.2 Service 的生命周期

和 Activity 相比，Service 的生命周期要简单很多。但读者更要关注 Service 是如何创建和销毁的，这是因为 Service 可以在用户不知道的情况下在后台运行。Android Service 生命周期与 Activity 生命周期是相似的，但是也存在一些细节上的不同，如 onCreate 和 onStart 是不同的。

通过从客户端调用 Context.startService (Intent)方法可以启动一个服务。如果这个服务还没有运行，Android 将启动它并且在 onCreate 方法之后调用它的 onStart 方法。如果这个服务已经在运行，那么它的 onStart 方法将被新的 Intent 再次调用。所以对于单个运行的 Service，它的 onStart 方法被反复调用是完全可能的并且是很正常的。

（1）onResume、onPause 及 onStop 是不需要的。回调一个服务通常是没有用户界面的，所以也就不需要 onPause、onResume 或者 onStop 方法了。无论何时一个运行中的 Service 总是在后台运行。

（2）onBind。如果一个客户端需要持久地连接到一个服务，那么可以调用 Context.bindService 方法。如果这个服务没有运行方法，将通过调用 onCreate 方法去创建这个服务，但并不调用 onStart 方法来启动它。相反，onBind 方法将被客户端的 Intent 调用，并且它返回一个 IBind 对象以便客户端稍后可以调用这个服务。同一服务被客户端同时启动和绑定是很正常的。

（3）onDestroy。与 Activity 一样，当一个服务被结束时 onDestroy 方法将会被调用。当没有客户端启动或绑定到一个服务时 Android 将终止这个服务。与很多 Activity 时的情况一样，当内存不够用的时候 Android 也可能会终止一个服务。如果这种情况发生，Android 也可能在内存够用的时候尝试启动被终止的服务，所以服务必须为重启持久保存信息，并且最好在 onStart 方法内来创建。

Service 的生命周期分为整体生命周期和活动生命周期。

（1）整体生命周期。Service 在 onCreate()和 onDestroy()之间，和 Activity 类似，Service 可以在 onCreate ()中进行一些初始化工作，而在 onDestroy ()中释放资源。例如，一个音乐播放器可以在 onCreate()中创建用来播放音乐的线程，而在 onDestroy()中停止这个线程。

（2）活动生命周期。Service 在 onStartCommand()或 onBind()后开始活动，每个方法分别处理来自 startService()和 bindService()发过来请求 Intent。如果是“Started”的 Service，那么它活动的生命周期和 Service 的整个生命周期是一致的。如果是“绑定”的 Service，那么它的活动生命周期终止于 unbind()。

Service 的生命周期从其创建后到销毁，可以有两条不同的路径，如图 7-1 所示。

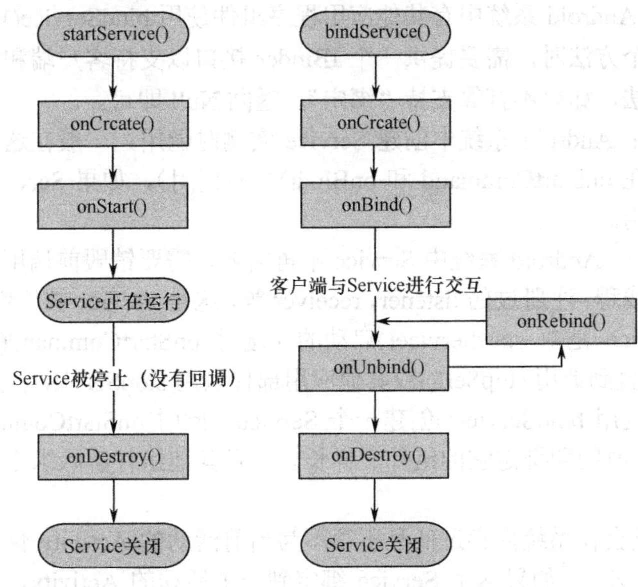

图 7-1 Service 生命周期

（1）支持“Started”的 Service。这个 Service 是由其他的应用程序组件调用 startService()创建的，这个 Service 可以在后台无限期运行直到调用 stopSelf()或者其他组件调用 stopService()来停止它。当 Service 停止时，系统将销毁这个 Service。

（2）支持“绑定”的 Service。这种 Service 是在其他组件调用 bindService()绑定它时创建，客户端可以通过服务接口和 Serivce 通信。客户端可以调用 unbindService()解除与 Service 的绑定。多个客户端可以同时绑定同一 Service，当一个 Service 没有客户端和它绑定时，系统则销毁这个 Service。

这两条路径并不是完全分开的，也就是说，可以去绑定一个已经是“Started”状态的 Service。例如，一个通过媒体播放的 Service 可能通过指明需要播放音乐的 Intent 然后调用 startService()启动的。接着用户可能打算来操作媒体播放器，那么一个 Activity 可以调用 bindServive()来绑定这个 Service。在这种情况下，stopSelf()或 stopSelf()并不真正停止 Service 直到所有的客户端都解除与 Service 的绑定。

7.3 Service 的常用方法

要创建一个 Service，用户必须从 Service 或是其某个子类派生子类。在用户的 Service 子类实现中，需要重载一些方法以支持 Service 重要的几个生命周期函数和支持其他应用组件绑定的方法。下面给出几个需要重载的重要方法。

（1）onStartCommand()：Android 系统在有其他应用程序组件使用 startService()请求启动 Service 时调用。一旦这个方法被调用，Service 处于“Started”状态并可以一直运行下去。

如果用户实现了这个方法，需要在 Service 任务完成时调用 stopSelf()或是 stopService()来终止服务。如果用户只支持“绑定”模式的服务，可以不实现这个方法。

（2）onBind()：Android 系统中有其他应用程序组件使用 bindService()来绑定用户的服务时调用。在实现这个方法时，需要提供一个 IBinder 接口以支持客户端和服务之间通信。用户必须实现这个方法，如果不打算支持“绑定”，返回 Null 即可。

（3）onCreate()：Android 系统中创建 Service 实例时调用，一般在这里初始化一些只需单次设置的过程（在 onStartCommand 和 onBind()之前调用），如果 Service 已在运行状态，这个方法不会被调用。

（4）onDestroy()：Android 系统中 Service 不再需要，需要销毁前调用。在用户的实现中需要释放一些诸如线程，注册过的 listener、receiver 等，这是 Service 被调用的最后一个方法。

如果一个 Service 是由 startService()启动的（这时 onStartCommand()将被调用），这个 Service 将一直运行直到调用 stopSelf()或其他应用部件调用 stopService()为止。

如果一个部件调用 bindService()创建一个 Service（此时 onStartCommand()不会调用），这个 Service 运行的时间和绑定它的组件一样长。一旦其他组件解除绑定，系统将销毁这个 Service。

Android 系统只会在系统内存过低且不得不为当前活动的 Activity 恢复系统资源时才可能强制终止某个 Service。如果这个 Service 绑定到一个活动的 Activity，基本上不会被强制清除。如果一个 Service 被申明成“后台运行”，就几乎没有被销毁的可能。否则，如果 Service 启动后并长期运行，系统将随着时间的增加降低其在后台任务中的优先级。如果 Service 作为“Started”状态运行，则在系统重启服务时优先退出。如果系统禁止用户的服务，则在系统资源恢复正常时重启该服务（当然这也取决于 onStartCommand()的返回值）。

7.3.1 StartService 启动服务

Context.startService()方式的生命周期：启动时，startService()→onCreate()→onStart()；停止时，stopService()→onDestroy()。如果调用者直接退出而没有停止 Service，则 Service 会一直在后台运行。

Context.startService()方法启动服务，在服务未被创建时，系统会先调用服务的 onCreate()方法，接着调用 onStart()方法。如果调用 startService()方法前服务已经被创建，多次调用 startService()方法并不会导致多次创建服务，但会导致多次调用 onStart()方法。采用 startService()方法启动的服务，只能调用 Context.stopService()方法结束服务，服务结束时会调用 onDestroy()方法。

7.3.2 BindService 启动服务

Context.bindService()方式的生命周期：绑定时，bindService()→onCreate()→onBind()调用者退出了；解绑定时，Srevice 就会 unbindService()→onUnbind()()→onDestory()用 Context. bindService()方法启动服务，在服务未被创建时，系统会先调用服务的 onCreate()方法，接着调用 onBind()方法。这时调用者和服务绑定在一起，调用者退出了，系统就会先调用服务的 onUnbind()方法，接着调用 onDestroy()方法。如果调用 bindService()方法前服务已经被绑定，多次调用 bindService()方法并不会导致多次创建服务及绑定（也就是说 onCreate()和 onBind()方法并不会被多次调用）。如果调用者希望与正在绑定的服务解除绑定，可以调用 unbindService()方法，调用该方法也会导致系统调用服务的 onUnbind()与 onDestroy()方法。

Context.bindService()方式启动 Service 的方法：

绑定 Service 需要三个参数：bindService（intent，conn，Service，BIND_AUTO_CREATE）。

第一个：Intent 对象。

第二个：ServiceConnection 对象，创建该对象要实现它的 onServiceConnected()和 onServiceDisconnected()来判断连接成功或者是断开连接。

第三个：如何创建 Service，一般绑定的时候自动创建。

7.4 IntentService

Android 中的 Service 是用于后台服务的，当应用程序被挂到后台时，为了保证应用某些组件仍然可以工作而引入了 Service 这个概念，那么这里面要强调的是 Service 不是独立的进程，也不是独立的线程，它是依赖于应用程序的主线程，也就是说，在更多的时候不建议在 Service 中编写耗时的逻辑和操作，否则会引起 ANR。

那么当编写的耗时逻辑不得不被 Service 来管理时，就需要引入 IntentService，IntentService 是继承 Service 的，那么它包含了 Service 的全部特性，当然也包含 Service 的生命周期，与 Service 不同的是，IntentService 在执行 onCreate 操作时，内部开了一个线程去执行耗时操作。

这里通过以下几个方法来理解 Intentservice 的使用。

Service 中提供了一个方法：

```
public int onStartCommand(Intent intent, int flags, int startId) {
        onStart(intent, startId);
        return mStartCompatibility ?
 START_STICKY_COMPATIBILITY : START_STICKY;
}
```

这个方法的具体含义是，当需要启动 Service 或者调用 Servcie 时，那么这个方法首先是要被回调的。

同时 IntentService 中提供了一个方法：

```
protected abstract void onHandleIntent(Intent intent);
```

这是一个抽象方法，也就是说具体的实现需要被延伸到子类。

子类的声明：

```
public class ChargeService extends IntentService
```

上面提到过 IntentService 是继承 Service 的，那么这个子类也肯定继承 Service，onHandleIntent()方法是什么时候被调用的呢？让我们具体看 IntentService 的内部实现：

```
private final class ServiceHandler extends Handler {
    public ServiceHandler(Looper looper) {
        super(looper);
    }
    @Override
    public void handleMessage(Message msg) {
        onHandleIntent((Intent)msg.obj);
        stopSelf(msg.arg1);
    }
}

/**
 * Creates an IntentService.  Invoked by your subclass's constructor.
 *
 * @param name Used to name the worker thread, important only for debugging.
 */
public IntentService(String name) {
    super();
    mName = name;
}

public void setIntentRedelivery(boolean enabled) {
    mRedelivery = enabled;
}

@Override
public void onCreate(){
super.onCreate();
HandlerThread thread = new HandlerThread("IntentService[" + mName + "]");
    thread.start();
    mServiceLooper = thread.getLooper();
    mServiceHandler = new ServiceHandler(mServiceLooper);
}

@Override
public void onStart(Intent intent, int startId) {
    Message msg = mServiceHandler.obtainMessage();
```

```
        msg.arg1 = startId;
        msg.obj = intent;
        mServiceHandler.sendMessage(msg);
    }
    @Override
        public void handleMessage(Message msg) {
            onHandleIntent((Intent)msg.obj);
            stopSelf(msg.arg1);
        }
```

在这里可以清楚地看到 IntentService 在执行 onCreate 的方法的时候，其实开了一个线程 HandlerThread，并获得了当前线程队列管理的 looper，并且在 onStart 的时候，把消息置入了消息队列，在消息被 handler 接收并且回调时，执行了 onHandlerIntent 方法，该方法的实现是子类去做的。

IntentService 是通过 Handler looper message 的方式实现了一个多线程的操作，同时耗时操作也可以被这个线程管理和执行，也不会产生 ANR 的情况。

7.5 提高 Service 优先级

Android 系统对于内存管理有自己的一套方法，为了保障系统有序稳定的运行，系统内部会自动分配，控制程序的内存使用。当系统觉得当前的资源非常有限时，为了保证一些优先级高的程序能运行，就会 kill 掉一些系统认为不重要的程序或者服务来释放内存。这样就能保证真正对用户有用的程序仍然再运行。如果用户的 Service 碰上了这种情况，多半会先被 kill 掉。但如果用户增加 Service 的优先级就能让它多留一会，用户可以用 setForeground (true)来设置 Service 的优先级。

为什么是 foreground ?默认启动的 Service 是被标记为 background，当前运行的 Activity 一般被标记为 foreground，也就是说用户给 Service 设置了 foreground 那么它就和正在运行的 Activity 类似，优先级得到了一定的提高，当这并不能保证该 Service 永远不被 kill 掉。

下面有简单的测试：

（1）把 Service 写成系统服务，将不会被回收（未实践）。在 AndroidManifest.xml 文件中设置 persistent 属性为 true，则可使该服务免受 out-of-memory killer 的影响。但是这种做法一定要谨慎，系统服务太多将严重影响系统的整体运行效率。

（2）提高 Service 的优先级（未实践）。设置 android:priority="1000"。

XML 代码：

```
    <!-- 为了消去加上 android:priority="1000"后出现的警告信息，可以设置 android:
exported 属性，指示该服务是否能够被其他应用程序组件调用或跟它交互 -->
    <serviceandroid:name="com.example.helloandroid.weatherforecast.service.Up
```

```
dateWidgetService"android:exported="false" >
    <!-- 为防止 Service 被系统回收，可以通过提高优先级解决，1000 是最高优先级，数字越小，优先级越低 -->
    <intent-filter android:priority="1000"></intent-filter>
    </service>
```

（3）将服务写成前台服务 foreground service（已实践，很大程度上能解决问题，但不能保证一定不会被 kill 掉）。重写 onStartCommand 方法，使用 StartForeground(int,Notification) 方法来启动 Service。

注：前台服务会在状态栏显示一个通知，最典型的应用就是音乐播放器，只要在播放状态下，就算休眠也不会被 kill 掉，如果不想显示通知，只要把参数里的 intent 设为 0 即可。

```
Notification notification = new Notification(R.drawable.logo,
"wf update service is running",
System.currentTimeMillis());
pintent=PendingIntent.getService(this,0, intent,0);
notification.setLatestEventInfo(this, "WF Update Service",
"wf update service is running! ", pintent);
//让该 service 前台运行，避免手机休眠时系统自动 kill 掉该服务
//如果 id 为 0 ，那么状态栏的 notification 将不会显示。
startForeground(startId, notification);
```

同时，对于通过 startForeground 启动的 service，onDestory 方法中需要通过 stopForeground（true）来取消前台运行状态。

如果 service 被 kill 掉后下次重启出错，可能是此时重发的 Intent 为 null 的缘故，可以通过修改 onStartCommand 方法的返回值来解决。

START_STICKY：如果 service 进程被 kill 掉，保留 service 的状态为开始状态，但不保留传送的 Intent 对象。随后系统会尝试重新创建 service，由于服务状态为开始状态，因此创建服务后一定会调用 onStartCommand(Intent,int,int)方法。如果在此期间没有任何启动命令被传递到 service，那么参数 Intent 将为 null。

START_NOT_STICKY：“非粘性的”。使用这个返回值时，如果在执行完 onStartCommand 后，服务被异常 kill 掉，系统不会自动重启该服务。

START_REDELIVER_INTENT：重传 Intent。使用这个返回值时，如果在执行完 onStartCommand 后，服务被异常 kill 掉，系统会自动重启该服务，并将 Intent 的值传入。

START_STICKY_COMPATIBILITY：START_STICKY 的兼容版本，但不保证服务被 kill 后一定能重启。

7.6 使用系统服务

通常在 Android 手机中，有很多的内置软件来完成系统的基本功能，例如，当手机接到

来电时，会显示对方的电话号；也可以根据周围的环境将手机设置成振动或静音；还可以获得当前所在的位置信息等。那怎样才能把这些功能加到手机应用中呢？答案就是“系统服务”。在 Android 系统中提供了很多这种服务，通过这些服务可以更加有效地管理 Android 系统。

Android 系统提供的系统服务接口，如表 7-1 所示。

表 7-1 系统服务接口

服务名称	返回的对象	服务说明
WINDOW_SERVICE	WindowManager	管理打开的窗口程序
LAYOUT_INFLATER_SERVICE	LayoutInflater	取得 xml 里定义的 view
ACTIVITY_SERVICE	ActivityManager	管理应用程序的系统状态
POWER_SERVICE	PowerManger	电源的服务
ALARM_SERVICE	AlarmManager	闹钟的服务
NOTIFICATION_SERVICE	NotificationManager	状态栏的服务
KEYGUARD_SERVICE	KeyguardManager	键盘锁的服务
LOCATION_SERVICE	LocationManager	位置的服务，如 GPS
SEARCH_SERVICE	SearchManager	搜索的服务
VIBRATOR_SERVICE	Vibrator	手机振动的服务
CONNECTIVITY_SERVICE	Connectivity	网络连接的服务
WIFI_SERVICE	WifiManager	Wi-Fi 服务
TELEPHONY_SERVICE	TeleponyManager	电话服务
INPUT_METHOD_SERVICE	InputMethodManager	输入法服务
UI_MODE_SERVICE	UiModeService	人机界面模式服务
DOWNLOAD_SERVICE	DownloadService	网络下载服务

系统服务实际上可以看做是一个对象，通过 Activity 类的 getSystemService 方法可以获得指定的对象（系统服务）。getSystemService 方法只有一个 String 类型的参数，表示系统服务的 ID，这个 ID 在整个 Android 系统中是唯一的。例如，audio 表示音频服务，window 表示窗口服务，notification 表示通知服务。

为了便于记忆和管理，Android SDK 在 android.content.Context 类中定义了这些 ID，下面的代码是一些 ID 的定义。

```
public static final String POWER_SERVICE = "power";
public static final String WINDOW_SERVICE = "window";
public static final String LAYOUT_INFLATER_SERVICE = "layout_inflater";
public static final String ACTIVITY_SERVICE = "activity";
public static final String ALARM_SERVICE = "alarm";
```

```
    public static final String NOTIFICATION_SERVICE = "notification";
    public static final String KEYGUARD_SERVICE = "keyguard";
    public static final String LOCATION_SERVICE = "location";
    public static final String SEARCH_SERVICE = "search";
    public static final String SENSOR_SERVICE = "sensor";
    public static final String BLUETOOTH_SERVICE = "bluetooth";
    public static final String WALLPAPER_SERVICE = "wallpaper";
    public static final String VIBRATOR_SERVICE = "vibrator";
    public static final String STATUS_BAR_SERVICE = "statusbar";
    public static final String CONNECTIVITY_SERVICE = "connectivity";
    public static final String WIFI_SERVICE = "wifi";
    public static final String AUDIO_SERVICE = "audio";
    public static final String TELEPHONY_SERVICE = "phone";
    public static final String CLIPBOARD_SERVICE = "clipboard";
```

下面的代码获得了剪贴板服务（android.text.ClipboardManager 对象）。

```
    // 获得 PowerManager 对象
    android.text.ClipboardManager clipboardManager = (android.text.Clipboard
Manager)getSystemService(Context.CLIPBOARD_SERVICE);
    clipboardManager.setText("设置剪贴板中的内容");
```

7.7 远程 Service

7.7.1 AIDL 接口

在 Android 平台，每个应用程序都是一个单独的 JVM，都运行在自己的进程空间里，通常，一个进程不允许访问另一个进程的内存空间（一个应用不能访问另一个应用）。当用户（程序开发人员）想在一个 App 中访问另一个 App 的进程空间时，就需要进程间通信。在 Android 中，远程服务为用户提供了实现进程间通信的方式，其中，AIDL 是应用程序开发人员常用的一种方式。

AIDL（Android Interface Definition Language）是一种接口描述语言；编译器可以通过 AIDL 文件生成一段代码，通过预先定义的接口达到两个内部通信进程的目的。如果需要在一个 Activity 中访问另一个 Service 中的某个对象，需要先将对象转化成 AIDL 可识别的参数（可能是多个参数），然后使用 AIDL 来传递这些参数，在消息的接收端，使用这些参数组装成自己需要的对象。

AIDL 生成了与.aidl 文件同名的接口，如果使用 Eclipse 插件，AIDL 会作为编译过程的一部分自动运行（不需要先运行 AIDL 再编译项目），如果没有插件，就要先运行 AIDL。

生成的接口包含一个名为 Stub 的抽象的内部类，该类声明了所有.aidl 中描述的方法，Stub 还定义了少量的辅助方法，尤其是 asInterface()，通过它或以获得 IBinder（当 applicationContext.bindService()成功调用时传递到客户端的 onServiceConnected()）并且返回用于调用 IPC 方法的接口实例，更多细节参见 Calling an IPC Method。

要实现自己的接口，就从 YourInterface.Stub 类继承，然后实现相关的方法（可以创建.aidl 文件然后实现 stub 方法而不用在中间编译，Android 编译过程会在.java 文件之前处理.aidl 文件）。

下面是实现接口的几条说明。

（1）不会有返回给调用方的异常。

（2）默认 IPC 调用是同步的。如果已知 IPC 服务端会花费很多毫秒才能完成，那就不要在 Activity 或 View 线程中调用，否则会引起应用程序挂起（Android 可能会显示“应用程序未响应”对话框），可以试着在独立的线程中调用。

（3）AIDL 接口中只支持方法，不能声明静态成员。

7.7.2 远程 Service 的实现

通过一个简单的例子来学习远程 Service 的实现。

第一步：创建.aidl 文件。

AIDL 使用简单的语法来声明接口，描述其方法以及方法的参数和返回值。这些参数和返回值可以是任何类型，甚至是其他 AIDL 生成的接口。重要的是必须导入除了内建类型（如 int、boolean 等）外的任何其他类型。具体的要求如下。

（1）Java 基本数据类型不需要导入。

（2）String、List、Map 和 CharSequence 不需要导入。

使用 Eclipse 的 ADT 插件创建一个 BookInfo.aidl 文件，该文件中有以下 4 个方法。

（1）setName(String name)设置图书的书名。

（2）setPrice(int price)设置图书的价格。

（3）setPublish(String pname)设置图书的出版社。

（4）String display()显示图书的信息。

BookInfo.aidl 文件：

```
package com.android.aidl;
//BookInfo 接口
Interface BookInfo{
  void  setName(String name);
  void  setPrice(int price);
  void  ssetPublish(String pname);
  //显示图书的信息
  String  display();
}
```

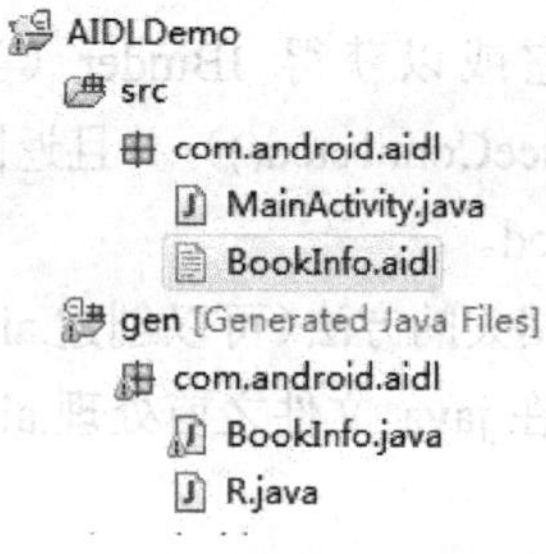

AIDLDemo
src
com.android.aidl
MainActivity.java
BookInfo.aidl
gen [Generated Java Files]
com.android.aidl
BookInfo.java
R.java

图 7-2 自动生成接口文件

创建好 BookInfo.aidl 文件，系统会自动在 gen 目录下生成 Java 接口文件 BookInfo.java，如图 7-2 所示。

第二步：实现 AIDL 文件生成的 Java 接口。

AIDL 会生成一个和.aidl 文件同名的 Java 接口文件，该接口中有一个静态抽象内部类 Stub，该类中声明了 AIDL 文件中定义的所有方法，其中有一个重要的方法是 asInterface()，该方法通过代理模式返回 Java 接口的实现，可以定义一个实现类 BookImpl，该类继承 Stub 类，实现定义的 4 个方法。

```
package com.android.aidl;
import android.os.RemoteException;
public class BookInfoImpl extends BookInfo.Stub {
    //声明三个变量
    private int price;
    private String name,pname;
    //显示书名、价格、出版社
    public String display()throws RemoteException{
    return "书名："+name+"；价格："+price+"；出版社："+price;
    }
    @Override
    //设置书名
    public void setName(String name) throws RemoteException {
        //TODO Auto
        this.name= name;
    }
    @Override
    //设置价格
    public void setPrice(int price) throws RemoteException {
        // TODO Auto-generated method stub
        this.price = price;
    }
    @Override
    //设置出版社
    public void setPublish(String pname) throws RemoteException {
        //TODO Auto
        this.pname= pname;
    }
}
```

第三步：向客户端暴露接口。

现在已经实现了 BookInfo 接口，接下来要将该接口暴露给客户端调用。一般通过定义一个 Service 来实现，在 Service 的 onBind()方法中返回该接口，当绑定该接口时调用该方法。

```
package com.android.aidl;
import com.android.aidl.BookInfo.Stub;
import android.app.Service;
import android.content.Intent;
import android.os.IBinder;
public class RemoteService extends Service {
    //声明 BookInfo 接口
    private Stub bookifo = new BookInfoImpl();
    public IBinder onBind(Intent intent){
    return bookifo;
    }
}
```

第四步：在客户端调用。

定义一个 Activity 来绑定远程 Service，获得 BookInfo 接口，通过 RPC 机制调用接口中的方法。

```
package com.android.aidl;
import android.app.Activity;
import android.app.Service;
import android.content.ComponentName;
import android.content.Intent;
import android.content.ServiceConnection;
import android.os.Bundle;
import android.os.IBinder;
import android.os.RemoteException;
import android.view.View;
import android.view.View.OnClickListener;
import android.widget.Button;
import android.widget.Toast;
public class MainActivity extends Activity{
    //声明 IPerson 接口
    private BookInfo bookInfo;
    // 声明 Button
    private Button btn;
    //实例化 ServiceConnection
    private ServiceConnection conn  = new ServiceConnection(){
        @Override
  synchronized public void onServiceConnected(ComponentName name, IBinder
service){
```

```
            //获得 IPerson 接口
            bookInfo = BookInfo.Stub.asInterface(service);
            if(bookInfo !=null)
                try{
                //RPC 方法调用
                bookInfo.setName("Google Android SDK 开发范例大全");
                bookInfo.setPrice(55);
                bookInfo.setPublish("人民邮电出版社");
                String msg = bookInfo.display();
                //显示方法调用返回值
                Toast.makeText(MainActivity.this, msg, Toast.LENGTH_LONG).show();
                } catch (RemoteException e){
                    e.printStackTrace();
                }
            }
            @Override
            public void onServiceDisconnected(ComponentName name) {
            }
    };

        @Override
        public void onCreate(Bundle savedInstanceState){
            super.onCreate(savedInstanceState);
            //设置当前视图布局
            setContentView(R.layout.main);
            //实例化 Button
            btn = (Button) findViewById(R.id.Button1);
            //为 Button 添加点击事件监听器
            btn.setOnClickListener(new OnClickListener(){
            @Override
            public void onClick(View v) {
            //实例化 Intent
            Intent intent = new Intent();
            //设置 Intent Action 属性
            intent.setAction("com.android.aidl.action.MY_REMOTE_SERVICE");
            //绑定服务
            bindService(intent,conn,Service.BIND_AUTO_CREATE);
            }
          });
        }
    }
```

第五步：main.xml 和 AndroidManifest.xml 文件的配置。

main.xml：

```
<?xml version="1.0" encoding="utf-8"?>
<LinearLayout xmlns:android="http://schemas.android.com/apk/res/android"
   android:orientation="vertical"
   android:layout_width="fill_parent"
   android:layout_height="fill_parent"
   >
   <Button
      android:text="远程调用 Service"
      android:id="@+id/Button1"
      android:layout_width="wrap_content"
      android:layout_height="wrap_content"
      />
</LinearLayout>
```

在 AndroidManifest.xml 文件中声明 Service：

```
<?xml version="1.0" encoding="utf-8"?>
<manifest xmlns:android="http://schemas.android.com/apk/res/android"
      package="com.android.aidl"
      android:versionCode="1"
      android:versionName="1.0">
   <uses-sdk android:minSdkVersion="10"/>
   <application android:icon="@drawable/icon" android:label="@string/app_
name">
      <activity android:name=".MainActivity"
         android:label="@string/app_name">
         <intent-filter>
            <action android:name="android.intent.action.MAIN"/>
            <category android:name="android.intent.category.LAUNCHER"/>
         </intent-filter>
      </activity>
   <service android:name="RemoteService">
         <intent-filter>
           <action android:name="com.android.aidl.action.MY_REMOTE_SERVICE"/>
         </intent-filter>
      </service>
   </application>
</manifest>
```

最后运行效果如图 7-2 所示。

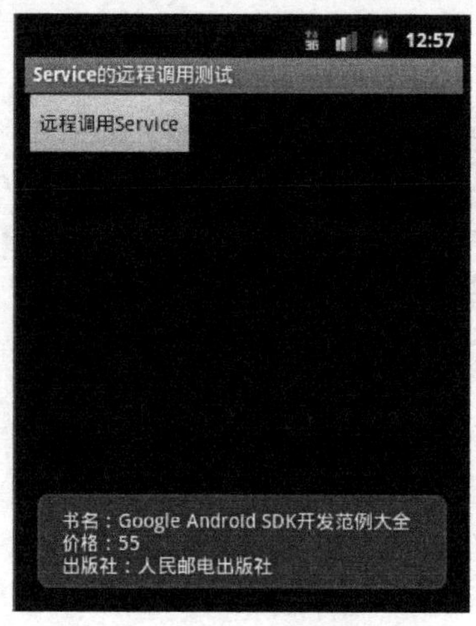

图 7-2　运行效果

7.8　示　　例

学习了以上 Service 的知识，可以做一个简单的音乐播放器，图 7-3 是音乐播放器 Demo 的程序结构图。

参照程序结构图，可以创建一个 Android 程序，在 src 目录下创建一个 Activity，一个继承自 Service 类的服务类；同时在资源文件夹 res 目录下创建一个 raw 的文件夹存放音频文件，如把 music.mp3 音乐文件放在该目录下。该程序的主界面如图 7-4 所示。

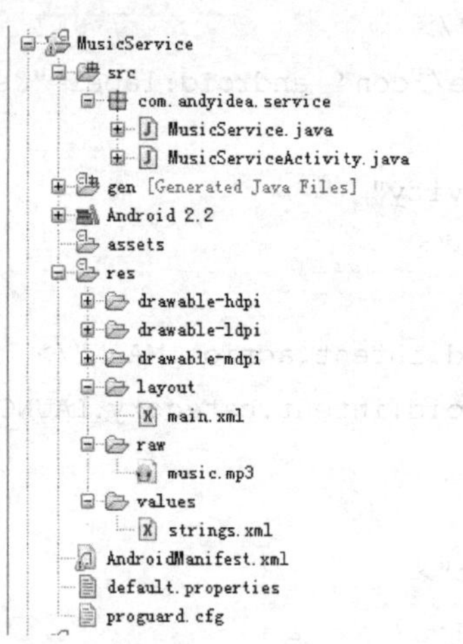

图 7-3　程序结构

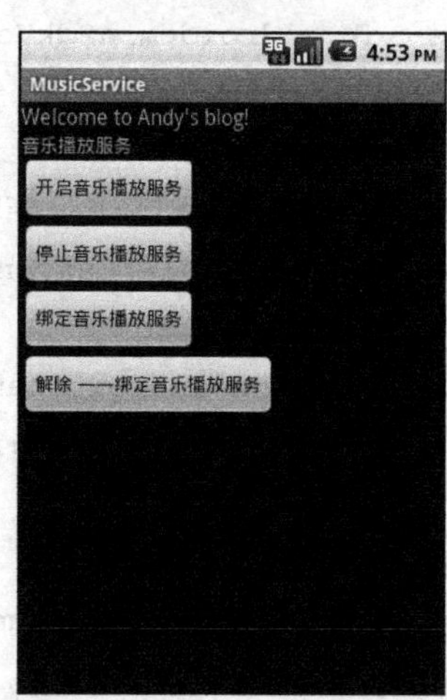

图 7-4　程序主界面

layout 目录下的 main.xml 文件的源码如下：

```
<?xml version="1.0" encoding="utf-8"?>
<LinearLayout xmlns:android="http://schemas.android.com/apk/res/android"
   android:orientation="vertical"
```

```
    android:layout_width="fill_parent"
    android:layout_height="fill_parent"
    >
    <TextView
        android:layout_width="fill_parent"
        android:layout_height="wrap_content"
        android:text="Welcome to Andy's blog!"
        android:textSize="16sp"/>
    <TextView
        android:layout_width="fill_parent"
        android:layout_height="wrap_content"
        android:text="音乐播放服务"/>
    <Button
        android:id="@+id/startMusic"
        android:layout_width="wrap_content"
        android:layout_height="wrap_content"
        android:text="开启音乐播放服务"/>
        <Button
        android:id="@+id/stopMusic"
        android:layout_width="wrap_content"
        android:layout_height="wrap_content"
        android:text="停止音乐播放服务"/>
    <Button
        android:id="@+id/bindMusic"
        android:layout_width="wrap_content"
        android:layout_height="wrap_content"
        android:text="绑定音乐播放服务"/>
    <Button
        android:id="@+id/unbindMusic"
        android:layout_width="wrap_content"
        android:layout_height="wrap_content"
        android:text="解除 —绑定音乐播放服务"/>
</LinearLayout>
```

src 目录下 MusicService.java 源码如下：

```
package com.android.service;
import android.app.Service;
import android.content.Intent;
import android.media.MediaPlayer;
import android.os.IBinder;
import android.util.Log;
import android.widget.Toast;
```

```
public class MusicService extends Service {
  //为日志工具设置标签
  private static String TAG = "MusicService";
  //定义音乐播放器变量
  private MediaPlayer mPlayer;
  //该服务不存在需要被创建时被调用，不管 startService()还是 bindService()都会在启动
时调用该方法
  @Override
  public void onCreate(){
    Toast.makeText(this, "MusicSevice onCreate()"
        , Toast.LENGTH_SHORT).show();
    Log.e(TAG, "MusicSerice onCreate()");
    mPlayer = MediaPlayer.create(getApplicationContext(), R.raw.music);
    //设置可以重复播放
    mPlayer.setLooping(true);
    super.onCreate();
  }
  @Override
  public void onStart(Intent intent, int startId) {
    Toast.makeText(this, "MusicSevice onStart()"
      , Toast.LENGTH_SHORT).show();
    Log.e(TAG, "MusicSerice onStart()");
    mPlayer.start();
    super.onStart(intent, startId);
  }
  @Override
  public void onDestroy(){
    Toast.makeText(this, "MusicSevice onDestroy()"
      , Toast.LENGTH_SHORT).show();
    Log.e(TAG, "MusicSerice onDestroy()");
    mPlayer.stop();
    super.onDestroy();
  }
  //其他对象通过 bindService 方法通知该 Service 时该方法被调用
  @Override
  public IBinder onBind(Intent intent) {
    Toast.makeText(this, "MusicSevice onBind()"
        , Toast.LENGTH_SHORT).show();
    Log.e(TAG, "MusicSerice onBind()");
    mPlayer.start();
    return null;
  }
  //其他对象通过 unbindService 方法通知该 Service 时该方法被调用
```

```
    @Override
    public boolean onUnbind(Intent intent) {
        Toast.makeText(this, "MusicSevice onUnbind()"
          , Toast.LENGTH_SHORT).show();
      Log.e(TAG, "MusicSerice onUnbind()");
      mPlayer.stop();
      return super.onUnbind(intent);
    }
}
```

src 目录下 MusicServiceActivity 源码如下：

```
package com.android.service;
import android.app.Activity;
import android.content.ComponentName;
import android.content.Context;
import android.content.Intent;
import android.content.ServiceConnection;
import android.os.Bundle;
import android.os.IBinder;
import android.util.Log;
import android.view.View;
import android.view.View.OnClickListener;
import android.widget.Button;
import android.widget.Toast;
public class MusicServiceActivity extends Activity {
  //为日志工具设置标签
  private static String TAG = "MusicService";

  /** Called when the activity is first created. */
  @Override
  public void onCreate(Bundle savedInstanceState) {
    super.onCreate(savedInstanceState);
    setContentView(R.layout.main);

      //输出 Toast 消息和日志记录
    Toast.makeText(this, "MusicServiceActivity",
        Toast.LENGTH_SHORT).show();
    Log.e(TAG, "MusicServiceActivity");
    initlizeViews();
  }

  private void initlizeViews(){
```

```
        Button btnStart = (Button)findViewById(R.id.startMusic);
        Button btnStop = (Button)findViewById(R.id.stopMusic);
        Button btnBind = (Button)findViewById(R.id.bindMusic);
        Button btnUnbind = (Button)findViewById(R.id.unbindMusic);

        //定义点击监听器
        OnClickListener ocl = new OnClickListener(){
        @Override
        public void onClick(View v) {
          //显示指定 intent 所指的对象是 service
          Intent intent = new Intent(MusicServiceActivity.this,MusicService.
class);
          switch(v.getId()){
            case R.id.startMusic:
              //开始服务
              startService(intent);
              break;
            case R.id.stopMusic:
              //停止服务
              stopService(intent);
              break;
            case R.id.bindMusic:
              //绑定服务
              bindService(intent, conn, Context.BIND_AUTO_CREATE);
              break;
            case R.id.unbindMusic:
              //解绑服务
              unbindService(conn);
              break;
            }
          }
       };
          //绑定点击监听
          btnStart.setOnClickListener(ocl);
          btnStop.setOnClickListener(ocl);
          btnBind.setOnClickListener(ocl);
          btnUnbind.setOnClickListener(ocl);
      }
      //定义服务链接对象
      final ServiceConnection conn = new ServiceConnection(){
          @Override
          public void onServiceDisconnected(ComponentName name) {
          Toast.makeText(MusicServiceActivity.this,      "MusicServiceActivity
```

```
onSeviceDisconnected"
        , Toast.LENGTH_SHORT).show();
        Log.e(TAG, "MusicServiceActivity onSeviceDisconnected");
      }
        @Override
        public void onServiceConnected(ComponentName name, IBinder service) {
          Toast.makeText(MusicServiceActivity.this, "MusicServiceActivity on-
ServiceConnected"
              ,Toast.LENGTH_SHORT).show();
          Log.e(TAG, "MusicServiceActivity onServiceConnected");
          }
        };
    }
```

最后别忘了在 AndroidManifest.xml 配置文件中添加对 Service 的注册，即在 application 结点中添加<service android:name=".MusicService"/> 进行注册。

如图 7-5 所示，可以看到程序运行后的 Log.e 中显示的 Service 生命周期。

Problems | @ Javadoc | Declaration | Console | File Explorer | LogCat

Log

Time		pid	tag	Message
06-17 17:05...	E	331	MusicService	MusicServiceActivity
06-17 17:05...	E	331	MusicService	MusicSerice onCreate()
06-17 17:05...	E	331	MusicService	MusicSerice onStart()
06-17 17:05...	E	331	MusicService	MusicSerice onDestroy()
06-17 17:05...	E	331	MusicService	MusicSerice onCreate()
06-17 17:05...	E	331	MusicService	MusicSerice onBind()
06-17 17:05...	E	331	MusicService	MusicSerice onUnbind()
06-17 17:05...	E	331	MusicService	MusicSerice onDestroy()

图 7-5　Service 生命周期

7.9　习　　题

1．什么是 Service？

2．请简单介绍 Service 的生命周期。

3．重载一些方法以支持 Service 重要的几个生命周期函数和支持其他应用组件绑定的方法有哪些？

4．请简述 IntentService。

5．提高 Service 优先级的测试有哪些？

第 8 章　BroadcastReceiver 组件

本章主要内容：

- BroadcastReceiver 简介。
- 广播消息的处理流程。
- 广播类型及广播的收发。
- 处理系统的广播消息。
- BroadcastReceiver 的生命周期。

本章介绍 BroadcastReceiver 广播接收者的概念和机制、生命周期、广播消息的处理流程、广播类型及广播的收发、处理系统的广播消息等内容。

8.1　BroadcastReceiver 简介

8.1.1　BroadcastReceiver 概念

BroadcastReceiver 也就是“广播接收者”的意思，即广播接收器，顾名思义，它就是用来接收来自系统和应用中的广播。

广播接收器是一个专注于接收广播通知信息，并做出对应处理的组件。很多广播是源自于系统代码的。例如，通知时区改变、电池电量低、拍摄了一张照片或者用户改变了语言选项。应用程序也可以进行广播，如通知其他应用程序一些数据下载完成并处于可用状态。

应用程序可以拥有任意数量的广播接收器以对所有它感兴趣的通知信息予以响应。所有的接收器均继承自 BroadcastReceiver 基类。

广播接收器没有用户界面。然而，它们可以启动一个 Activity 来响应它们收到的信息，或者用 NotificationManager 来通知用户。通知可以用很多种方式来吸引用户的注意力，如闪动背灯、震动、播放声音等。一般来说是在状态栏上放一个持久的图标，用户可以打开它并获取消息。

Android 中的广播机制设计的非常出色，很多事情原本需要开发者亲自操作的，现在只需等待广播告知自己就可以了，大大减少了开发的工作量和开发周期。而作为应用开发者，就需要熟练掌握 Android 系统提供的一个开发利器，那就是 BroadcastReceiver。

Android 中的广播事件有两种，一种就是系统广播事件，如 ACTION_BOOT_ COMPLETED（系统启动完成后触发）、ACTION_TIME_CHANGED（系统时间改变时触发）、ACTION_BATTERY_LOW（电量低时触发）等，另一种是用户自定义的广播事件。

8.1.2　BroadcastReceiver 机制

当系统或应用发出广播时，将会扫描系统中的所有广播接收者，通过 action 匹配将广播

发送给相应的接收者，接收者收到广播后将会产生一个广播接收者的实例，执行其中的 onReceiver()方法；特别需要注意的是这个实例的生命周期只有 10 秒，如果 10 秒内没执行结束 onReceiver()，系统将会报错。另外在 onReceiver()执行完毕之后，该实例将会被销毁，所以不要在 onReceiver()中执行耗时操作，也不要在里面创建子线程处理业务（因为可能子线程没处理完，接收者就被回收了）；正确的处理方法就是通过 intent 调用 activity 或者 service 处理业务。

8.2 广播消息的处理流程

8.2.1 广播消息的处理流程

（1）注册广播事件：注册方式有两种，一种是静态注册，就是在 AndroidManifest.xml 文件中定义，注册的广播接收器必须要继承 BroadcastReceiver；另一种是动态注册，是在程序中使用 Context.registerReceiver 注册，注册的广播接收器相当于一个匿名类。两种方式都需要 IntentFIlter。

（2）发送广播事件：通过 Context.sendBroadcast 来发送，由 Intent 来传递注册时用到的 Action。

（3）接收广播事件：当发送的广播被接收器监听到后，会调用它的 onReceive()方法，并将包含消息的 Intent 对象传给它。onReceive 中代码的执行时间不要超过 5s，否则 Android 会弹出超时 dialog。

8.2.2 广播接收者的实现方式

实现一个广播接收者仅仅需要继承 BroadcastReceiver 类并重写 onReceiver()函数，广播接收者接收到广播后将会执行该函数。但是这个前提是需要将这个广播接收者进行注册，一般来说，BroadcastReceiver 的注册方式有且只有两种，一种是静态注册，另一种是动态注册，广播接收者在注册后就开始监听系统或者应用之间发送的广播消息。

下面先来看看广播接收者的代码：

```
public class MyBroadcastReceiver extends BroadcastReceiver {
    @Override
    public void onReceive(Context arg0, Intent arg1) {
        // 用来实现广播接收者接收到广播后执行的代码逻辑
    }
}
```

在 onReceive 方法内，可以获取随广播而来的 Intent 中的数据，这非常重要，就像无线电一样，包含很多有用的信息。

在创建完 BroadcastReceiver 之后，还不能够使它进入工作状态，需要为它注册一个指定的广播地址。没有注册广播地址的 BroadcastReceiver 就像一个缺少选台按钮的收音机，虽然功能俱备，但也无法收到电台的信号。下面就来介绍一下如何为 BroadcastReceiver 注册广播地址。

1. 静态注册

静态注册是在AndroidManifest.xml文件中配置的，下面就来为MyReceiver注册一个广播地址：

```
<receiver android:name=".MyReceiver">
<intent-filter>
<action android:name="android.intent.action.MY_BROADCAST"/>
    <category android:name="android.intent.category.DEFAULT"/>
</intent-filter>
</receiver>
```

配置了以上信息之后，只要是android.intent.action.MY_BROADCAST这个地址的广播，MyReceiver都能够接收到。注意，这种方式的注册是常驻型的，也就是说当应用关闭后，如果有广播信息传来，MyReceiver也会被系统调用而自动运行。

2. 动态注册

动态注册需要在代码中动态指定广播地址并注册，通常是在Activity或Service中注册一个广播，下面就来看一下注册的代码：

```
MyReceiver receiver = new MyReceiver();
IntentFilter filter = new IntentFilter();
filter.addAction("android.intent.action.MY_BROADCAST");
registerReceiver(receiver,filter);
```

注意，registerReceiver是android.content.ContextWrapper类中的方法，Activity和Service都继承了ContextWrapper，所以可以直接调用。在实际应用中，在Activity或Service中注册了一个BroadcastReceiver，当这个Activity或Service被销毁时如果没有解除注册，系统会报一个异常，提示用户是否忘记解除注册了。所以记得在特定的地方执行解除注册操作：

```
@Override
protected void onDestroy(){
super.onDestroy();
    unregisterReceiver(receiver);
}
```

执行这样的代码就可以解决问题了。注意，这种注册方式与静态注册相反，不是常驻型的，也就是说广播会跟随程序的生命周期。

8.2.3 发送广播

可以根据以上任意一种方法完成注册，当注册完成之后，这个接收者就可以正常工作了。可以用以下方式向其发送一条广播：

```
public void send(View view){
  Intentt intent = new Intent("android.intent.action.MY_BROADCAST");
  intent.putExtra("msg","hello receiver.");
  sendBroadcast(intent);
}
```

注意，sendBroadcast 也是 android.content.ContextWrapper 类中的方法，它可以将一个指定地址和参数信息的 Intent 对象以广播的形式发送出去。

单击“发送”按钮，执行 send 方法，控制台打印如图 8-1 所示的信息。

tag	Message
MyReceiver	hello receiver.

图 8-1　日志打印

看到这样的打印信息，表明广播已经发出去了，并且被 MyReceiver 准确无误地接收到了。

8.3　广播类型及广播的收发

上面的例子只是一个接收者来接收广播，如果有多个接收者都注册了相同的广播地址，又会是什么情况呢？能同时接收到同一条广播吗？相互之间会不会有干扰呢？这就涉及广播的类型，即普通广播（Normal Broadcast）和有序广播（Ordered broadcasts）。

8.3.1　普通广播

普通广播对于多个接收者来说是完全异步的，可以在同一时刻（逻辑上）被所有接收者接收到，通常每个接收者都无须等待即可以接收到广播，接收者相互之间不会有影响，消息传递的效率比较高。对于这种广播，接收者无法终止广播，即无法阻止其他接收者的接收动作。

发送普通广播示例代码如下：

```
public void send(View view) {
    Intent intent = new Intent("android.intent.action.MY_BROADCAST");
    intent.putExtra("msg", "hello receiver.");
    sendBroadcast(intent);
}
```

8.3.2　有序广播

发送有序广播后，广播接收者按照预先声明的优先级顺序接收广播，优先级别在 intent-filter 中的 priority 中声明，值为-1000 到 1000 之间，值越大，优先级越高。优先级高的优先接收到广播，而在其 onReceiver()执行过程中，广播不会传播到下一个接收者，此时当前的广播接收者可以终止广播继续向下传播，也可以将 intent 中的数据进行修改设置，然后将其传播到下一个广播接收者。

有序广播发送示例代码：

```
//发送有序广播
sendOrderedBroadcast(intent, null);
```

注册广播接收者级别示例代码（修改 AndroidMainfest.xml 文件）：

```
<receiver android:name=".FirstReceiver">
    <intent-filter android:priority="1000">
        <action android:name="android.intent.action.MY_BROADCAST"/>
        <category android:name="android.intent.category.DEFAULT" />
    </intent-filter>
</receiver>
<receiver android:name=".SecondReceiver">
    <intent-filter android:priority="999">
        <action android:name="android.intent.action.MY_BROADCAST"/>
        <category android:name="android.intent.category.DEFAULT" />
    </intent-filter>
</receiver>
<receiver android:name=".ThirdReceiver">
    <intent-filter android:priority="998">
        <action android:name="android.intent.action.MY_BROADCAST"/>
        <category android:name="android.intent.category.DEFAULT" />
    </intent-filter>
</receiver>
```

8.4 处理系统的广播消息

对于广播来说，Action 指被广播出去的动作。理论上 Action 可以为任何字符串，而与 Android 系统应用有关的 Action 字符串以静态字符串常量的形式定义在 Intent 类中。Action 包含很多种，如呼入、呼出电话、接收短信等，下面是 Android 定义好的常见的一些标准广播常量，如表 8-1 所示。

表 8-1 标准广播常量

常量	值	意义
Android.intent.action.BOOT_COMPLETED	ACTION_BOOT_COMPLETED	系统启动
Android.intent.action.ACTION_TIME_CHANGED	ACTION_TIME_CHANGED	时间改变
Android.intent.action.ACTION_DATE_CHANGED	ACTION_DATE_CHANGED	日期改变
Android.intent.action.ACTION_TIMEZONE_CHANGED	ACTION_TIMEZONE_CHANGED	时区改变

（续表）

常量	值	意义
Android.intent.action.ACTION_BATTERY_LOW	ACTION_BATTERY_LOW	电量低
Android.intent.action.ACTION_MEDIA_EJECT	ACTION_MEDIA_EJECT	插入或拔出外部媒体
Android.intent.action.ACTION_MEDIA_BUTTON	ACTION_MEDIA_BUTTON	按下多媒体
Android.intent.action.ACTION_PACKAGE_ADDED	ACTION_PACKAGE_ADDED	添加包
Android.intent.action.ACTION_PACKAGE_REMOVED	ACTION_PACKAGE_REMOVED	删除包
Android.intent.action.ACTION_POWER_CONNECTED	ACTION_POWER_CONNECTED	插上外部电源
Android.intent.action.ACTION_POWER_DISCONNECTED	ACTION_POWER_DISCONNECTED	断开外部电源
Android.provider.Telephony.SMS_RECEIVED	Telephony.SMS_RECEIVED	接收短信
Android.intent.action.Send	Send	发送邮件

下面以开机启动服务、网路状态变化、电量变化 3 种系统广播为例讲解系统广播的处理。

8.4.1　开机启动服务

经常会有这样的应用场合，如消息推送服务，需要实现开机启动的功能。要实现这个功能，就可以订阅系统“启动完成”这条广播，接收到这条广播后就可以启动自己的服务了。下面来看一下 BootCompleteReceiver 和 MsgPushService 的具体实现：

```
import android.content.BroadcastReceiver;
import android.content.Context;
import android.content.Intent;
import android.util.Log;

public class BootCompleteReceiver extends BroadcastReceiver {

   private static final String TAG = "BootCompleteReceiver";

   @Override
   public void onReceive(Context context, Intent intent) {
      Intent service = new Intent(context, MsgPushService.class);
      context.startService(service);
      Log.i(TAG, "Boot Complete. Starting MsgPushService...");
   }

}
```

MsgPushService.java 代码如下：

```
import android.app.Service;
import android.content.Intent;
import android.os.IBinder;
import android.util.Log;
```

```
public class MsgPushService extends Service {

    private static final String TAG = "MsgPushService";

    @Override
    public void onCreate(){
        super.onCreate();
        Log.i(TAG, "onCreate called.");
    }
    @Override
    public int onStartCommand(Intent intent, int flags, int startId) {
        Log.i(TAG, "onStartCommand called.");
        return super.onStartCommand(intent, flags, startId);
    }
    @Override
    public IBinder onBind(Intent arg0) {
        return null;
    }
}
```

然后需要在 AndroidManifest.xml 中配置相关信息：

```
<!-- 开机广播接收者 -->
<receiver android:name=".BootCompleteReceiver">
    <intent-filter>
        <!-- 注册开机广播地址-->
        <action android:name="android.intent.action.BOOT_COMPLETED"/>
        <category android:name="android.intent.category.DEFAULT" />
    </intent-filter>
</receiver>
<!-- 消息推送服务 -->
<service android:name=".MsgPushService"/>
```

可以看到 BootCompleteReceiver 注册了“android.intent.action.BOOT_COMPLETED”这个开机广播地址，从安全角度考虑，系统要求必须声明接收开机启动广播的权限，于是再声明使用下面的权限：

```
<uses-permission android:name="android.permission.RECEIVE_BOOT_COMPLETED"
/>
```

经过上面的几个步骤之后，就完成了开机启动的功能，将应用运行在模拟器上，然后重启模拟器，控制台打印如图 8-2 和图 8-3 所示。

tag	Message
BootCompleteReceiver	Boot Complete. Starting MsgPushService...

图 8-2　日志打印

tag	Message
MsgPushService	onCreate called.
MsgPushService	onStartCommand called.

图 8-3　日志打印

如果查看已运行的服务就会发现，MsgPushService 已经运行起来了。

8.4.2 网络状态变化

在某些场合，如用户浏览网络信息时，网络突然断开，要及时地提醒用户网络已断开。要实现这个功能，可以用接收网络状态改变这样一条广播，当由连接状态变为断开状态时，系统就会发送一条广播，接收到之后，再通过网络的状态做出相应的操作。下面就来实现这个功能：

```
import android.content.BroadcastReceiver;
import android.content.Context;
import android.content.Intent;
import android.net.ConnectivityManager;
import android.net.NetworkInfo;
import android.util.Log;
import android.widget.Toast;

public class NetworkStateReceiver extends BroadcastReceiver {

    private static final String TAG = "NetworkStateReceiver";

    @Override
    public void onReceive(Context context, Intent intent) {
        Log.i(TAG, "network state changed.");
        if (!isNetworkAvailable(context)) {
            Toast.makeText(context, "network disconnected!", 0).show();
        }
    }

    /**
     * 网络是否可用
     *
     * @param context
     * @return
     */
    public static boolean isNetworkAvailable(Context context) {
        ConnectivityManager mgr = (ConnectivityManager) context.
getSystemService(Context.CONNECTIVITY_SERVICE);
        NetworkInfo[] info = mgr.getAllNetworkInfo();
        if (info != null) {
            for (int i = 0; i < info.length; i++) {
                if (info[i].getState()== NetworkInfo.State.CONNECTED) {
                    return true;
```

```
            }
        }
    }
    return false;
}

}
```

再注册这个接收者的信息：

```
<receiver android:name=".NetworkStateReceiver">
    <intent-filter>
        <action android:name="android.net.conn.CONNECTIVITY_CHANGE"/>
        <category android:name="android.intent.category.DEFAULT" />
    </intent-filter>
</receiver>
```

因为在 isNetworkAvailable 方法中使用到了网络状态相关的 API，所以需要声明相关的权限，下面就是对应的权限声明：

```
<uses-permission android:name="android.permission.ACCESS_NETWORK_STATE"/>
```

可以测试一下，如关闭 Wi-Fi，看看有什么效果？

8.4.3 电量变化

如果用户用阅读软件阅读，可能是全屏阅读，这时用户就看不到剩余的电量，就可以为他们提供电量的信息。要想做到这一点，需要接收一条电量变化的广播，然后获取百分比信息，这听上去挺简单的，下面就来实现一下：

```
 import android.content.BroadcastReceiver;
 import android.content.Context;
 import android.content.Intent;
 import android.os.BatteryManager;
 import android.util.Log;

public class BatteryChangedReceiver extends BroadcastReceiver {

    private static final String TAG = "BatteryChangedReceiver";

    @Override
    public void onReceive(Context context, Intent intent) {
        int currLevel = intent.getIntExtra(BatteryManager.EXTRA_LEVEL, 0);
    //当前电量
        int total = intent.getIntExtra(BatteryManager.EXTRA_SCALE, 1);
```

```
    //总电量
        int percent = currLevel * 100 / total;
        Log.i(TAG, "battery: " + percent + "%");
    }

}
```

然后再注册广播接收地址信息就可以了：

```
<receiver android:name=".BatteryChangedReceiver">
    <intent-filter>
        <action android:name="android.intent.action.BATTERY_CHANGED"/>
        <category android:name="android.intent.category.DEFAULT" />
    </intent-filter>
</receiver>
```

当然，有时用户是需要立即获取电量的，而不是等电量变化的广播，如当阅读软件打开时立即显示出电池电量。可以按以下方式获取：

```
Intent batteryIntent = getApplicationContext().registerReceiver(null,
        new IntentFilter(Intent.ACTION_BATTERY_CHANGED));
int currLevel = batteryIntent.getIntExtra(BatteryManager.EXTRA_LEVEL, 0);
int total = batteryIntent.getIntExtra(BatteryManager.EXTRA_SCALE, 1);
int percent = currLevel * 100 / total;
Log.i("battery", "battery: " + percent + "%");
```

8.5 BroadcastReceiver 的生命周期

一个 BroadcastReceiver 的对象仅仅在调用 onReceiver（COntext, Intent）的时间中有效。一旦代码从这个函数中返回，那么系统就认为这个对象应该结束了，不能再被激活。

BroadcastReceiver 对象的生命周期只有 10 秒左右，如果在 onReceive()内做超过 10 秒内的事情，就会报错。当 onReceive()方法在 10 秒内没有执行完毕，Android 会认为该程序无响应。所以在 BroadcastReceiver 里不能做一些比较耗时的操作，否则会弹出 ANR（Application No Response）的对话框。

在 onReceive(Context,Intent)中的实现有着非常重要的影响：任何对于异步操作的请求都是不允许的，因为可能需要从这个函数中返回去处理异步的操作，但是在那种情况下，BroadcastReceiver 将不会再被激活，因此系统就会在异步操作之前 kill 中这个进程。特别是，用户不应该在一个 BroadcastReceiver 中显示一个对话框或者绑定一个服务。对于前者（显示一个对话框），用户应该用 NotificationManagerAPI 来替代；对于后者（绑定一个服务），用户可以使用 Context.startService()发送一个命令给那个服务来实现绑定效果。

如果需要完成一项比较耗时的工作，应该通过发送 Intent 给 Service，由 Service 来完成。这里不能使用子线程来解决，因为 BroadcastReceiver 的生命周期很短，子线程可能还没有结束 BroadcastReceiver 就先结束了，BroadcastReceiver 一旦结束，此时 BroadcastReceiver 的所在进程很容易在系统需要内存时被优先 kill 掉，因为它属于空进程（没有任何活动组件的进程），如果它的宿主进程被 kill 掉，那么正在工作的子线程也会被 kill 掉。所以采用子线程来解决是不可靠的。

8.6 示　　例

通过学习以上的知识，用户可以做一个简单的计时器，实现思路是后台 Service 每隔 1 秒发送广播通知时间已发生变化，UI 层（Activity）通过 BroadcastReceiver 接收到广播，更新显示的时间。需注意的以下几点。

（1）Activity 与通过 startService 方法启动的 Service 之间无法直接进行通信，但是借助 BroadcastService 可以实现两者之间的通信。

（2）实现计时器的方式有很多种，如通过 Thread 的 sleep 等，此处只是演示 Service 与 BroadcastService 的组合应用（可以将 Service 中获取当前时间的操作想象为非常耗时的操作，所以不宜直接在 UI 层来创建）。

（3）此处的 Service 与 BroadcastService 的组合是“单向通信”，即 UI 层只是被动接收 Service 发来的广播，而没有主动发送广播控制后台 Service。

接下来开始实现计时器的开发。

第一步，新建一个工程，命名为 DynamicUI，Activity 命名为 DynamicUIActivity。修改布局文件 main.xml，代码如下：

```
<?xml version="1.0" encoding="utf-8"?>
<RelativeLayout xmlns:Android="http://schemas.android.com/apk/res/android"
   android:orientation="vertical" android:layout_width="fill_parent"
   android:layout_height="fill_parent" android:background="#FFFFFF">
   <TextView android:id="@+id/tv" android:layout_width="wrap_content"
      android:layout_height="wrap_content" android:text="当前时间: " />
   <TextView android:id="@+id/time" android:layout_width="fill_parent"
      android:layout_height="wrap_content"
      android:layout_toRightOf="@id/tv" />
</RelativeLayout>
```

DynamicUIActivity 类代码如下：

```
package com.android.dynamicui;
import android.app.Activity;
import android.content.BroadcastReceiver;
import android.content.Context;
import android.content.Intent;
import android.content.IntentFilter;
import android.graphics.Color;
import android.os.Bundle;
```

```
    import android.widget.TextView;
    public class DynamicUIActivity extends Activity {
        public  static  String  TIME_CHANGED_ACTION  =  "com.zyg.demo.service.
dynamicui.action.TIME_CHANGED_ACTION";
        public static TextView time = null;
        private Intent timeService = null;
        @Override
        public void onCreate(Bundle savedInstanceState) {
            super.onCreate(savedInstanceState);
            setContentView(R.layout.main);

            //初始化 UI
            initUI();
            System.out.println("initUI");

            //注册广播-方法 1
            /*
             * 配置
             * <receiver android:name=".UITimeReceiver">
                <intent-filter>
                    <action android:name="com.zyg.demo.service.dynamicui.action.
TIME_CHANGED_ACTION"/>
                </intent-filter>
            </receiver>
             */

            //注册广播-方法 2
            //注册广播，监听后台 Service 发送过来的广播
            //registerBroadcastReceiver();

            //启动服务，时间改变后发送广播，通知 UI 层修改时间
            startTimeService();
        }

        public TextView getTimeTextView(){
            return time;
        }

        /**
         * 初始化 UI
         */
        private void initUI(){
            time = (TextView)findViewById(R.id.time);
```

```
        time.setTextColor(Color.RED);
        time.setTextSize(15);
    }

    /**
     * 注册广播
     */
    private void registerBroadcastReceiver(){
        UITimeReceiver receiver = new UITimeReceiver();
        IntentFilter filter = new IntentFilter(TIME_CHANGED_ACTION);
        registerReceiver(receiver, filter);
    }

    /**
     * 启动服务
     */
    private void startTimeService(){
        timeService = new Intent(this,TimeService.class);
        this.startService(timeService);
    }

    @Override
    protected void onDestroy(){
        super.onDestroy();
        //停止服务
        stopService(timeService);
    }
}
```

第二步，实现自定义 BroadcatReceiver 类 UITimeReceiver，负责接收从后台 Service 发送过来的广播，获取最新时间数据后更新 UI 层组件。本类最好作为 UI 层（Activity）的内部类，此处将其作为外部类实现（通过 xml 文件配置注册 BroadcatReceiver，如果是内部类如何通过 xml 文件配置目前没找到）。

UITimeReceiver 代码如下：

```
package com.android.dynamicui;
import android.content.BroadcastReceiver;
import android.content.Context;
import android.content.Intent;
import android.os.Bundle;
/**
 * 自定义的 UI 层 BroadcastReceiver，负责监听从后台 Service 发送过来的广播，根据广播数据更新 UI
```

```
 * @author zhangyg
 */
public class UITimeReceiver extends BroadcastReceiver{
    private DynamicUIActivity dUIActivity = new DynamicUIActivity();
    @Override
    public void onReceive(Context context, Intent intent) {
        String action = intent.getAction();
        if(DynamicUIActivity.TIME_CHANGED_ACTION.equals(action)){
            Bundle bundle = intent.getExtras();
            String strtime = bundle.getString("time");
            //此处实现不够优雅，为了在 UITimeReceiver 中使用 DynamicUIActivity 中的
            //TextView 组件 time，而将其设置为 public 类型，
            //更好的实现是将 UITimeReceiver 作为 DynamicUIActivity 的内部类
            dUIActivity.time.setText(strtime);
        }
    }
}
```

第三步，实现自定义 Service 类 TimeService，其代码如下：

```
package com.android.dynamicui;
import java.text.SimpleDateFormat;
import java.util.Date;
import java.util.Timer;
import java.util.TimerTask;
import android.app.Service;
import android.content.ComponentName;
import android.content.Intent;
import android.os.Bundle;
import android.os.IBinder;
import android.util.Log;

public class TimeService extends Service{
    private String TAG = "TimeService";
    private Timer timer = null;
    private SimpleDateFormat sdf = null;
    private Intent timeIntent = null;
    private Bundle bundle = null;
    @Override
    public void onCreate(){
        super.onCreate();
        Log.i(TAG,"TimeService->onCreate");
        //初始化
```

```
        this.init();
        //定时器发送广播
        timer.schedule(new TimerTask(){
            @Override
            public void run(){
                //发送广播
                sendTimeChangedBroadcast();
            }
        }, 1000,1000);
    }

    @Override
    public IBinder onBind(Intent intent) {
        Log.i(TAG,"TimeService->onBind");
        return null;
    }

    /**
     * 相关变量初始化
     */
    private void init(){
        timer = new Timer();
        sdf = new SimpleDateFormat("yyyy年MM月dd日 "+"hh:mm:ss");
        timeIntent = new Intent();
        bundle = new Bundle();
    }

    /**
     * 发送广播，通知UI层时间已改变
     */
    private void sendTimeChangedBroadcast(){
        bundle.putString("time", getTime());
        timeIntent.putExtras(bundle);
        timeIntent.setAction(DynamicUIActivity.TIME_CHANGED_ACTION);
        //发送广播，通知UI层时间改变了
        sendBroadcast(timeIntent);
    }

    /**
     * 获取最新系统时间
     * @return
     */
    private String getTime(){
```

```
        return sdf.format(new Date());
    }

    @Override
    public ComponentName startService(Intent service) {
        Log.i(TAG,"TimeService->startService");
        return super.startService(service);
    }

    @Override
    public void onDestroy(){
        super.onDestroy();
        Log.i(TAG,"TimeService->onDestroy");
    }
```

第四步，修改 AndroidManifest.xml 文件，代码如下：

```
<?xml version="1.0" encoding="utf-8"?>
<manifest xmlns:android="http://schemas.android.com/apk/res/android"
     package="com.zyg.demo.service.dynamicui"
     android:versionCode="1"
     android:versionName="1.0">
   <uses-sdk android:minSdkVersion="8" />
   <application android:icon="@drawable/icon" android:label="@string/app_
name">
       <activity android:name=".DynamicUIActivity"
               android:label="@string/app_name">
           <intent-filter>
               <action android:name="android.intent.action.MAIN" />
               <category android:name="android.intent.category.LAUNCHER" />
           </intent-filter>
       </activity>
       <receiver android:name=".UITimeReceiver">
           <intent-filter>
               <action android:name="com.zyg.demo.service.dynamicui.action.
TIME_CHANGED_ACTION"/>
           </intent-filter>
       </receiver>
       <service android:name=".TimeService"></service>
   </application>
</manifest>
```

第五步，运行程序，效果如图 8-4 所示。

DynamicUI

当前时间: 2011年10月04日 01:39:20

图 8-4　运行效果

8.7　习　　题

1．什么是 BroadcastReceiver？它如何响应以及通知用户信息？

2．请简述广播消息的处理流程。

3．BroadcastReceiver 的注册方式是什么？

4．广播有哪几类？并对其进行简单阐述。

5．BroadcastReceiver 的生命周期是多久？若超过会怎样？

第 9 章　Android 数据存储与共享

本章主要内容：

- SharedPreferences。
- SQLite 数据库编程。
- File 数据存储。
- ContentProvider。

Android 系统中数据基本都是私有的，一般存放在“data/data/程序包名”目录下。如果要实现数据共享，正确的方式是使用 ContentProvider。

9.1　SharedPreferences

SharedPreferences 是一种轻型的数据存储方式，实际上是基于 XML 文件存储的“key-value”键值对数据。通常用来存储程序的一些配置信息。其存储在“data/data/程序包名/shared_prefs”目录下。

SharedPreferences 对象本身只能获取数据，不支持存储和修改。存储和修改要通过 Editor 对象来实现。

1. 修改和存储数据

（1）根据 Context 的 getSharedPrerences(key, [模式])方法获取 SharedPreferences 对象。

（2）利用 SharedPreferences 的 edit()方法获取 Editor 对象。

（3）通过 Editor 的 putXXX()方法，将键值对存储数据。

（4）通过 Editor 的 commit()方法将数据提交到 SharedPreferences 内。

设置单例里面的数值，然后再将数值写入到 SharedPreferences 中：

```
private String setCityName(String _cityName){
        City.getCity().setCityName(_cityName);
        Context ctx =MainActivity.this;
        SharedPreferences sp =ctx.getSharedPreferences("CITY", MODE_ PRIVATE);
        Editor editor=sp.edit();
        editor.putString("CityName", City.getCity().getCityName());
        editor.commit();
        return City.getCity().getCityName();
}
```

2. 获取数据

（1）根据 Context 对象获取 SharedPreference 对象。

（2）直接使用 SharedPreferences 的 getXXX(key)方法获取数据。

从单例里面找，如果不存在则在 SharedPreferences 里面读取：

```
    private String getCityName(){
            String cityName = City.getCity().getCityName();
            if(cityName==null ||cityName==""){
               Context ctx =MainActivity.this;
               SharedPreferences sp =ctx.getSharedPreferences("CITY", MODE_ PRI-
VATE);
               City.getCity().setCityName(sp.getString("CityName", "广州"));
            }
            return City.getCity().getCityName();
    }
```

注意：

getSharedPrerences(key, [模式])方法中，第一个参数其实对应到 XML 的文件名，相同 key 的数据会保存到同一个文件下。

使用 SharedPreferences 的 getXXX(key)方法获取数据的时候，如果 key 不存在，不会出现报错，会返回 none。建议使用 getXXX()的时候指定默认值。

9.2 File

Java 提供了一套完整的 IO 流体系，用来对文件进行操作。Android 同样支持以这种方式来访问手机存储器上的文件，包括内部存储器和外部存储器。

Android 中可以在设备本身的存储设备或者外接的存储设备中创建用于保存数据的文件。默认情况下，文件是不能在不同的程序间共享的。当该应用程序卸载时，这些文件将被删除掉。

1. File 数据内部存储

（1）在应用程序的私有文件夹（data/data/包名）下存储文件。

一般使用 Context 提供的方法来直接操作。

① 在内部存储器中的私有文件夹中创建一个文件写入数据：

a. 根据文件名字和操作模式，调用 openFileoutput()方法，返回一个 FileOutputStream 流。

b. 调用 write()方法，向文件写数据。

c. 调用 close()方法关闭流。

举例：

```
    String FILENAME = "hello_file";String string = "hello world!";
FileOutputStream fos = openFileOutput(FILENAME, Context.MODE_PRIVATE);
```

```
fos.write(string.getBytes());
fos.close();
```

第二个参数为操作模式，有以下四种。

Context.MODE_PRIVATE = 0 为默认操作模式，代表该文件是私有数据，只能被应用本身访问，在该模式下，写入的内容会覆盖原文件的内容，如果想把新写入的内容追加到原文件中。可以使用 Context.MODE_APPEND。

Context.MODE_APPEND = 32768 模式会检查文件是否存在，存在就往文件追加内容，否则就创建新文件。

Context.MODE_WORLD_READABLE = 1 表示当前文件可以被其他应用读取。

Context.MODE_WORLD_WRITEABLE = 2 表示当前文件可以被其他应用写入。

② 从内部存储器读取一个文件。

a. 调用 openFileInput()方法，指定文件的名字，返回一个 FileInputStream 流。

b. 调用 read()方法读取数据。

c. 调用 close()方法关闭流。

举例：

```
   public class InteralFile_Activity extends Activity {
       @Override
       public void onCreate(Bundle savedInstanceState) {
           super.onCreate(savedInstanceState);
           setContentView(R.layout.main);
           try {
                //创建一个文件，写入数据
                FileOutputStream    outputStream=openFileOutput("test.txt",
MODE_ PRIVATE);
           BufferedWriter  writer=new  BufferedWriter(new OutputStreamWriter
(outputStream));
           writer.write("12123");
           writer.close();

                //读取数据
           FileInputStream inputStream=openFileInput("test.txt");
           BufferedReader  reader=new  BufferedReader(new  InputStreamReader
(inputStream));
           String line=reader.readLine();
           Log.i("Test", line);
                reader.close();
                } catch (FileNotFoundException e) {
              e.printStackTrace();
           } catch (IOException e) {
              e.printStackTrace();
```

```
            }
        }
    }
```

③ 另外一些 Context 提供的操作方法：

通过 openFileInput 和 openFileOutout 创建和读取的文件在应用程序中有一个固定的位置“File Explorer/data /data/包名 /files /文件名”。

在 Java IO 流中，可以自己去手动创建一个文件，在 Android 中同样可以。只要能确定内部存储器的路径，就可以自己去创建和读取自己的文件。

Android 提供了几个方法，用来完成用户自己的操作。

getFilesDir()：根据这个方法，可以得到内部存储器文件系统目录的绝对路径 就是“data /data/包名 /files”。

当然也可以直接使用绝对路径，例如：

```
File file = new File("/data/data/cn.itcast.action/files/itcast.txt");
```

getDir()：在内部存储器中创建（或者打开一个已经存在的）文件夹。

deleteFile()：删除一个私有文件夹下的文件（即 files 目录下的文件，该方法指定文件名直接删除）。

fileList()：返回私有文件夹下面所有文件，以字符串数组的形式返回。

④ 保存缓存文件。

如果想缓存一些数据，而不是持久地存储它，用户应该使用 getCacheDir()来打开一个文件，它代表应用程序保存临时缓存文件的内部目录。

当设备内存不足时，Android 系统可能删除这些缓存文件来恢复空间。但是，用户不应该依赖于系统来清理这些文件。应该自己处理这些缓存文件，保持在合理限度的空间消耗，如 1MB。当用户卸载应用程序时，这些文件被删除。

（2）读取工程中 Resources 和 Assets 中的文件。

在 Android 中，除了对应用程序私有文件夹中的文件进行操作之外，还可以从资源文件和 Assets 中获得输入流读取数据。这些文件分别存放在应用程序的 res/raw 目录和 assets 目录下。这些文件将在编译时和其他文件一起打包进 APK 中。

注意，这两个文件夹下的文件只能进行读操作，不能进行写操作。

① res/raw 下的文件操作。

通过 Context 的方法获得：

```
try {
            InputStream inputStream1=getResources().openRawResource(R.raw.
test);//获取输入流
            byte[] buffer1=new byte[256];
            inputStream1.read(buffer1);
            Log.i("Test", new String(buffer1).trim());
            inputStream1.close();
```

```
        } catch (IOException e) {
            e.printStackTrace();
        }
```

通过 Uri 的方式获得：

```
Uri uri=Uri.parse("android.resource://" + getPackageName()+ "/"+R.raw.test);
```

② assets 目录下的文件操作：

```
try {
            InputStream inputStream3=getAssets().open("test.txt");
            byte[] buffer2=new byte[256];
            inputStream3.read(buffer2);
            Log.i("Test", new String(buffer2).trim());
            inputStream3.close();
        } catch (IOException e) {
            e.printStackTrace();
}
```

还可以通过 AssetManager 的 list 方法得到文件的名字，再去打开输入流。

```
try {
          String[] str=getAssets().list("");
          for(String s:str) //得到文件的名字，可以用来打开输入流
          Log.i("Test", s);
      } catch (IOException e) {
          e.printStackTrace();
}
```

2. File 数据外部存储

每一个 Android 设备支持一个共享“外部存储”，用户可以使用它来保存文件。这可能是一个移动存储媒体（如一个 SD 卡）或一个内部（固定的）存储。文件保存到外部存储是公开的，可由用户修改它们。

注意：外部存储设备上的文件，所有的应用程序都可以访问它，甚至可以连接在计算机上直接修改。

（1）检查外部存储设备是否可用。

在使用外部存储设备时，用户应该总是先调用 Environment.getExternalStorageState()的方法来检查外部存储设备的可用性。例如：

```
boolean mExternalStorageAvailable = false;boolean mExternalStorageWriteable
= false;String state = Environment.getExternalStorageState();
if (Environment.MEDIA_MOUNTED.equals(state)) {//已经插入了 SD 卡，并且可以读写
  mExternalStorageAvailable = mExternalStorageWriteable = true;} else if
```

```
(Environment.MEDIA_MOUNTED_READ_ONLY.equals(state)) {
    //已经插入了 SD 卡，但是是只读的情况
    mExternalStorageAvailable = true;
    mExternalStorageWriteable = false;} else {
    //其他错误的状态。外部存储设备可能装在其他的设备上，但是要知道，在这一种情况下，不能对其
    //进行读写
    mExternalStorageAvailable = mExternalStorageWriteable = false;}
```

这个例子只检查了外部存储设备是否可读写，它还有很多其他的状态，如与计算机连接、没有设备、或者严重移除等。

（2）访问外部存储器的文件。

如果使用 API 级别 8 或更高的版本，可以使用 getExternalFilesDir()方法来打开一个 File 对象，它代表了应该保存文件的外部存储器目录。type 表示想要访问什么样的子目录，如 Environment.DIRECTORY_MUSIC，如果访问根目录，就传入 null。如果需要创建目录，这个方法会创建合适的目录。通过指定目录的类型，确保 Android 的介质扫描器把文件正确地分类到系统中（例如，铃声被标识为铃声，而不是音乐）。如果用户卸载了应用程序，应用对应的目录和目录中所有的内容将会被删除。

如果使用 API 级别 7 或更低的版本，使用 getExternalStorageDirectory()方法来打开一个 File 对象，它代表了外部存储器的根目录，然后应该把数据写到下列目录中：

```
/Android/data/<package_name>/files/
```

<package_name>是 Java 样式的包名，如 com.example.android.app。如果用户的设备正在运行 API 级别 8 或更高的版本，并且卸载了应用程序，那么这个目录和其所有的内容将会被删除。

举例：

```
File    file    =    new    File(Environment.getExternalStorageDirectory()+
filePathName);
```

这种方式得到的文件根路径为“mnt/sdcard”。

```
File file=getExternalFilesDir(null);
```

这种方式得到的文件跟路径为“/mnt/sdcard/Android/data/包名/files”。

既然得到了 sdcard 的路径，那么就可以用 io 流来操作文件存储数据了。

不过采用第二种方式得到路径时，一定要添加下面的权限。并且，对文件操作时，也要添加下面的权限。

```
<!-- 在 SD 卡中创建与删除文件权限 -->
<uses-permission android:name="android.permission.MOUNT_UNMOUNT_FILESYSTEMS"/>
<!-- 向 SD 卡写入数据权限 -->
<uses-permission android:name="android.permission.WRITE_EXTERNAL_STORAGE"/>
```

（3）保存应该共享的文件。

如果保存的文件不是应用程序所专有的，并且在应用程序被卸载时，不删除这些文件，那么就要把它们保存到外部存储器上的一个公共的目录上。这些目录位于外部存储器的根目录，如 Music/、Pictures/、Ringtones/等。

在 API 级别 8 或更高的版本中，使用 getExternalStoragePublicDirectory()方法，把需要的公共目录类型传递给这个方法，如 DIRECTORY_MUSIC、DIRECTORY_PICTURES、DIRECTORY_RINGTONES 或其他的类型。如果需要创建目录，这个方法会创建适当的目录。

如果使用 API 级别 7 或更低的版本，使用 getExternalStorageDirectory()方法来打开一个 File 对象，它代表了外部存储器的根目录，然后把共享文件保存到下列目录中。

Music/：媒体扫描器把在这个目录中找到所有媒体文件作为用户音乐。

Podcasts/：媒体扫描器把在这个目录中找到的所有媒体文件作为音/视频的剪辑片段。

Ringtones/：媒体扫描器把在这个目录中找到的所有媒体文件作为铃声。

Alarms/：媒体扫描器把在这个目录中找到的所有媒体文件作为闹钟的声音。

Pictures/：所有的图片（不包括那些用照相机拍摄的照片）。

Movies/：所有的电影（不包括那些用摄像机拍摄的视频）。

Download/：其他下载的内容。

（4）保存缓存文件。

如果使用 API 级别 8 或更高的版本，使用 getExternalCacheDir()来打开一个 File 对象，它代表了保存缓存文件的外部存储器目录。如果卸载应用程序，这些文件会自动地被删除。但是，在应用的生存期间，应该自己管理这些缓存文件，并且为了保留存储空间，应在不需要的时候删除这些缓存文件。

如果使用 API 级别 7 或更低的版本，就要使用 getExternalStorageDirectory()方法来打开一个 File 对象，它代表了外部存储器的根目录，然后把缓存数据写入下列目录中：

```
/Android/data/<package_name>/cache/
```

<package_name>是 Java 样式的包名，如 com.example.android.app。

9.3 SQLite 数据库编程

9.3.1 SQLite 简介

SQLite 是 D.Richard Hipp 用 C 语言编写的开源嵌入式数据库引擎。它支持大多数的 SQL92 标准，并且可以在所有主要的操作系统上运行。

SQLite 由 SQL 编译器、内核、后端以及附件几个部分组成。SQLite 通过利用虚拟机和虚拟数据库引擎（VDBE），使调试、修改和扩展 SQLite 的内核变得更加方便。所有 SQL 语句都被编译成易读的、可以在 SQLite 虚拟机中执行的程序集。SQLite 的整体结构图如图 9-1 所示。

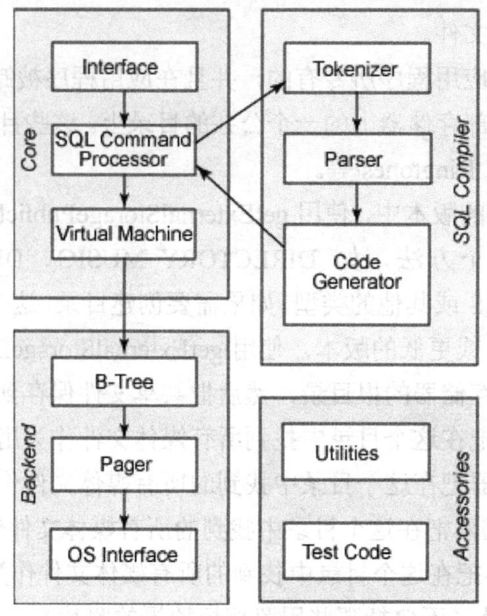

图 9-1　SQLite 整体结构图

值得一提的是，袖珍型的 SQLite 竟然可以支持高达 2TB 大小的数据库，每个数据库都是以单个文件的形式存在，这些数据都是以 B-Tree 的数据结构形式存储在磁盘上。

在事务处理方面，SQLite 通过数据库级上的独占性和共享锁来实现独立事务处理。这意味着多个进程可以在同一时间从同一数据库读取数据，但只有一个可以写入数据。在某个进程或线程向数据库执行写操作之前，必须获得独占锁。在获得独占锁之后，其他的读或写操作将不会再发生。

SQLite 采用动态数据类型，当某个值插入到数据库时，SQLite 将会检查它的类型，如果该类型与关联的列不匹配，SQLite 则会尝试将该值转换成该列的类型，如果不能转换，则该值将作为本身的类型存储，SQLite 称这为“弱类型”。但有一个特例，如果是 INTEGER PRIMARY KEY，则其他类型不会被转换，会报一个“datatype missmatch”的错误。

概括来讲，SQLite 支持 NULL、INTEGER、REAL、TEXT 和 BLOB 数据类型，分别代表空值、整型值、浮点值、字符串文本、二进制对象。

下面就来亲自操作 SQLite 数据库。

在操作之前要先下载 SQLite 数据库，官方的下载页面是 http://sqlite.org/download.html，这里在 Windows 下试验，选择 Precompiled Binaries For Windows 下面的 sqlite-shell-win32-x86 和 sqlite-analyzer-win32-x86 的 zip 包，前者是 SQLite 数据库引擎，后者是 SQLite 数据库分析器，主要用于分析数据库的状态等信息，大家也可以根据自己的情况下载。下载完成后分别解压，得到两个可执行文件，如图 9-2 所示。

图 9-2　解压后文件列表

这两个文件可以根据自己的喜好放置在指定的位置，这里将其放在 D 盘根目录下。下

面就来一步一步操作 SQLite。

1. 创建数据库

```
D:\>sqlite3 test.db
SQLite version 3.7.7.1 2011-06-28 17:39:05
Enter ".help" for instructions
Enter SQL statements terminated with a ";"
sqlite> .databases
seq  name             file

---  ---------------  ----------------------------------------------------

0    main             D:\test.db

sqlite>
```

执行了 sqlite3 命令，参数就是数据库的名称，如果该数据库已存在，则使用；如果不存在，则新建一个。这里简单地在当前位置创建了 test.db，用户也可以在任何存在的并且可写的目录下创建自己的数据库（如果对于 SQLite 的命令不太熟悉，可以执行“.help”命令列出所有的命令清单进行查看）。

2. 创建表

```
sqlite> CREATE TABLE person (id INTEGER PRIMARY KEY AUTOINCREMENT, name VARCHAR(20), age SMALLINT);
sqlite> .tables
person
sqlite> .schema person
CREATE TABLE person (id INTEGER PRIMARY KEY AUTOINCREMENT, name VARCHAR(20), age SMALLINT);
sqlite>
```

在创建表之后，可以用“.tables”命令去查看已有的表，用“.schema”命令去查看表的结构，如果后面没有表名做参数，则将会输出所有表的建表语句。

3. 插入数据

```
sqlite> INSERT INTO person VALUES (NULL, 'john', 30);
sqlite> SELECT * FROM person;
1|john|30
```

4. 从.sql 文件导入数据

```
sqlite> .read test.sql
```

```
sqlite> SELECT * FROM person;
1|john|30
2|david|35
3|henry|40
sqlite>
```

5. 分析数据库使用状态

```
D:\>sqlite3_analyzer test.db
/** Disk-Space Utilization Report For test.db
Page size in bytes.................... 1024
Pages in the whole file (measured).... 4
Pages in the whole file (calculated).. 4
Pages that store data................. 4          100.0%
Pages on the freelist (per header).... 0            0.0%
Pages on the freelist (calculated).... 0            0.0%
Pages of auto-vacuum overhead......... 0            0.0%
Number of tables in the database...... 4
Number of indices..................... 0
Number of named indices............... 0
Automatically generated indices....... 0
Size of the file in bytes............. 4096
Bytes of user payload stored.......... 39           0.95%
```

6. 备份数据库

备份 SQLite 数据库有两种方法。如果数据库正在使用中，则应从命令行界面使用.dump 命令。这样可以创建一个包含必要命令和数据的文件，从而重新创建数据库。.dump 命令也可以用于备份数据库表。

```
sqlite> .dump
PRAGMA foreign_keys=OFF;
BEGIN TRANSACTION;
CREATE TABLE person (id INTEGER PRIMARY KEY AUTOINCREMENT, name VARCHAR(20),
age SMALLINT);
INSERT INTO "person" VALUES(1,'john',30);
INSERT INTO "person" VALUES(2,'david',35);
INSERT INTO "person" VALUES(3,'henry',40);
DELETE FROM sqlite_sequence;
INSERT INTO "sqlite_sequence" VALUES('person',3);
COMMIT;
sqlite> .output dump.sql
sqlite> .dump
sqlite>
```

可以指定输出的目标为一个文件，然后在使用命令时，输出信息就会写入指定的文件，如果想恢复为标准输出，可以这样设定：

```
    sqlite> .output stdout
    sqlite> .dump
    PRAGMA foreign_keys=OFF;
    BEGIN TRANSACTION;
    CREATE TABLE person (id INTEGER PRIMARY KEY AUTOINCREMENT, name VARCHAR(20),
age SMALLINT);
    INSERT INTO "person" VALUES(1,'john',30);
    INSERT INTO "person" VALUES(2,'david',35);
    INSERT INTO "person" VALUES(3,'henry',40);
    DELETE FROM sqlite_sequence;
    INSERT INTO "sqlite_sequence" VALUES('person',3);
    COMMIT;
    sqlite>
```

如果数据库没有处于使用状态，则可以直接将数据库文件复制到安全位置。

最后可以使用“.quit”或“.exit”退出 SQLite。

7. 在 Java 中使用 SQLite

要想在 Java 中使用 SQLite，需要下载 SQLite 相关驱动，推荐大家到 http://www.xerial.org/trac/Xerial/wiki/SQLiteJDBC 页面去下载最新的驱动包，现在最新版本是 sqlite-jdbc-3.7.2.jar，文件有点大，因为它包含了 Linux、Mac、Windows 的本地类库，如图 9-3 所示。

下载了驱动之后，新建一个项目，名为“sqlite”，如图 9-4 所示。

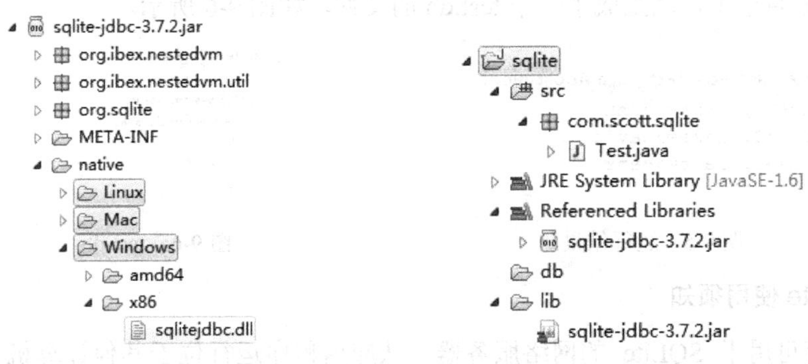

图 9-3　包结构　　　　图 9-4　工程目录

在图 9-4 中，引入 sqlite 驱动包到类路径下，然后建立一个 db 的文件夹，用于放置数据库文件。最后看一下 Test.java 代码：

```
    package com.scott.sqlite;
    import java.sql.Connection;
    import java.sql.DriverManager;
    import java.sql.ResultSet;
```

```
import java.sql.Statement;

public class Test {
    public static void main(String[] args) throws Exception {
        Class.forName("org.sqlite.JDBC");
        Connection  conn  =  DriverManager.getConnection("jdbc:sqlite:db/
test.db");
        Statement stmt = conn.createStatement();

        stmt.executeUpdate("DROP TABLE IF EXISTS person");
        stmt.executeUpdate("CREATE TABLE person(id INTEGER, name STRING)");
        stmt.executeUpdate("INSERT INTO person VALUES(1, 'john')");
        stmt.executeUpdate("INSERT INTO person VALUES(2, 'david')");
        stmt.executeUpdate("INSERT INTO person VALUES(3, 'henry')");
        ResultSet rs = stmt.executeQuery("SELECT * FROM person");
        while (rs.next()) {
            System.out.println("id=>"  +  rs.getInt("id")  +  ",  name=>"  +
rs.getString("name"));
        }
        stmt.close();
        conn.close();
    }
}
```

执行 Test.java 文件，结果如图 9-5 所示。

这时在 db 目录下，就生成了一个 test.db 的文件，如图 9-6 所示。

```
<terminated> Test [Java Application]
id=>1, name=>john
id=>2, name=>david
id=>3, name=>henry
```

图 9-5　运行结果

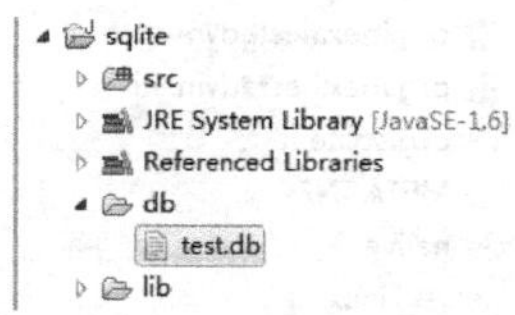

图 9-6　test.db

8. SQLite 使用须知

目前没有可用于 SQLite 的网络服务器。从应用程序运行位于其他计算机上的 SQLite 的唯一方法是从网络共享运行。这样会导致一些问题，像 UNIX 和 Windows 网络共享都存在文件锁定问题。还有由于与访问网络共享相关的延迟而带来的性能下降问题。SQLite 只提供数据库级的锁定。SQLite 没有用户账户概念，而是根据文件系统确定所有数据库的权限。

由于资源占用少、性能良好和零管理成本，嵌入式数据库有了它的用武之地，像 Android、iPhone 都有内置的 SQLite 数据库供开发人员使用，它的易用性可以加快应用程序的开发，并使得复杂的数据存储变得简单。

9.3.2 SQLite 示例

（1）首先建立 SQLiteOpenHelper 的子类。

```
package com.tao.sqlitedb;

import android.content.Context;
import android.database.sqlite.SQLiteDatabase;
import android.database.sqlite.SQLiteOpenHelper;

public class DBOpenHelper extends SQLiteOpenHelper{

    private static String DB_NAME="test.db";
    private static int  DB_VERSION=1;
    public DBOpenHelper(Context context ) {
        super(context, DB_NAME, null,DB_VERSION );
    }
    //数据库创建的时候调用，去创建一张表
    @Override
    public void onCreate(SQLiteDatabase db) {
        //建张表  3 个字段  ，_id 为主键 自增长
        db.execSQL("create  table  tbl_person  (_id  Integer  primary  key
autoincrement,name varchar(20),age Integer)");
    }

    //数据库版本提升的时候调用,如软件升级时，要在原来的数据库一个表里面新增加一个字段，
    //或者增加一张表，就在这里面修改数据库
    @Override
    public void onUpgrade(SQLiteDatabase db, int oldVersion, int newVersion)
    {
        //
    }

}
```

（2）为了体现面向对象的特性和实现 MVC，下面建立一个 mode person：

```
public class Person {
    private int _id;
    private String name;
    private int age;
    public Person(){
    }
```

```
    public Person(int _id, String name, int age) {
        this._id = _id;
        this.name = name;
        this.age = age;
    }
    public int get_id(){
        return _id;
    }
    public void set_id(int _id) {
        this._id = _id;
    }
    public String getName(){
        return name;
    }
    public void setName(String name) {
        this.name = name;
    }
    public int getAge(){
        return age;
    }
    public void setAge(int age) {
        this.age = age;
    }
}
```

（3）实现 MVC，封装业务方法为 Controller：

```
package com.tao.sqlitedb;

import java.util.ArrayList;
import java.util.List;

import android.content.Context;
import android.database.Cursor;
import android.database.sqlite.SQLiteDatabase;

public class DBManager {
    private DBOpenHelper helper;
    private SQLiteDatabase db;

    public DBManager(Context context) {
        helper = new DBOpenHelper(context);
        // 因为getWritableDatabase内部调用了mContext.openOrCreateDatabase
        // (mName, 0,mFactory);
```

```
        // 所以要确保 context 已初始化,可以把实例化 DBManager 的步骤放在 Activity 的
        // onCreate 里
        db = helper.getWritableDatabase();
    }

    /**
     *
     * 添加一条记录
     *
     * @param person
     */
    public void add(Person person) {
        db.execSQL("insert into tbl_person values(null,?,?)", new Object[]
{ person.getName(), person.getAge()});

    }

    /**
     * 添加多条记录
     *
     * @param persons
     */
    public void adds(List<Person> persons) {
        db.beginTransaction();
        try {
            for (Person p : persons) {
                db.execSQL("insert into tbl_person values(null,?,?)", new
Object[] { p.getName(), p.getAge()});
            }
            db.setTransactionSuccessful();
        } catch (Exception e) {
            e.printStackTrace();
        } finally {
            db.endTransaction();
        }
    }

    /**
     * 更新一条记录
     *
     * @param person
     */
```

```
    public void update(Person person) {
        db.execSQL("update tbl_person set name=?,age=? where _id=?", new
Object[] { person.getName(), person.getAge(), person.get_id()});
    }

    /**
     * 删除一条记录
     *
     * @param person
     */
    public void delete(int id) {
        db.execSQL("delete from tbl_person where _id=?", new Object[] { id });
    }

    /**
     * 查询一条记录
     */
    public Person queryOne(int _id) {
        Person person = new Person();
        Cursor c = db.rawQuery("select * from tbl_person where _id=?", new
String[] { _id + "" });
        while (c.moveToNext()) {
            person.set_id(c.getInt(c.getColumnIndex("_id")));
            person.setName(c.getString(c.getColumnIndex("name")));
            person.setAge(c.getInt(c.getColumnIndex("age")));
        }
        c.close();
        return person;
    }

    /**
     * 查询多条记录
     *
     * @return List<Person>
     */
    public List<Person> queryMany(){
        ArrayList<Person> persons = new ArrayList<Person>();
        Cursor c = db.rawQuery("select * from tbl_person", null);
        while (c.moveToNext()) {
            Person person = new Person();
            person.set_id(c.getInt(c.getColumnIndex("_id")));
            person.setName(c.getString(c.getColumnIndex("name")));
            person.setAge(c.getInt(c.getColumnIndex("age")));
```

```
            persons.add(person);
        }
        c.close();
        return persons;
    }

}
```

（4）关于数据库的封装部分已经完成了，那么现在就可以简单地使用它了：

```
package com.tao.sqlitedb;

import java.util.ArrayList;
import java.util.HashMap;
import java.util.List;
import java.util.Map;

import android.R.integer;
import android.app.Activity;
import android.database.sqlite.SQLiteDatabase;
import android.os.Bundle;
import android.util.Log;
import android.view.View;
import android.view.ViewGroup.LayoutParams;
import android.widget.Button;
import android.widget.EditText;
import android.widget.ListView;
import android.widget.SimpleAdapter;

public class SqliteDBActivity extends Activity {
    private EditText ed1;
    private EditText ed2;
    private EditText ed3;
    private ListView listView;
    private DBManager dbManager;
    @Override
    public void onCreate(Bundle savedInstanceState) {
        super.onCreate(savedInstanceState);
        setContentView(R.layout.main);
        dbManager=new DBManager(this);
        ed1=(EditText)findViewById(R.id.ed1);
        ed2=(EditText)findViewById(R.id.ed2);
        ed3=(EditText)findViewById(R.id.ed3);
        listView=(ListView)findViewById(R.id.listView);
```

```
    }
    public void add(View view){
        Person person=new Person(ed1.getText().toString().trim(), Integer.
parseInt(ed2.getText().toString().trim()));
        dbManager.add(person);
    }

    public void delete(View view){

  dbManager.delete(Integer.parseInt(ed3.getText().toString().trim()));
    }

    public void update(View view){
       Person person=new Person(Integer.parseInt(ed3.getText().toString().
trim()),ed1.getText().toString().trim(),
Integer.parseInt(ed2.getText().toString().trim()));
        dbManager.update(person);
    }

    public void queryOne(View view){
        Person  person=dbManager.queryOne(Integer.parseInt(ed3.getText().
toString().trim()));
        List<Person> persons=new ArrayList<Person>();
        persons.add(person);
        setListView(persons);
    }

    public void queryMany(View view){
        List<Person> persons=dbManager.queryMany();
        setListView(persons);
    }

    public void setListView(List<Person> persons){
        List<Map<String, Object>> list=new ArrayList<Map<String,Object>>();
        for(Person p:persons){
            Map<String, Object> map=new HashMap<String, Object>();
            map.put("id", p.get_id());
            map.put("name", p.getName());
            map.put("age", p.getAge());
            list.add(map);
        }
        SimpleAdapter adapter=new SimpleAdapter(this, list, R.layout.cell,
new String[]{"id","name","age"}, new int[]{R.id.text1,R.id.text2,R.id.text3});
```

```
        listView.setAdapter(adapter);
    }
}
```

（5）主布局文件 main.xml：

```
<?xml version="1.0" encoding="utf-8"?>
<LinearLayout xmlns:android="http://schemas.android.com/apk/res/android"
    android:layout_width="fill_parent"
    android:layout_height="fill_parent"
    android:orientation="vertical" >
    <EditText
        android:id="@+id/ed1"
        android:hint="姓名"
        android:layout_width="fill_parent"
        android:layout_height="wrap_content"/>
   <EditText
        android:id="@+id/ed2"
        android:hint="年龄"
        android:numeric="integer"
        android:layout_width="fill_parent"
        android:layout_height="wrap_content"/>
   <EditText
        android:id="@+id/ed3"
        android:hint="id 号"
        android:numeric="integer"
        android:layout_width="fill_parent"
        android:layout_height="wrap_content"/>
   <LinearLayout
        android:orientation="horizontal"
       android:layout_width="fill_parent"
       android:layout_height="wrap_content">
        <Button
        android:text="添加"
        android:onClick="add"
        android:layout_width="wrap_content"
        android:layout_height="wrap_content"/>
       <Button
        android:text="删除"
        android:onClick="delete"
        android:layout_width="wrap_content"
        android:layout_height="wrap_content"/>
       <Button
```

```
        android:layout_width="fill_parent"
        android:layout_height="wrap_content"
        android:text="修改"
        android:onClick="update"/>
    </LinearLayout>
    <LinearLayout
        android:orientation="horizontal"
       android:layout_width="fill_parent"
       android:layout_height="wrap_content">
        <Button
        android:text="查询一条"
        android:onClick="queryOne"
        android:layout_width="wrap_content"
        android:layout_height="wrap_content"/>
       <Button
        android:text="查询多条"
        android:onClick="queryMany"
        android:layout_width="wrap_content"
        android:layout_height="wrap_content"/>
    </LinearLayout>
    <ListView
       android:id="@+id/listView"
       android:layout_width="fill_parent"
       android:layout_height="wrap_content">
    </ListView>
</LinearLayout>
```

（6）ListView 的布局文件 cell.xml：

```
<?xml version="1.0" encoding="utf-8"?>
<LinearLayout xmlns:android="http://schemas.android.com/apk/res/android"
    android:layout_width="match_parent"
    android:layout_height="match_parent"
    android:orientation="horizontal" >
    <TextView
        android:id="@+id/text1"
        android:layout_width="wrap_content"
        android:layout_height="wrap_content"/>

    <TextView
        android:id="@+id/text2"
        android:layout_width="wrap_content"
        android:layout_height="wrap_content"/>
```

```
    <TextView
        android:id="@+id/text3"
        android:layout_width="wrap_content"
        android:layout_height="wrap_content"/>
</LinearLayout>
```

9.4　ContentProvider

1. 适用场景

（1）ContentProvider 为存储和读取数据提供了统一的接口。

（2）使用 ContentProvider，应用程序可以实现数据共享。

（3）Android 内置的许多数据都是使用 ContentProvider 形式，供开发者调用的（如视频、音频、图片、通讯录等）。

2. 实现 ContentProvider 类

ContentProvider 实例管理对一个结构型数据集的操作以处理从另外一个应用发来的请求。所有的操作最终都调用 ContentResolver，然后它又调用 ContentProvider 的一个具体的方法。

虚类 ContentProvider 定义了 6 个虚方法，必须在派生类中实现它们。这些方法，除了 onCreate()，都会被 content provider 的客户端应用调用。

（1）query()：从 provider 获取数据。使用参数来指定要查询的表、要返回行和列和结果的排序方式。返回一个 Cursor 对象。

（2）insert()：向 provider 插入一个新行。参数中指定了要选择的表和要插入的列的值。返回一个指向新行的 contentURI。

（3）update()：更新 provider 中已存在的行。参数中指定了要选择的表和要更新的行以及要更新的列数据。返回更新的行的数量。

（4）delete()：从 provider 中删除行。参数指定了要选择的表和要删除的行。返回删除的行的数量。

（5）getType()：返回对应一个 contentURI 的 MIME 类型。

（6）onCreate()：初始化 provider。Android 系统在创建 provider 之后立即调用此方法。注意 Provider 直到一个 ContentResolver 对象要操作它时才会被创建。

要实现上面这些方法，需要负责以下事情：

（1）除了 onCreate()所有的这些方法都可以被多线程同时调用。所以它们必须是多线程的。

（2）避免在 onCreate() 中进行耗时的操作。推迟初始化工作直到真正需要操作的时候。

（3）用户必须实现这些方法，用户的方法除了返回期望的数据类型外，并不是需要做所有的事情。例如，用户若要阻止其他应用向某些表中插入数据，就可以禁止对 insert()的调用并返回 0。

下面来看看如何实现 ContentProvider 的方法。

（1）实现 query()方法。ContentProvider.query()方法必须返回一个 Cursor 对象，或者如果它失败了，抛出一个 Exception。如果使用一个 SQLite 数据库作用户的数据存储，可以简单地返回从 SQLiteDatabase 类的 query()方法返回的 Cursor 对象。如果查询不到任何行，应该返回一个 Cursor 的实例，但它的 getCount()方法返回 0。应该只在查询过程中发生内部错误时才返回 null。

如果不用 SQLite 数据库作为用户的数据存储，那么需使用 Cursor 的派生类。例如，MatrixCursor 类，它实现了一个 cursor，cursor 中的每一行都是一个 Object 的数组。这个类使用 addRow()添加一个新行。

（2）实现 insert()方法。insert()方法向数据表添加一个新行，使用的值都存放在 ContentValues 参数中。如果一个列的名字不在 ContentValues 参数中，则要为此列提供一个默认的值，这可以在 provider 的代码中进行配置，也可以在数据库表中进行配置。

此方法应返回新行的 contentURI。要构建此 URI，使用 withAppendedId()向表的 content URI 的后面添加新行的_ID（或其他的主键）的值即可。

（3）实现 delete()方法。delete()方法不必在物理上从数据存储中删除行。如果正在为用户的 provider 用一种同步适配器，应该考虑把一个要删除的行标上“delete”标志而不是把行整个删除。同步适配器可以检查要被删除的行并且在从 provider 中删除它们之前从 server 删除它们。

（4）实现 update()方法。update()方法带有与 insert()相同的参数类型 ContentValues，以及与 delete()和 ContentProvider.query()相同的 selection 和 selectionArgs 参数。这可能使用户能在这些方法之间重用代码。

（5）实现 onCreate()方法。Android 系统在启动 provider 后调用 onCreate()。应该在此方法中只执行不耗时的初始化任务，并且推迟数据库创建和数据加载工作，直到 provider 真正收到对数据的请求时再做。如果在 onCreate()中做了耗时的工作，将减慢 provider 的启动。相应的，这也会减缓从 provider 到其他应用的反应速度。

例如，如果正在使用一个 SQLite 数据库，可以在 ContentProvider.onCreate()中创建一个新的 SQLiteOpenHelper 对象，然后在第一次打开数据库时创建 SQL 的表。为了帮助用户创建，第一次调用 getWritableDatabase()时，它会自动调用 SQLiteOpenHelper.onCreate()方法。

下面的两个代码片段演示了在 ContentProvider.onCreate()和 SQLiteOpenHelper.onCreate()之间的互动。第一段对 ContentProvider.onCreate()的实现：

```
  public class ExampleProvider extends ContentProvider
      /*
       * Defines a handle to the database helper object. The MainDatabaseHelper
class is defined
       * in a following snippet.
       */
```

```
    private MainDatabaseHelper mOpenHelper;

    // Defines the database name
    private static final String DBNAME = "mydb";

    // Holds the database object
    private SQLiteDatabase db;

    public boolean onCreate(){
        /*
         * Creates a new helper object. This method always returns quickly.
         * Notice that the database itself isn't created or opened
         * until SQLiteOpenHelper.getWritableDatabase is called
         */
        mOpenHelper = new SQLiteOpenHelper(
            getContext(),        // the application context
            DBNAME,              // the name of the database)
            null,                // uses the default SQLite cursor
            1                    // the version number
        );

        return true;
    }
    // Implements the provider's insert method
    public Cursor insert(Uri uri, ContentValues values) {
        // Insert code here to determine which table to open, handle
error-checking, and so forth
        /*
         * Gets a writeable database. This will trigger its creation if it
doesn't already exist.
         *
         */
        db = mOpenHelper.getWritableDatabase();
    }
}
```

第二段代码是对 SQLiteOpenHelper.onCreate()的实现，包含了一个 helper 类：

```
// A string that defines the SQL statement for creating a table
private static final String SQL_CREATE_MAIN = "CREATE TABLE " +
"main " +                       // Table's name
    "(" +                       // The columns in the table
    " _ID INTEGER PRIMARY KEY, " +
```

```
        " WORD TEXT"
        " FREQUENCY INTEGER " +
        " LOCALE TEXT )";
    /**
     * Helper class that actually creates and manages the provider's underlying
data repository.
     */
    protected static final class MainDatabaseHelper extends SQLiteOpenHelper {

        /*
         * Instantiates an open helper for the provider's SQLite data repository
         * Do not do database creation and upgrade here.
         */
        MainDatabaseHelper(Context context) {
            super(context, DBNAME, null, 1);
        }
        /*
         * Creates the data repository. This is called when the provider attempts
to open the
         * repository and SQLite reports that it doesn't exist.
         */
        public void onCreate(SQLiteDatabase db) {
            // Creates the main table
            db.execSQL(SQL_CREATE_MAIN);
        }
    }
```

9.5 示　　例

通过学习以上的知识点，可以简单做一个会员账号管理系统，可以存储姓名、年龄、博客、微博等字段，可以查看存储的数据内容、清空数据库、增加会员、删除会员、更新会员、查找会员。

建立工程目录如图 9-7 所示。

DBHelper.java 用来维护和管理数据库，DBManager.java 则提供操作数据库的方法，MainActivity.java 是主页面的控制代码，DisplayActivity.java 是显示数据页面的控制代码，MemberInfo.java 是会员实体类，SQLiteExample.java 是定义日志 TAG 名称的全局变量的类，此处可以定义一些应用中常用的、统一的变量。activity_display.xml 是显示数据页面的布局文件，activity_main.xml 是应用主页面的布局文件。

下面来看看如何实现以上代码。

```
∨ src
  ∨ com.android.sqliteExp
    > DBHelper.java
    > DBManager.java
    > DisplayActivity.java
    > MainActivity.java
    > MemberInfo.java
    > SQLiteExample.java
> gen [Generated Java Files]
> Android 4.4.2
> Android Private Libraries
  Android Dependencies
  assets
> bin
> libs
∨ res
  ∨ res
    > drawable-hdpi
    > drawable-ldpi
    > drawable-mdpi
    > drawable-xhdpi
    ∨ layout
        activity_display.xml
        activity_main.xml
    > menu
    > values
  AndroidManifest.xml
```

图 9-7　工程目录

DBHelper.java 代码如下：

```
package com.android.sqliteExp;
import android.content.Context;
import android.database.sqlite.SQLiteDatabase;
import android.database.sqlite.SQLiteOpenHelper;
import android.util.Log;

/**
 * DBHelper 继承了 SQLiteOpenHelper，作为维护和管理数据库的基类
 */
public class DBHelper  extends SQLiteOpenHelper{
    public static final String DB_NAME = "wirelessqa.db";
    public static final String DB_TABLE_NAME = "info";
    private static final int DB_VERSION=1;
    public DBHelper(Context context) {
        //Context context, String name, CursorFactory factory, int version
        //factory 输入 null,使用默认值
        super(context, DB_NAME, null, DB_VERSION);
    }
    //数据第一次创建的时候会调用 onCreate
    @Override
    public void onCreate(SQLiteDatabase db) {
        //创建表
         db.execSQL("CREATE TABLE IF NOT EXISTS info" +
                "(_id INTEGER PRIMARY KEY AUTOINCREMENT, name VARCHAR, age
INTEGER, website STRING,weibo STRING)");
         Log.i(SQLiteExample.TAG, "create table");
    }
    //数据库第一次创建时 onCreate 方法会被调用，可以执行创建表的语句，当系统发现版本变
```

```
    //化之后，会调用 onUpgrade 方法，可以执行修改表结构等语句
    @Override
    public void onUpgrade(SQLiteDatabase db, int oldVersion, int newVersion)
{
        //在表 info 中增加一列 other
        //db.execSQL("ALTER TABLE info ADD COLUMN other STRING");
        Log.i("WIRELESSQA",    "update    sqlite    "+oldVersion+"---->"+
newVersion);
    }
}
```

DBManager.java 代码如下：

```
package com.android.sqliteExp;
import java.util.ArrayList;
import java.util.List;
import android.content.ContentValues;
import android.content.Context;
import android.database.Cursor;
import android.database.sqlite.SQLiteDatabase;
import android.util.Log;
/**
 *DBManager 是建立在 DBHelper 之上，封装了常用的业务方法
 */
public class DBManager {
    private DBHelper     helper;
    private SQLiteDatabase db;
    public DBManager(Context context){
        helper = new DBHelper(context);
        db = helper.getWritableDatabase();
    }
    /**
     * 向表 info 中增加一个成员信息
     *
     * @param memberInfo
     */
    public void add(List<MemberInfo> memberInfo) {
        db.beginTransaction();// 开始事务
        try {
            for (MemberInfo info : memberInfo) {
                Log.i(SQLiteExample.TAG, "------add memberInfo----------");
                Log.i(SQLiteExample.TAG, info.name + "/" + info.age + "/" +
info.website + "/" + info.weibo);
```

```
                // 向表 info 中插入数据
                db.execSQL("INSERT  INTO  info  VALUES(null,?,?,?,?)",  new
Object[] { info.name, info.age, info.website,
                    info.weibo });
            }
            db.setTransactionSuccessful();// 事务成功
        } finally {
            db.endTransaction();// 结束事务
        }
    }
    /**
     * @param _id
     * @param name
     * @param age
     * @param website
     * @param weibo
     */
    public void add(int _id, String name, int age, String website, String weibo)
{
        Log.i(SQLiteExample.TAG, "------add data----------");
        ContentValues cv = new ContentValues();
        // cv.put("_id", _id);
        cv.put("name", name);
        cv.put("age", age);
        cv.put("website", website);
        cv.put("weibo", weibo);
        db.insert(DBHelper.DB_TABLE_NAME, null, cv);
        Log.i(SQLiteExample.TAG, name + "/" + age + "/" + website + "/" + weibo);
    }
    /**
     * 通过 name 来删除数据
     *
     * @param name
     */
    public void delData(String name) {
        // ExecSQL("DELETE FROM info WHERE name ="+"'"+name+"'");
        String[] args = { name };
        db.delete(DBHelper.DB_TABLE_NAME, "name=?", args);
        Log.i(SQLiteExample.TAG, "delete data by " + name);
    }
    /**
     * 清空数据
     */
```

```
    public void clearData(){
        ExecSQL("DELETE FROM info");
        Log.i(SQLiteExample.TAG, "clear data");
    }
    /**
     * 通过名字查询信息,返回所有的数据
     *
     * @param name
     */
    public ArrayList<MemberInfo> searchData(final String name) {
        String sql = "SELECT * FROM info WHERE name =" + "'" + name + "'";
        return ExecSQLForMemberInfo(sql);
    }
    public ArrayList<MemberInfo> searchAllData(){
        String sql = "SELECT * FROM info";
        return ExecSQLForMemberInfo(sql);
    }
    /**
     * 通过名字来修改值
     *
     * @param raw
     * @param rawValue
     * @param whereName
     */
    public void updateData(String raw, String rawValue, String whereName) {
        String sql = "UPDATE info SET " + raw + " =" + " " + "'" + rawValue
+ "'" + " WHERE name =" + "'" + whereName
                        + "'";
        ExecSQL(sql);
        Log.i(SQLiteExample.TAG, sql);
    }
    /**
     * 执行 SQL 命令返回 list
     *
     * @param sql
     * @return
     */
    private ArrayList<MemberInfo> ExecSQLForMemberInfo(String sql) {
        ArrayList<MemberInfo> list = new ArrayList<MemberInfo>();
        Cursor c = ExecSQLForCursor(sql);
        while (c.moveToNext()) {
            MemberInfo info = new MemberInfo();
            info._id = c.getInt(c.getColumnIndex("_id"));
```

```
            info.name = c.getString(c.getColumnIndex("name"));
            info.age = c.getInt(c.getColumnIndex("age"));
            info.website = c.getString(c.getColumnIndex("website"));
            info.weibo = c.getString(c.getColumnIndex("weibo"));
            list.add(info);
        }
        c.close();
        return list;
    }
    /**
     * 执行一个 SQL 语句
     *
     * @param sql
     */
    private void ExecSQL(String sql) {
        try {
            db.execSQL(sql);
            Log.i("execSql: ", sql);
        } catch (Exception e) {
            Log.e("ExecSQL Exception", e.getMessage());
            e.printStackTrace();
        }
    }
    /**
     * 执行 SQL，返回一个游标
     *
     * @param sql
     * @return
     */
    private Cursor ExecSQLForCursor(String sql) {
        Cursor c = db.rawQuery(sql, null);
        return c;
    }
    public void closeDB(){
        db.close();
    }
}
```

MainActivity.java 的主要代码如下：

```
protected void onCreate(Bundle savedInstanceState) {
        super.onCreate(savedInstanceState);
        setContentView(R.layout.activity_main);
        // 初始化 DBManager
```

```
        dbManager = new DBManager(this);
        edit_name = (EditText) findViewById(R.id.name_edit);
        edit_age = (EditText) findViewById(R.id.age_edit);
        edit_website = (EditText) findViewById(R.id.website_edit);
        edit_weibo = (EditText) findViewById(R.id.weibo_edit);
        add = (Button) findViewById(R.id.add);
        // 监听增加会员按钮
        add.setOnClickListener(new OnClickListener(){
            @Override
            public void onClick(View v) {
                name = edit_name.getText().toString();
                age = Integer.valueOf(edit_age.getText().toString());
                website = edit_website.getText().toString();
                weibo = edit_weibo.getText().toString();
                ArrayList<MemberInfo> infoList = new ArrayList<MemberInfo>();
                MemberInfo m = new MemberInfo();
                m.age = age;
                m.name = name;
                m.website = website;
                m.weibo = weibo;
                infoList.add(m);
                dbManager.add(infoList);
            }
        });
        // 查询数据库里的所有数据
        searchAll = (Button) findViewById(R.id.all);
        searchAll.setOnClickListener(new OnClickListener(){
            @Override
            public void onClick(View v) {
                ArrayList<MemberInfo> infoList = new ArrayList<MemberInfo>();
                infoList = dbManager.searchAllData();
                String result = "";
                for (MemberInfo info : infoList) {
                    result = result + String.valueOf(info._id) + "|" + info.name
+ "|" + String.valueOf(info.age) + "|"
                            + info.website + "|" + info.weibo;
                    result = result + "\n" + "--------------------" + "\n";
                }
                Log.i(SQLiteExample.TAG, result);
                startDisplayActivity("searchResult", result);
            }
        });
        //通过一个会员的名字来删除一个会员信息
```

```
        delete = (Button) findViewById(R.id.del);
        delete.setOnClickListener(new OnClickListener(){
            @Override
            public void onClick(View v) {
                name = edit_name.getText().toString();
                dbManager.delData(name);
            }
        });
        //清空会员信息
        clear = (Button) findViewById(R.id.clear);
        clear.setOnClickListener(new OnClickListener(){
            @Override
            public void onClick(View v) {
                dbManager.clearData();
            }
        });
        // 更新会员信息
        update = (Button) findViewById(R.id.update);
        update.setOnClickListener(new OnClickListener(){
            @Override
            public void onClick(View v) {
                name = edit_name.getText().toString();
                age = Integer.valueOf(edit_age.getText().toString());
                website = edit_website.getText().toString();
                weibo = edit_weibo.getText().toString();
                if (name == null) {
                    Toast.makeText(getApplicationContext(), "name 不能为空",
Toast.LENGTH_LONG).show();
                } else {
                    dbManager.updateData("age", String.valueOf(age), name);
                    dbManager.updateData("website", website, name);
                    dbManager.updateData("weibo", weibo, name);
                }
            }
        });
        // 搜索会员通过姓名
        search = (Button) findViewById(R.id.search);
        search.setOnClickListener(new OnClickListener(){
            @Override
            public void onClick(View v) {
                name = edit_name.getText().toString();
                if (name == null) {
                    Toast.makeText(getApplicationContext(), "name 不能为空",
```

```
Toast.LENGTH_LONG).show();
                } else {
                    ArrayList<MemberInfo>    infoList    =    new    ArrayList
<MemberInfo>();
                    infoList = dbManager.searchData(name);
                    String result = "";
                    for (MemberInfo info : infoList) {
                        result  =  result  +  String.valueOf(info._id)  +  "|"  +
info.name + "|" + String.valueOf(info.age)
                              + "|" + info.website + "|" + info.weibo;
                        result = result + "\n" + "--------------------" + "\n";
                    }
                    Log.i(SQLiteExample.TAG, result);
                    startDisplayActivity("searchResult", result);
                }
            }
        });
    }
```

DisplayActivity.java 主要代码如下：

```
protected void onCreate(Bundle savedInstanceState) {
        super.onCreate(savedInstanceState);
        setContentView(R.layout.activity_display);
        Bundle extras = getIntent().getExtras();
       result = extras.getString("searchResult");
       display = (TextView)findViewById(R.id.display_txt);
       display.setText(result);
```

MemberInfo.java 代码如下：

```
package com.android.sqliteExp;
/**
 * 会员信息的javabean
 */
public class MemberInfo {
    public int   _id;
    public String name;
    public int age;
    public String website;
    public String weibo;
    public MemberInfo(){}
    public  MemberInfo(int  _id,String  name,int  age,String  website,String
weibo){
        this._id = _id;
```

```
        this.name = name;
        this.age = age;
        this.website = website;
        this.weibo = weibo;
    }
}
```

SQLiteExample.java 代码如下：

```
package com.android.sqliteExp;
public class SQLiteExample {
    public static final String TAG = "SQLiteExample";
}
```

activity_main.xml 代码如下：

```
<ScrollView xmlns:android="http://schemas.android.com/apk/res/android"
    xmlns:tools="http://schemas.android.com/tools"
    android:layout_width="match_parent"
    android:layout_height="match_parent"
    tools:context=".MainActivity" >
    <RelativeLayout
        android:id="@+id/rlup"
        android:layout_width="fill_parent"
        android:layout_height="wrap_content" >
        <TextView
            android:id="@+id/name"
            android:layout_width="wrap_content"
            android:layout_height="wrap_content"
            android:text="@string/info_name"
            android:textSize="30sp" />
        <EditText
            android:id="@+id/name_edit"
            android:layout_width="150dp"
            android:layout_height="45dp"
            android:layout_toRightOf="@+id/name"
            android:inputType="text" />
        <TextView
            android:id="@+id/age"
            android:layout_width="wrap_content"
            android:layout_height="wrap_content"
            android:layout_toRightOf="@+id/name_edit"
            android:text="@string/info_age"
```

```
        android:textSize="30sp" />
    <EditText
        android:id="@+id/age_edit"
        android:layout_width="fill_parent"
        android:layout_height="45dp"
        android:layout_toRightOf="@+id/age"
        android:inputType="date" />
    <TextView
        android:id="@+id/website"
        android:layout_width="wrap_content"
        android:layout_height="wrap_content"
        android:layout_below="@+id/name"
        android:text="@string/info_website"
        android:textSize="30sp" />
    <EditText
        android:id="@+id/website_edit"
        android:layout_width="fill_parent"
        android:layout_height="45dp"
        android:layout_below="@+id/name_edit"
        android:layout_toRightOf="@+id/website"
        android:inputType="text" />
    <TextView
        android:id="@+id/weibo"
        android:layout_width="wrap_content"
        android:layout_height="wrap_content"
        android:layout_below="@+id/website"
        android:text="@string/info_weibo"
        android:textSize="30sp" />
    <EditText
        android:id="@+id/weibo_edit"
        android:layout_width="fill_parent"
        android:layout_height="45dp"
        android:layout_below="@+id/website_edit"
        android:layout_toRightOf="@+id/weibo"
        android:inputType="text" />
    <Button
        android:id="@+id/all"
        android:layout_width="fill_parent"
        android:layout_height="fill_parent"
        android:layout_below="@+id/weibo_edit"
        android:text="@string/opr_all" />
```

```
        <Button
            android:id="@+id/clear"
            android:layout_width="fill_parent"
            android:layout_height="fill_parent"
            android:layout_below="@+id/all"
            android:text="@string/opr_clear" />
        <Button
            android:id="@+id/add"
            android:layout_width="fill_parent"
            android:layout_height="fill_parent"
            android:layout_below="@+id/clear"
            android:text="@string/opr_add" />
        <Button
            android:id="@+id/del"
            android:layout_width="fill_parent"
            android:layout_height="fill_parent"
            android:layout_below="@+id/add"
            android:text="@string/opr_del" />
        <Button
            android:id="@+id/update"
            android:layout_width="fill_parent"
            android:layout_height="fill_parent"
            android:layout_below="@+id/del"
            android:text="@string/opr_update" />
        <Button
            android:id="@+id/search"
            android:layout_width="fill_parent"
            android:layout_height="fill_parent"
            android:layout_below="@+id/update"
            android:text="@string/opr_search" />
        <TextView
            android:id="@+id/author_info"
            android:layout_width="wrap_content"
            android:layout_height="wrap_content"
            android:layout_below="@+id/search"
            android:text="@string/author"
            />
    </RelativeLayout>
</ScrollView>
```

最后应用效果如图 9-8 和图 9-9 所示。

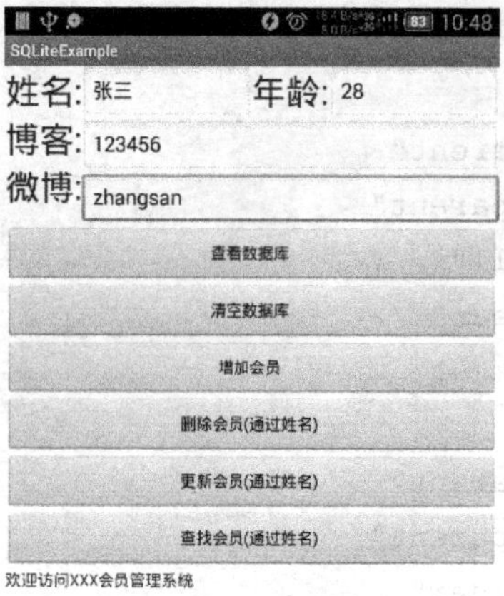

SQLiteExample
姓名: 张三
年龄: 28
博客: 123456
微博: zhangsan
查看数据库
清空数据库
增加会员
删除会员(通过姓名)
更新会员(通过姓名)
查找会员(通过姓名)
欢迎访问XXX会员管理系统

图 9-8　主页面

SQLiteExample
4|爸爸|58|11|11
5|张三|28|123456|zhangsan

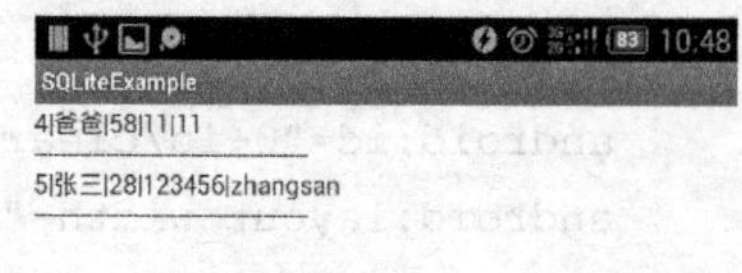

图 9-9　数据页面

9.6　习　　题

1. Android 数据的存储方式有哪几种？并简述其过程。
2. SharedPreferences 的存储目录是什么？
3. 什么是 SQLite？
4. SQLite 由哪几部分组成？
5. SQLite 支持哪几种数据类型？

第 10 章　网络连接

本章主要内容：

- 网络的访问方式。
- HTTP 通信。
- WebView。
- Wi-Fi 应用的开发。

本章主要讲述网络的访问方式以及 HTTP 通信、WebView、Wi-Fi 的基本内容，通过对本章的学习，可以学习网络连接的一些内容，对 Android 的学习有一定的帮助。

10.1　网络的访问方式

10.1.1　HTTP 方式

1. HTTP 协议简介

HTTP（Hypertext Transfer Protocol）是 Web 联网的基础，也是手机联网常用的协议之一，HTTP 协议是建立在 TCP 协议之上的一种协议。

HTTP 连接最显著的特点是客户端发送的每次请求都需要服务器回送响应，在请求结束后，会主动释放连接。从建立连接到关闭连接的过程称为“一次连接”。HTTP 1.0 中，客户端的每次请求都要求建立一次单独的连接，在处理完本次请求后，就自动释放连接。在 HTTP 1.1 中则可以在一次连接中处理多个请求，并且多个请求可以重叠进行，不需要等待一个请求结束后再发送下一个请求。

由于 HTTP 在每次请求结束后都会主动释放连接，因此 HTTP 连接是一种“短连接”、“无状态”，要保持客户端程序的在线状态，需要不断地向服务器发起连接请求。通常的做法是即使不需要获得任何数据，客户端也保持每隔一段固定的时间向服务器发送一次“保持连接”的请求，服务器在收到该请求后对客户端进行回复，表明知道客户端“在线”。若服务器长时间无法收到客户端的请求，则认为客户端“下线”，若客户端长时间无法收到服务器的回复，则认为网络已经断开。

HTTP 连接使用的是“请求—响应”的方式（两次握手），不仅在请求时需要先建立连接，而且需要客户端向服务器发出请求后，服务器端才能回复数据。而 Socket 连接在双方建立起连接后就可以直接进行数据的传输。

2. HTTP 协议的特点

（1）支持 B/S 及 C/S 模式。

（2）简单快速：客户向服务器请求服务时，只需传送请求方法和路径。请求方法常用的有 GET、HEAD、POST。

（3）灵活：HTTP 允许传输任意类型的数据对象。正在传输的类型由 Content-Type 加以标记。

（4）无连接：无连接的含义是限制每次连接只处理一个请求。服务器处理完客户的请求，并收到客户的应答后，即断开连接。采用这种方式可以节省传输时间。

（5）无状态：HTTP 协议是无状态协议。无状态是指协议对于事务处理没有记忆能力。缺少状态意味着如果后续处理需要前面的信息，则它必须重传，这样可能导致每次连接传送的数据量增大。另外，在服务器不需要先前信息时它的应答就较快。

3. URL

HTTP URL（URL 是一种特殊类型的 URI，包含了用于查找某个资源的足够的信息）的格式如下：

```
http://host[":"port][abs_path]
```

http 表示要通过 HTTP 协议来定位网络资源。

host 表示合法的 Internet 主机域名或者 IP 地址。

port 指定一个端口号，为空则使用默认端口 80。

abs_path 指定请求资源的 URI。

注：如果 URL 中没有给出 abs_path，那么当它作为请求 URI 时，必须以“/”的形式给出，通常这个工作浏览器自动帮助用户完成。

例如，输入“www.guet.edu.cn”，浏览器自动转换成“http://www.guet.edu.cn/”。

如 http:192.168.0.116:8080/index.jsp 请求由三部分组成，分别是请求行、消息报头、请求正文。

1）请求行

请求行以一个方法符号开头，以空格分开，后面跟着请求的 URI 和协议的版本，格式如下：

```
Method Request-URI HTTP-Version CRLF
```

其中：Method 表示请求方法；Request-URI 是一个统一资源标识符；HTTP-Version 表示请求的 HTTP 协议版本；CRLF 表示回车和换行（除了作为结尾的 CRLF 外，不允许出现单独的 CR 或 LF 字符）。

例如，POST /hello.htm HTTP/1.1（“/r/n”）。

（1）HTTP 协议请求方法。

请求行中包括了请求方法，解释如下。

GET 请求获取 Request-URI 所标识的资源。

POST 在 Request-URI 所标识的资源后附加新的数据。

HEAD 请求获取由 Request-URI 所标识的资源的响应消息报头。

PUT 请求服务器存储一个资源，并用 Request-URI 作为其标识。

DELETE 请求服务器删除 Request-URI 所标识的资源。

TRACE 请求服务器回送收到的请求信息，主要用于测试或诊断。

CONNECT 保留将来使用。

OPTIONS 请求查询服务器的性能，或者查询与资源相关的选项和需求。

（2）Request-URI：用于标识要访问的网络资源。通常只要给出相对于服务器的根目录的相对目录即可，因此以“/”开头。

（3）协议版本。

2）消息报头

HTTP 消息由客户端到服务器的请求和服务器到客户端的响应组成。请求消息和响应消息都是由开始行（对于请求消息，开始行就是请求行，对于响应消息，开始行就是状态行），消息报头（可选）、空行（只有 CRLF 的行）、消息正文（可选）组成的。

（1）普通报头：在普通报头中，有少数报头域用于所有的请求和响应消息，但并不用于被传输的实体，只用于传输的消息。

Cache-Control：用于指定缓存指令，缓存指令是单向的（响应中出现的缓存指令在请求中未必会出现），且是独立的（一个消息的缓存指令不会影响另一个消息处理的缓存机制），HTTP1.0 使用的类似的报头域为 Pragma。

请求时的缓存指令包括 no-cache（用于指示请求或响应消息不能缓存）、no-store、max-age、max-stale、min-fresh、only-if-cached。

响应时的缓存指令包括 public、private、no-cache、no-store、no-transform、must-revalidate、proxy-revalidate、max-age、s-maxage 。

Date：普通报头域表示消息产生的日期和时间。

Connection：普通报头域允许发送指定连接的选项。例如，指定连接是连续或者指定“close”选项，通知服务器，在响应完成后关闭连接。

（2）请求报头：允许客户端向服务器端传递请求的附加信息以及客户端自身的信息。常用的请求报头如下。

① Accept：Accept 请求报头域用于指定客户端接收哪些类型的信息，如“Accept：image/gif”表明客户端希望接收 GIF 图象格式的资源；“Accept：text/html”，表明客户端希望接收 html 文本。

② Accept-Charset：Accept-Charset 请求报头域用于指定客户端接收的字符集，如“Accept-Charset:iso-8859-1，gb2312”。如果在请求消息中没有设置这个域，默认是任何字符集都可以接收。

③ Accept-Encoding：Accept-Encoding 请求报头域类似于 Accept，但是它是用于指定可接收的内容编码，如“Accept-Encoding:gzip.deflate”。如果请求消息中没有设置这个域，服务器假定客户端对各种内容编码都可以接收。

④ Accept-Language：Accept-Language 请求报头域类似于 Accept，但是它是用于指定一种自然语言，如“Accept-Language:zh-cn”。如果请求消息中没有设置这个报头域，服务器假定客户端对各种语言都可以接收。

⑤ Authorization：Authorization 请求报头域主要用于证明客户端有权查看某个资源。当浏览器访问一个页面时，如果收到服务器的响应代码为 401（未授权），可以发送一个包含

Authorization 请求报头域的请求，要求服务器对其进行验证。

⑥ Host（发送请求时，该报头域是必需的）：Host 请求报头域主要用于指定被请求资源的 Internet 主机和端口号，它通常从 HTTP URL 中提取出来的。

例如，在浏览器中输入“http://www.guet.edu.cn/index.html”，浏览器发送的请求消息中，就会包含 Host 请求报头域，如“Host：www.guet.edu.cn”。

此处使用默认端口号 80，若指定了端口号，则变成“Host：www.guet.edu.cn:指定端口号”。

⑦ User-Agent：上网登录论坛的时候，往往会看到一些欢迎信息，其中列出了操作系统的名称和版本，所使用的浏览器的名称和版本，这往往让很多人感到很神奇，实际上，服务器应用程序就是从 User-Agent 这个请求报头域中获取到这些信息。User-Agent 请求报头域允许客户端将它的操作系统、浏览器和其他属性告诉服务器。不过，这个报头域不是必需的，如果自己编写一个浏览器，不使用 User-Agent 请求报头域，那么服务器端就无法得知用户的信息了。

请求报头举例：

```
    GET /form.html HTTP/1.1 (CRLF)
  Accept:image/gif, image/x-xbitmap, image/jpeg, application/x-shockwave-flash, application/vnd.ms-excel, application/vnd.ms-
    powerpoint, application/msword, */* (CRLF)
    Accept-Language:zh-cn (CRLF)
    Accept-Encoding:gzip, deflate (CRLF)
    If-Modified-Since:Wed, 05 Jan 2007 11:21:25 GMT (CRLF)
    If-None-Match:W/"80b1a4c018f3c41:8317" (CRLF)
    User-Agent:Mozilla/4.0(compatible;MSIE6.0;Windows NT 5.0) (CRLF)
    Host:www.guet.edu.cn (CRLF)
    Connection:Keep-Alive (CRLF)
    (CRLF)
```

3）响应报头

响应报头允许服务器传递不能放在状态行中的附加响应信息，以及关于服务器的信息和对 Request-URI 所标识的资源进行下一步访问的信息。

常用的响应报头：

① Location：Location 响应报头域用于重定向一个新的位置。Location 响应报头域常用在更换域名的时候。

② Server：Server 响应报头域包含了服务器用来处理请求的软件信息。与 User-Agent 请求报头域是相对应的。

③ WWW-Authenticate：WWW-Authenticate 响应报头域必须被包含在 401（未授权的）响应消息中，客户端收到 401 响应消息时，并发送 Authorization 报头域请求服务器对其进行验证时，服务端响应报头就包含该报头域。

```
  WWW-Authenticate:Basic realm="Basic Auth Test!"
```

```
//可以看出服务器对请求资源采用的是基本验证机制
```

4）实体报头

请求和响应消息都可以传送一个实体。一个实体由实体报头域和实体正文组成，但并不是说实体报头域和实体正文要在一起发送，可以只发送实体报头域。实体报头定义了关于实体正文（如有无实体正文）和请求所标识的资源的元信息。

常用的实体报头：

① Content-Encoding：Content-Encoding 实体报头域被用作媒体类型的修饰符，它的值指示了已经被应用到实体正文的附加内容的编码，因而要获得 Content-Type 报头域中所引用的媒体类型，必须采用相应的解码机制。Content-Encoding 用于记录文档的压缩方法，如“Content-Encoding：gzip”。

② Content-Language：Content-Language 实体报头域描述了资源所用的自然语言。没有设置该域则认为实体内容将提供给所有的语言阅读者，如“Content-Language:da”。

③ Content-Length：Content-Length 实体报头域用于指明实体正文的长度，以字节方式存储的十进制数字来表示。

④ Content-Type：Content-Type 实体报头域用于指明发送给接收者的实体正文的媒体类型，如“Content-Type:text/html;charset=ISO-8859-1”、“Content-Type:text/html;charset=GB2312”。

⑤ Last-Modified：Last-Modified 实体报头域用于指示资源的最后修改日期和时间。

⑥ Expires：Expires 实体报头域给出响应过期的日期和时间。为了让代理服务器或浏览器在一段时间以后更新缓存中（再次访问曾访问过的页面时，直接从缓存中加载，缩短响应时间和降低服务器负载）的页面，可以使用 Expires 实体报头域指定页面过期的时间，如“Expires：Thu，15 Sep 2006 16:23:12 GMT”。

HTTP1.1 的客户端和缓存必须将其他非法的日期格式（包括 0）看做已经过期。例如，为了让浏览器不要缓存页面，也可以利用 Expires 实体报头域，设置为 0，JSP 中程序如下：

```
response.setDateHeader("Expires", "0");
```

4. 响应

在接收和解释请求消息后，服务器返回一个 HTTP 响应消息。HTTP 响应也是由状态行、消息报头、响应正文三个部分组成的。

主要介绍一下状态行。状态行格式如下：

```
HTTP-Version Status-Code Reason-Phrase CRLF
```

其中：HTTP-Version 表示服务器 HTTP 协议的版本；Status-Code 表示服务器发回的响应状态代码；Reason-Phrase 表示状态代码的文本描述。

状态代码由三位数字组成，第一个数字定义了响应的类别，且有 5 种可能取值：

1xx：指示信息，表示请求已接收，继续处理。

2xx：成功，表示请求已被成功接收、理解、接受。

3xx：重定向，要完成请求必须进行更进一步的操作。

4xx：客户端错误，请求有语法错误或请求无法实现。

5xx：服务器端错误，服务器未能实现合法的请求。

常见状态代码、状态描述、说明：

```
200 OK                     //客户端请求成功
400 Bad Request            //客户端请求有语法错误，不能被服务器所理解
401 Unauthorized           //请求未经授权，这个状态代码必须和 WWW-Authenticate 报头域一起
                           //使用
403 Forbidden              //服务器收到请求，但是拒绝提供服务
404 Not Found              //请求资源不存在，如输入了错误的 URL
500 Internal Server Error  //服务器发生不可预期的错误
503 Server Unavailable  //服务器当前不能处理客户端的请求，一段时间后，可能恢复正常
```

5. HttpClient

虽然在 JDK 的 java.net 包中已经提供了访问 HTTP 协议的基本功能，但是对于大部分应用程序来说，JDK 库本身提供的功能还不够丰富和灵活。HttpClient 是 Apache Jakarta Common 下的子项目，用来提供高效的、最新的、功能丰富的支持 HTTP 协议的客户端编程工具包，并且它支持 HTTP 协议最新的版本和建议。HttpClient 已经应用在很多的项目中，如 Apache Jakarta 上很著名的另外两个开源项目 Cactus 和 HTMLUnit 都使用了 HttpClient。HttpClient 项目非常活跃，使用的人还是非常多的。目前 HttpClient 版本是在 2005.10.11 发布的 3.0RC4。

HttpClient 的主要功能有以下几种。

① 实现了所有 HTTP 的方法（GET, POST, PUT, HEAD 等）。

② 支持自动转向。

③ 支持 HTTPS 协议。

④ 支持代理服务器等。

1）环境搭建及所需包

需要 Java 开发环境 JDK，并能访问网络。Android 程序需要有“android.permission.INTERNET”的 permission。

所需包：

① commons-httpclient-3.1.jar： 包括 HTTP 协议所需的类。

② commons-logging-1.1.jar： 包括记录程序运行时的活动日志记录的类。

③ commons-codec-1.3.jar： 包括编码解码的类。

2）HttpClient 实现 HTTP 协议基本通信操作

在实现所有操作之前必须首先实例化一个 HttpClient，即初始化一个客户端。

```
HttpClient client = new HttpClient();
```

（1）请求：以 GET 请求为例。

① 实例化一个请求方法。

```
HttpMethod method = new GetMethod ("http://www.google.cn") ;
```

注：HttpClient 可实现自动转向，即自动重定向，所以当服务器返回的状态代码为 3×× 时，将自动重定向，直到到达文件实际位置）。GetMethod 构造函数中的字符串表示的是文

件的 URI 地址。这里只是因为之前没有指定服务器主机地址，所以需要完整名。其实也可以这样：

```
client.getHostConfiguration().setHost("www.imobile.com.cn", 80, "http");
HttpMethod method = new GetMethod("/simcard.php?simcard=1330227");
```

② 添加需要的消息报头信息。

```
method.addRequestHeader("Range", "bytes=500-");
```

HttpClient 会构建必须的消息报头信息，如果没有特殊要求可以不用修改。但如果需要在消息报头添加一些特殊信息，如下载时需要断点续传等，则可用上述方法修改。

③ 发出请求（执行命令）。

```
int statusCode = client.executeMethod(method);
```

此时，程序实际向服务器发出请求，连接成功后，函数返回，返回值为状态代码。

（2）响应。

① 返回状态代码。上例中的“statusCode”即为状态代码。除此方法之外，还可以：

```
int statusCode = method.getStatusCode();
```

注：在 httpclient 的包中有一个名为“HttpStatus”类，其中定义了大多数的状态代码，如 HttpStatus.SC_OK、HttpStatus.SC_FORBIDDEN 等。

② 响应报头。

```
Header[] headers = method.getResponseHeaders();
```

获取所有服务器端返回的响应报头。

```
Header header = method.getRequestHeader("Content-Type");
```

获取响应报头中指定的键值对。

之后可以通过调用 header.getName()、header.getValue()来得到相关信息。

③ 响应正文。

```
byte[] bytes = method.getResponseBody();
InputStream inputStream = method.getResponseBodyAsStream();
String string = method.getResponseBodyAsString();
```

以上三种方法，视情况选用。

（3）断开连接：

```
method.releaseConnection();
```

（4）其他。

其他包括一些和下载无关，但非常基本和有用的东西。

① POST 数据。POST 请求和 GET 请求大致相同，唯一需要注意的是，如何在 POST

信息中加入自己所需传输的信息。

```
postMethod.setRequestBody(InputStream body);
postMethod.setRequestBody(NameValuePair[] parameterBody);
postMethod.setRequestBody(String body);
```

② 代理服务器。只需指定 httpClient 的实例的代理就可以了，基于此实例的所有操作将由此代理。

```
httpClient.getHostConfiguration().setProxy(hostName, port);
```

③ 字符编码。某目标页的编码可能出现在两个地方：第一个地方是服务器返回的 http 头中（RequestHeader 的 Content-Type、Content-Encoding 字段）；另外一个地方是得到的 html/xml 页面中。例如：

```
<meta http-equiv="Content-Type" content="text/html; charset=gb2312"/>
```

或者

```
<?xml version="1.0" encoding="gb2312"?>
```

④ 自动跳转。HttpClient 对 GET 请求可实现自动跳转。但是对于 POST 和 PUT 请求要求接收后继服务的，暂不支持自动跳转。

当服务器返回的状态代码为 3××时，需要根据消息报头的“Location”字段的地址来实现跳转。注意，“Location”字段的地址可能是相对地址，需要自己进行处理。

还有一种可能就是在页面中实现的跳转。例如，在 HTML 中，<meta http-equiv="refresh" content="5; url=http://www.ibm.com/us">。

10.1.2 Socket 方式

1. Socket 简介

网络上的两个程序通过一个双向的通信连接实现数据的交换，这个连接的一端称为一个 Socket。

Socket 的英文原义是“孔”或“插座”，作为 BSD UNIX 的进程通信机制，取后一种意思。通常也称为“套接字”，用于描述 IP 地址和端口，是一个通信链的句柄，可以用来实现不同虚拟机或不同计算机之间的通信。在 Internet 上的主机一般运行了多个服务软件，同时提供几种服务。每种服务都打开一个 Socket，并绑定到一个端口上，不同的端口对应于不同的服务。Socket 正如其英文原意那样，像一个多孔插座。一台主机犹如布满各种插座的房间，每个插座有一个编号，有的插座提供 220V 交流电，有的提供 110V 交流电，有的则提供有线电视节目。客户软件将插头插到不同编号的插座，就可以得到不同的服务。

Socket 实质上提供了进程通信的端点。进程通信之前，双方首先必须各自创建一个端点，否则是没有办法建立联系并相互通信的。正如打电话之前，双方必须各自拥有一台电话机一样。在网间网内部，每一个 Socket 用一个半相关描述（协议、本地地址、本地端口）。一个完整的 Socket 有一个本地唯一的 Socket 号，由操作系统分配。最重要的是，Socket 是面向客户/服务器模型而设计的，针对客户和服务器程序提供不同的 Socket 系统调用。客户随机申请一个 Socket（相当于一个想打电话的人可以在任何一台入网电话上拨号呼叫），系统为之分配一个 Socket 号；服务器拥有全局公认的 Socket，任何客户都可以向它发出连接请求和信息请求（相当于一个被呼叫的电话拥有一个呼叫方知道的电话号码）。Socket 利用客户/服务器模式巧妙地解决了进程之间建立通信连接的问题。服务器 Socket 半相关为全局所公认非常重要。

2. Socket 连接过程

根据连接启动的方式以及本地套接字要连接的目标，套接字之间的连接过程可以分为三个步骤：服务器监听、客户端请求、连接确认。

（1）服务器监听：是服务器端套接字并不定位具体的客户端套接字，而是处于等待连接的状态，实时监控网络状态。

（2）客户端请求：是指由客户端的套接字提出连接请求，要连接的目标是服务器端的套接字。为此，客户端的套接字必须首先描述它要连接的服务器的套接字，指出服务器端套接字的地址和端口号，然后就向服务器端套接字提出连接请求。

（3）连接确认：是指当服务器端套接字监听到或者接收到客户端套接字的连接请求，它就响应客户端套接字的请求，建立一个新的线程，把服务器端套接字的描述发给客户端，一旦客户端确认了此描述，连接就建立好了。而服务器端套接字继续处于监听状态，继续接收其他客户端套接字的连接请求。

Socket 是应用层与传输层之间的桥梁如图 10-1 所示。

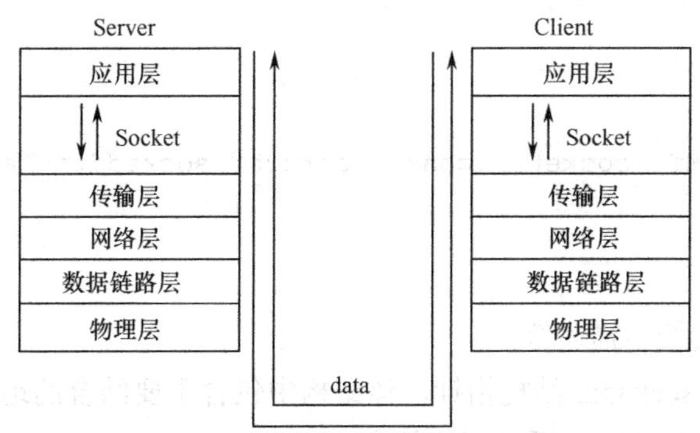

图 10-1　Socket 是应用层与传输层之间的桥梁

3. Socket 常用函数

1）创建

（1）函数原型：

```
int socket(int domain, int type, int protocol);
```

（2）参数说明：

domain：协议域，又称为协议族（family）。常用的协议族有 AF_INET、AF_INET6、AF_LOCAL（或称 AF_UNIX，UNIX 域 Socket）、AF_ROUTE 等。协议族决定了 Socket 的

地址类型，在通信中必须采用对应的地址，如 AF_INET 决定了要用 IPv4 地址（32 位的）与端口号（16 位的）的组合、AF_UNIX 决定了要用一个绝对路径名作为地址。

type：指定 Socket 类型。常用的 Socket 类型有 SOCK_STREAM、SOCK_DGRAM、SOCK_RAW、SOCK_PACKET、SOCK_SEQPACKET 等。流式 Socket（SOCK_STREAM）是一种面向连接的 Socket，针对于面向连接的 TCP 服务应用。数据报式 Socket（SOCK_DGRAM）是一种无连接的 Socket，对应于无连接的 UDP 服务应用。

protocol：指定协议。常用协议有 IPPROTO_TCP、IPPROTO_UDP、IPPROTO_SCTP、IPPROTO_TIPC 等，分别对应 TCP 传输协议、UDP 传输协议、STCP 传输协议、TIPC 传输协议。

注意：

① type 和 protocol 不可以随意组合，如 SOCK_STREAM 不可以跟 IPPROTO_UDP 组合。当第三个参数为 0 时，会自动选择第二个参数类型对应的默认协议。

② WindowsSocket 下 **protocol** 参数中不存在 IPPROTO_STCP。

（3）返回值：如果调用成功就返回新创建的套接字的描述符，如果失败就返回 INVALID_SOCKET（Linux 下失败返回-1）。套接字描述符是一个整数类型的值。每个进程的进程空间里都有一个套接字描述符表，该表中存放着套接字描述符和套接字数据结构的对应关系。该表中有一个字段存放新创建的套接字的描述符，另一个字段存放套接字数据结构的地址，因此根据套接字描述符就可以找到其对应的套接字数据结构。每个进程在自己的进程空间里都有一个套接字描述符表但是套接字数据结构都是在操作系统的内核缓冲里。

2）绑定

（1）函数原型：

```
int bind(SOCKET socket, const struct sockaddr* address, socklen_t address_len);
```

（2）参数说明：

socket：是一个套接字描述符。

address：是一个 sockaddr 结构指针，该结构中包含了要结合的地址和端口号。

address_len：确定 address 缓冲区的长度。

（3）返回值：如果函数执行成功，返回值为 0，否则为 SOCKET_ERROR。

3）接收

（1）函数原型：

```
int recv(SOCKET socket, char FAR* buf, int len, int flags);
```

参数说明：

socket：一个标识已连接套接口的描述字。

buf：用于接收数据的缓冲区。

len：缓冲区长度。

flags：指定调用方式。取值：MSG_PEEK 查看当前数据，数据将被复制到缓冲区中，但并不从输入队列中删除；MSG_OOB 处理带外数据。

返回值：若无错误发生，recv()返回读入的字节数。如果连接已终止，返回 0。否则，返回 SOCKET_ERROR 错误，应用程序可通过 WSAGetLastError()获取相应错误代码。

（2）函数原型：

```
ssize_t recvfrom(int sockfd, void buf, int len, unsigned int flags, struct socketaddr* from, socket_t* fromlen);
```

参数说明：

sockfd：标识一个已连接套接口的描述字。

buf：接收数据缓冲区。

len：缓冲区长度。

flags：调用操作方式。是以下一个或者多个标志的组合体，可通过 or 操作连在一起。

① MSG_DONTWAIT：操作不会被阻塞。

② MSG_ERRQUEUE：指明应该从套接字的错误队列上接收错误值，依据不同的协议，错误值以某种辅佐性消息的方式传递进来，使用者应该提供足够大的缓冲区。导致错误的原封包通过 msg_iovec 作为一般的数据来传递。导致错误的数据报原目标地址作为 msg_name 被提供。错误以 sock_extended_err 结构形态被使用。

③ MSG_PEEK：指明数据接收后，在接收队列中保留原数据，不将其删除，随后的读操作还可以接收相同的数据。

④ MSG_TRUNC：返回封包的实际长度，即使它比所提供的缓冲区更长， 只对 packet 套接字有效。

⑤ MSG_WAITALL：要求阻塞操作，直到请求得到完整的满足。然而，如果捕捉到信号错误或者连接断开发生，或者下次被接收的数据类型不同，仍会返回少于请求量的数据。

⑥ MSG_EOR：指明记录的结束，返回的数据完成一个记录。

⑦ MSG_TRUNC：指明数据报尾部数据已被丢弃，因为它比所提供的缓冲区需要更多的空间。

⑧ MSG_CTRUNC：指明由于缓冲区空间不足，一些控制数据已被丢弃。

⑨ MSG_OOB：指明接收到 out-of-band 数据（即需要优先处理的数据）。

⑩ MSG_ERRQUEUE：指明除了来自套接字错误队列的错误外，没有接收到其他数据。

from：（可选）指针，指向装有源地址的缓冲区。

fromlen：（可选）指针，指向 from 缓冲区长度值。

4）发送

（1）函数原型：

```
int sendto( SOCKET s, const char FAR* buf, int size, int flags, const struct sockaddr FAR* to, int tolen);
```

（2）参数说明：

s：套接字。

buf：待发送数据的缓冲区。

size：缓冲区长度。

flags：调用方式标志位，一般为 0，改变 Flags，将会改变 Sendto 发送的形式。

addr：（可选）指针，指向目的套接字的地址。

tolen：addr 所指地址的长度。

（3）返回值：如果成功，则返回发送的字节数，失败则返回 SOCKET_ERROR。

5）接收连接请求

（1）函数原型：

```
int accept( int fd, struct socketaddr* addr, socklen_t* len);
```

（2）参数说明：

fd：套接字描述符。

addr：返回连接着的地址。

len：接收返回地址的缓冲区长度。

（3）返回值：成功返回客户端的文件描述符，失败返回-1。

10.1.3 Wi-Fi 方式

Wi-Fi 俗称无线宽带（中国电信将 CDMA 1X/3G 也称为无线宽带）。所谓 Wi-Fi，是指由一个名为“无线以太网相容联盟”（Wireless Ethernet Compatibility Alliance，WECA）的组织所发布的业界术语，中文译为“无线相容认证”。它是一种短程无线传输技术，能够在数百英尺范围内支持互联网接入的无线电信号。随着技术的发展，以及 IEEE 802.11a 及 IEEE 802.11g 等标准的出现，现在 IEEE 802.11 标准已将其称为 Wi-Fi。从应用层面来说，要使用 Wi-Fi，用户首先要有 Wi-Fi 兼容的用户端装置。

Wi-Fi 是一种帮助用户访问电子邮件、Web 和流式媒体的互联网技术。它为用户提供了无线的宽带互联网访问。同时，它也是在家里、办公室或在旅途中上网的快速、便捷的途径。能够访问 Wi-Fi 网络的地方被称为热点。Wi-Fi 或 802.11g 在 2.4GHz 频段工作，所支持的速度最高达 54Mbps（802.11n 工作在 2.4GHz 或者 5.0GHz，最高速度 600Mbps）。另外还有两种 802.11 空间的协议，包括 802.11a 和 802.11b。它们也是公开使用的，但 802.11g/n 在世界上最为常用。

Wi-Fi 热点是通过在互联网上连接安装访问点来创建的。这个访问点将无线信号通过短程进行传输，一般覆盖 300 英尺。当一台支持 Wi-Fi 的设备（如 PocketPC）遇到一个热点时，这个设备可以用无线方式连接到那个网络。大部分热点都位于供大众访问的地方，如机场、咖啡店、旅馆、书店以及校园等。许多家庭和办公室也拥有 Wi-Fi 网络。虽然有些热点是免费的，但是大部分稳定的公共 Wi-Fi 网络是由私人互联网服务提供商（ISP）提供的，因此

会在用户连接到互联网时收取一定费用。

802.11b 有时也被错误地标为 Wi-Fi，实际上 Wi-Fi 是无线局域网联盟（WLANA）的一个商标，该商标仅保障使用该商标的商品互相之间可以合作，与标准本身实际上没有关系。但是后来人们逐渐习惯用 Wi-Fi 来称呼 802.11b 协议。它的最大优点就是传输速度较高，可以达到 11Mbps，另外它的有效距离也很长，同时也与已有的各种 802.11 DSSS 设备兼容。迅驰技术就是基于该标准的。IEEE（美国电子和电气工程师协会）802.11b 无线网络规范是 IEEE802.11 网络规范的扩展，最高带宽为 11Mbps，在信号较弱或有干扰的情况下，带宽可调整为 5.5Mbps、2Mbps 和 1Mbps，带宽的自动调整，有效地保障了网络的稳定性和可靠性。其主要特性为速度快，可靠性高，在开放性区域，通信距离可达 305m，在封闭性区域，通信距离为 76～122m，方便与现有的有线以太网络整合，组网的成本更低。

Wi-Fi（Wireless Fidelity，无线相容性认证）的正式名称是"IEEE802.11"，与蓝牙一样，同属于在办公室和家庭中使用的短距离无线技术。虽然在数据安全性方面，该技术比蓝牙技术要差一些，但是在电波的覆盖范围方面则要略胜一筹。Wi-Fi 的覆盖范围则可达 300 英尺左右（约合 90m）。因此，Wi-Fi 一直是企业实现自己无线局域网所青睐的技术。还有一个原因，就是与代价昂贵的 3G 企业网络相比，Wi-Fi 似乎更胜一筹。

10.1.4 蓝牙

1. 蓝牙简介

蓝牙（Bluetooth）是一种无线技术标准，可实现固定设备、移动设备和楼宇个人局域网之间的短距离数据交换（使用 2.4～2.485GHz 的 ISM 波段的 UHF 无线电波）。蓝牙技术最初由电信巨头爱立信公司于 1994 年创制，当时是作为 RS232 数据线的替代方案。蓝牙可连接多个设备，克服了数据同步的难题。

如今蓝牙由蓝牙技术联盟（Bluetooth Special Interest Group，SIG）管理。蓝牙技术联盟在全球拥有超过 25 000 家成员公司，它们分布在电信、计算机、网络和消费电子等多重领域。IEEE 将蓝牙技术列为 IEEE 802.15.1，但如今已不再维持该标准。蓝牙技术联盟负责监督蓝牙规范的开发，管理认证项目，并维护商标权益。制造商的设备必须符合蓝牙技术联盟的标准才能以"蓝牙设备"的名义进入市场。蓝牙技术拥有一套专利网络，可发放给符合标准的设备。

2. 蓝牙传输与应用

1）跳频技术

蓝牙的波段为 2400～2483.5MHz（包括防护频带）。这是全球范围内无须取得执照（但并非无管制的）的工业、科学和医疗用（ISM）波段的 2.4 GHz 短距离无线电频段。

蓝牙使用跳频技术，将传输的数据分割成数据包，通过 79 个指定的蓝牙频道分别传输数据包。每个频道的频宽为 1 MHz。蓝牙 4.0 使用 2 MHz 间距，可容纳 40 个频道。第一个频道始于 2402MHz，每 1 MHz 一个频道，至 2480 MHz。有了适配跳频（Adaptive Frequency-Hopping，AFH）功能，通常每秒跳 1600 次。

最初，高斯频移键控（Gaussian Frequency-Shift Keying， GFSK）调制是唯一可用的调

制方案。然而蓝牙 2.0+EDR 使得 π/4-DQPSK 和 8DPSK 调制在兼容设备中的使用变为可能。运行 GFSK 的设备据说可以以基础速率（Basic Rate，BR）运行，瞬时速率可达 1Mb/s。"增强数据率（Enhanced Data Rate，EDR）"一词用于描述 π/4-DPSK 和 8DPSK 方案，分别可达 2Mb/s 和 3Mb/s。在蓝牙无线电技术中，两种模式（BR 和 EDR）的结合统称为"BR/EDR 射频"。

蓝牙是基于数据包、有着主从架构的协议。一个主设备最多可与同一微微网中的 7 个从设备通信。所有设备共享主设备的时钟。分组交换基于主设备定义的、以 312.5μs 为间隔运行的基础时钟。两个时钟周期构成一个 625μs 的槽，两个间隙就构成了一个 1250μs 的缝隙对。在单槽封包的简单情况下，主设备在双数槽发送信息、单数槽接收信息。而从设备则正好相反。封包容量可长达 1、3、或 5 个间隙，但无论是哪种情况，主设备都会从双数槽开始传输，从设备从单数槽开始传输。

2）通信连接

蓝牙主设备最多可与一个微微网（一个采用蓝牙技术的临时计算机网络）中的 7 个设备通信，当然并不是所有设备都能够达到这一最大量。设备之间可通过协议转换角色，从设备也可转换为主设备（如一个头戴式耳机如果向手机发起连接请求，它作为连接的发起者，自然就是主设备，但是随后也许会作为从设备运行）。

蓝牙核心规格提供两个或以上的微微网连接以形成分布式网络，让特定的设备在这些微微网中自动同时地分别扮演主和从的角色。

数据传输可随时在主设备和其他设备之间进行（应用极少的广播模式除外）。主设备可选择要访问的从设备；典型的情况是，它可以在设备之间以轮替的方式快速转换。因为是主设备来选择要访问的从设备，理论上从设备就要在接收槽内待命，主设备的负担要比从设备少一些。主设备可以与 7 个从设备相连接，但是从设备却很难与一个以上的主设备相连。规格对于散射网中的行为要求是模糊的。

许多 USB 蓝牙适配器或"软件狗"是可用的，其中一些还包括一个 IrDA 适配器。

3. Android 平台蓝牙的使用

Android 蓝牙协议栈使用的是 BlueZ，支持 GAP、SDP 和 RFCOMM 规范，是一个 SIG 认证的蓝牙协议栈。BlueZ 是兼容蓝牙 2.1 的，可以工作在任何 2.1 芯片以及向后兼容的旧的蓝牙版本。

BlueZ 是 GPL 许可的，因此 Android 的框架内与用户控件的 BlueZ 代码通过 D-BUS 进程通信进行交互，以避免知识产权的问题。Headset 和 Handsfree（v1.5）规范就在 Android 框架中实现的，它是跟 Phone App 紧密耦合的。这些规范也是 SIG 认证的。图 10-2 是蓝牙的基本工作视图。

蓝牙主要完成数据的传输，它主要的工作步骤如下。

（1）启动本地蓝牙设备，保证蓝牙设备正常运行（在不用时可以关闭本地蓝牙设备）。

（2）发现附近的蓝牙设备，添加到远程蓝牙设备连接目录。

（3）发送文件时，先与远程蓝牙设备进行连接。

（4）连接成功后，发送文件。

（5）传送完后关闭连接。

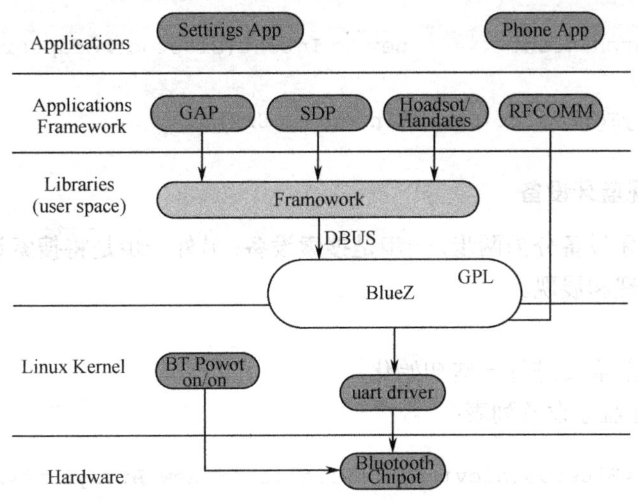

图 10-2 蓝牙基本工作视图

蓝牙开发中主要用到 4 个类：BluetoothAdapter（蓝牙视频器类，本地的蓝牙设备）、BluetoothDevice（远程的蓝牙设备）、BluetoothServerSocket（蓝牙通信的服务器端监听客户端的请求）、BluetoothSocket（蓝牙通信的客户端）。

蓝牙通信开发主要包括以下几个步骤。

4. 获得本地蓝牙视频器

```
BluetoothAdapter bluetoothAdapter = BluetoothAdapter.getDefaultAdapter();
```

注意访问本地蓝牙视频器，需要首先在 AndroidManifest.xml 设置对应蓝牙访问的权限：

```
<uses-permissionandroid:name="android.permission.BLUETOOTH_ADMIN"/>
<uses-permissionandrooid:name="android.permission.BLUETOOTH"/>
```

5. 打开本地蓝牙设备

通过打开系统的蓝牙设置功能：

```
if(!lbluetoothAdapter.isEnabled()){
  Intent enabler = new Intent(BluetoothAdapter.ACTION_REQUEST_ENABLE);
  startActivityFroResult(enabler, 0x1);
}
```

当然也可以直接调用方法打开蓝牙功能：

```
if(!lbluetoothAdapter.isEnabled()){
  mBluetoothAdapter.enable();
}
```

虽然蓝牙已经打开，还需要打开蓝牙发现功能，以便其他蓝牙设备可以搜索到：

```
    Intent searchIntent = new Intent(BluetoothAdapter.ACTION_REQUEST_
DISCOVERABLE);
    startActivityForResult(searchIntent , 0x2);
```

6. 查找和发现蓝牙设备

查找和发现蓝牙设备分为两步，一步是搜索设备；另外一步是将搜索设备信息发送广播，通过广播来进行处理和展现。

（1）搜索设备。

在搜索设备之前需要进行一些初始化。

① 初始化远程蓝牙设备列表：

```
private List<BluetoothDevice> deviceList = new ArrayList<>();
```

② 初始化发现完成标识：

```
private volatile boolean isSearchFinishFlag = false;
```

③ 启动线程进行搜索：

```
private Runnable discoveryThread = new Runnable(){
public void run(){
  //开始搜索附近的蓝牙设备
  bluetoothAdapter.startDiscovery();
  while(true){
    if(isSearchFinishFlag ){
      break;
    }
    try{
      Thread.sleep(100);
    }catch(InterruptedException e){
    }
   }
  }
}
```

（2）处理广播事件，将发现的设备添加到列表中进行显示：

```
private broadcastReceiver discoveryResult = new BroadcastReceiver(){
     public void onReceive(Context context, Intent intent){
          //获得搜索远程的蓝牙设备
          BluetoothDevice remoteDevice = intent.getParcelableExtra
(BluetoothDevice.EXTRA_DEVICE);
          //将结果添加到设备列表中
          devicesList.add(remoteDevice);
```

```
        //更新设备列表
        showDevices();
    }
}
```

（3）当搜索完后关闭广播接收器。

```
private BroadcastReceiver discoveryMonitor = new BroadcastReceiver(){
    @Overide
    Public void onReceive(Context context, Intent intent){
            //卸载广播接收器
            unregisterReceiver(discoveryResult);
            unregisterReceiver(this);
            isSearchFinishFlag = true;
        }
};
```

（4）在系统初始化需要注册广播接收器，一般在 onCreate()方法中添加，如下所示：

```
//注册广播接收器
IntentFilter monitorFilter = new IntentFilter(BluetoothAdapter.ACTION_
DISCOVERY_FINISHED);
registerReceiver(discoveryMonitor, monitorFilter);
IntentFilter discoveryFilter = new IntentFilter(BluetoothDevice.ACTION_
FOUND);
registerReceiver(discoveryResult , discoveryFilter );
```

7. 建立连接和通信

蓝牙通信包括服务器端进行监听服务和客户端进行连接通信两个部分，具体步骤如下：

（1）创建蓝牙服务器 Socket

```
BluttoothSeverSocket serverSocket = mAdapter.listenUsingRfcommWithService
Record(serverSocketName, UUID);
```

说明： UUID 可以从 http://www.uuidgenerator.com 网站申请，格式为 xxxxxxxx-xxxx-xxxx-xxxx-xxxxxxxxxxxx。

（2）服务器端启动一个监听线程来处理客户端的请求，它的处理步骤与 Java Socket 编程类似：

```
BluetoothSocket socket = serverSocket.accept();
```

（3）客户端与服务端 Socket 建立连接：

```
socket = device.creatRfcommSocketToServiceRecord(UUID);
socket.connect();
```

（4）处理请求信息：

```
public void run(){
        int bufferSize = 1024;
        Byte[] buffer = new byte[bufferSize];
        try{
            inputStream instream = socket.getInputStream();
            int bytesRead = -1;
            string message = "";
            while(true){
                message="";
                bytesRead=instream.read(buffer);
                if(bytesRead != -1){
                    while((bytesRead==buffersize)&&(buffer[bufferSize-1]
!=0)){

                        message = message + new String(buffer, 0, bytesRead);
                        bytesRead = instream.read(buffer);
                    }
                    message = message + new String(buffer, 0, bytesRead-1);
                    handler.post(new MessagePoster(textView, message));
                    socket.getInputStream();
                }
            }
        }catch(IOException e){
            Log.d("BLUETOOTH_COMMS", e.getMessage());
        }
}
```

10.1.5　获取网络的状态

随着 3G 和 Wi-Fi 的推广，越来越多的 Android 应用程序需要调用网络资源，检测网络连接状态也就成为网络应用程序所必备的功能。

Android 平台提供了 ConnectivityManager 类，用于网络连接状态的检测。就目前的 Android 手机来说，可能存在如下 5 种网络状态。

（1）无网络（这种状态可能是因为手机停机，网络没有开启，信号不好等原因）。

（2）使用 Wi-Fi 上网。

（3）CMWAP（中国移动代理）。

（4）CMNET 上网。

（5）2G/3G/4G 上网。

很多时候需要判断用户是否开启网络设置，通常通过 ConnectivityManager 类来判断网络连接是否存在。那到底如何使用这个类呢？如何和用户进行交互呢？具体代码如下：

```
public class MainActivity extends Activity {
```

```
    @Override
    protected void onCreate(Bundle savedInstanceState) {
      super.onCreate(savedInstanceState);
      setContentView(R.layout.activity_main);
      ConnectivityManager nw = (ConnectivityManager)this.getSystemService
(Context.CONNECTIVITY_SERVICE);
      NetworkInfo netinfo = nw.getActiveNetworkInfo();
      Toast.makeText(MainActivity.this, "当前网络"+add(netinfo.isAvailable())
+", "+"网络"+app(netinfo.isConnected())+", "+"网络连接"+adp(netinfo.isConnected()),
Toast.LENGTH_LONG).show();//给用户提示网络状态
    }
    String add(Boolean bl){
      String s = "不可用";
      if(bl==true){
        s="可用";
      }
      return s;
    }
    String app(Boolean bl){
      String s = "未连接";
      if(bl==true){
        s="已连接";
      }
      return s;
    }
    String adp(Boolean bl){
      String s = "不存在! ";
      if(bl==true){
        s="存在! ";
      }
      return s;
    }
  }
```

10.2 HTTP 通信

10.2.1 标准的 Java 接口

java.net.*提供与联网有关的类，包括流和数据包套接字、Internet 协议、常见 HTTP 处理。例如，创建 URL 及 URLConnection/HttpURLConnection 对象，以及设置连接参数、连接到服务器、向服务器写数据、从服务器读取数据等通信。

下面就是常见的使用 java.net 包的 HTTP 例子。

```
    try {
                //定义地址
                URL url=new URL("http://www.google.com");
                //打开连接
                HttpURLConnection
http=(HttpURLConnection)url.openConnection();
                //得到连接状态
                int nRC=http.getResponseCode();
                if(nRC==HttpURLConnection.HTTP_OK)
                {
                    //取得数据
                    InputStream is = http.getInputStream();
                    //处理数据

                }
            } catch (Exception e) {
                // TODO Auto-generated catch block
                e.printStackTrace();
            }
```

注意：由于是连接网络，不免出现一些异常，因此必须处理这些异常。

10.2.2 Apache 接口

HTTP 协议可能是 Internet 使用得最多、最重要的通信协议了，越来越多的 Java 应用程序需要通过 HTTP 协议来访问网络资源。虽然 JDK 的 Java.net 包中已经提供了访问 HTTP 协议的基本功能，但是对于大部分应用程序来说，JDK 库提供的功能还远远不够。这就需要 Android 提供的 Apache HttpClient 了。

Apache HttpClient 是一个开源项目，弥补了 Java.net 灵活性不足的缺点，为客户端的 HTTP 编程提供高效、最新、功能丰富的工具包支持。Android 平台引入了 Apache HttpClient 的同时还提供了对它的一些封装和扩展，如设置默认的 HTTP 超时和缓存大小等。早期的 Android 曾同时包括 CommonsHttpClient（org.apache.commons.httpclient.）和 HttpComponents（org.apache.http.client.），不过当前版本（1.5）中开发者只能使用后者，也就是说类似以下的一些类。

使用这部分接口的基本操作与 Java.net.基本类似，主要包括创建 HttpClient、GetMethod / PostMethod、HttpRequest 等对象，以及设置连接参数、执行 HTTP 操作、处理服务器返回结果。

```
    //创建 HttpClient
            //这里使用 DefaultHttpClient 表示默认属性
            HttpClient hc = new DefaultHttpClient();
            //HttpGet 实例
            HttpGet get = new HttpGet("http://www.google.com");
            //连接
```

```
try {
    HttpResponse rp = hc.execute(get);
    if(rp.getStatusLine().getStatusCode()==HttpStatus.SC_OK)
    {
        InputStream is = rp.getEntity().getContent();
        //处理数据
    }
} catch (ClientProtocolException e) {
    // TODO Auto-generated catch block
    e.printStackTrace();
} catch (IOException e) {
    // TODO Auto-generated catch block
    e.printStackTrace();
}
```

10.2.3 Android 的网络接口

Android.net.* 实际上是通过对 Apache 的 HttpClient 的封装来实现的一个 HTTP 编程接口，同时还提供了 HTTP 请求队列管理，以及 HTTP 连接池管理，以提高并发请求情况下（如转载网页时）的处理效率，除此之外还有网络状态监视等接口，访问网络的 Socket ，常用的 URI 类以及有关 Wi-Fi 相关的类。

以下就是一个通过 AndroidHttpClient 访问服务器的例子：

```
try {
        /**IP*/
        InetAddress inetAdderess = InetAddress.getByName("192.168.1. 110");
        /**Port*/
        Socket client = new Socket(inetAdderess, 61203, true);
        /**取得数据*/
        InputStream in = client.getInputStream();
        OutputStream out = client.getOutputStream();
        /**处理数据*/
        out.close();
        in.close();
    } catch (Exception e) {
    }
```

10.3 WebView

10.3.1 WebView 简介

WebView 是 Android 中一个非常实用的组件，它和 Safai、Chrome 一样都是基于 WebKit

网页渲染引擎，可以通过加载 HTML 数据的方式便捷地展现软件的界面。那么，什么是 WebKit 呢？WebKit 是 Mac OS X v10.3 及以上版本所包含的软件框架（对 v10.2.7 及以上版本也可通过软件更新获取）。同时，WebKit 也是 Mac OS X 的 Safari 网页浏览器的基础。WebKit 是一个开源项目，主要由 KDE 的 KHTML 修改而来并且包含了一些来自苹果公司的一些组件。传统上，WebKit 包含一个网页引擎 WebCore 和一个脚本引擎 JavaScriptCore，它们分别对应的是 KDE 的 KHTML 和 KJS。不过，随着 JavaScript 引擎的独立性越来越强，现在 WebKit 和 WebCore 已经基本上混用不分（如 Google Chrome 和 Maxthon 3 采用 V8 引擎，却仍然宣称自己是 WebKit 内核）。

使用 WebView 开发软件有以下几个优点。

（1）可以打开远程 URL 页面，也可以加载本地 HTML 数据。

（2）可以无缝地在 Java 和 JavaScript 之间进行交互操作。

（3）高度的定制性，可根据开发者的需要进行多样性定制。

10.3.2 WebView 的实现

WebView（网络视图）能加载显示网页，可以将其视为一个浏览器。它使用了 WebKit 渲染引擎加载显示网页，实现 WebView 有以下两种不同的方法。

第一种方法的步骤如下。

（1）要在 Activity 中实例化 WebView 组件：WebView webView = new WebView（this）。

（2）调用 WebView 的 loadUrl()方法，设置 WevView 要显示的网页。

互联网用“webView.loadUrl("http://www.google.com"); ”。

本地文件用“webView.loadUrl("file:///android_asset/XX.html");”，本地文件存放在 assets 文件中。

（3）调用 Activity 的 setContentView( )方法来显示网页视图。

（4）为了让 WebView 支持回退功能，需要覆盖 Activity 类的 onKeyDown()方法，如果不做任何处理，按系统回退键，整个浏览器会调用 finish()而结束自身，而不是回退到上一页面。

（5）需要在 AndroidManifest.xml 文件中添加权限，否则会出现 Web page not available 错误。

```
<uses-permission android:name="android.permission.INTERNET" />
```

第二种方法的步骤如下。

（1）在布局文件中声明 WebView。

（2）在 Activity 中实例化 WebView。

（3）调用 WebView 的 loadUrl( )方法，设置 WevView 要显示的网页。

（4）为了让 WebView 能够响应超链接功能，调用 setWebViewClient( )方法，设置 WebView 视图。

（5）为了让 WebView 支持回退功能，需要覆盖 Activity 类的 onKeyDown()方法，如果不做任何处理，按系统回退键，整个浏览器会调用 finish()而结束自身，而不是回退到上一页面。

（6）需要在 AndroidManifest.xml 文件中添加权限，否则出现 Web page not available 错误。

```
<uses-permission android:name="android.permission.INTERNET"/>
```

10.3.3 WebView 的常见功能

1. 浏览网页

Android 提供了内置的浏览器，该浏览器使用了开源的 WebKit 引擎。WebKit 不仅能够搜索网址、查看电子邮件，而且能够播放视频节目。在 Android 中，要使用内置的浏览器，需要通过 WebView 组件来实现。通过 WebView 组件可以轻松实现显示网页功能。下面将对如何使用 WebView 组件来显示网页进行详细介绍。

WebView 组件是专门用来浏览网页的，其使用方法与其他组件一样，既可以在 XML 布局文件中使用<WebView>标记添加，又可以在 Java 文件中通过 new 关键字创建。推荐采用第一种方法。即通过<WebVew>标记在 XML 布局文件中添加。在 XML 布局文件中添加一个 WebView 组件可以使用下面的代码：

```
< WebView
    android:id = "@+id/webview1"
          android:layout_width = "match_parent"
          android:layout_height = "match_parent"/>
```

添加 Web 组件后，就可以应用该组件提供的方法来执行浏览器操作了。

2. 加载 JavaScript

众所周知，WebView 是 Android 系统提供的一个功能强大应用广泛的组件。这些特点归功于它对 HTML 的支持。即通过 HTML 的标签，用户可以将自己的资料以各种排版来显示。另外，WebView 也对 JavaScript 脚本语言进行了支持，这样就可以通过脚本来实现 WebView 内容与 Android 应用之间的动态交互。例如，可以在 HTML 文件中需要的地方创建一些控件对象供用户操作，以便达到更友好的用户使用体会。

下面就介绍一下，HTML 是怎样通过 JavaScript 来和 Android 应用进行交互的。

（1）要开启 WebView 的支持 JavaScript 的功能。具体方法：通过 WebView 的 getSettings 方法得到该 WebView 对象的设置对象。然后调用该设置对象的 setJavaScriptEnabled，参数为 true，从而开启 WebView 支持 JavaScript 的功能。

（2）通过 WebView 的 loadUrl 方法载入相应 HTML 文件，该 HTML 文件中包含了 JavaScript 方法。

（3）此时 Android WebView 就可以通过 loadUrl 去掉用 HTML 中的脚本方法。

（4）如果需要通过 HTML 文件调用 Android 应用中的方法，则需要首先定义一个 Handler 对象 h，然后自定义一个类，此类提供一个公共方法，该方法为 HTML JavaScript 方法所调用，通过参数将 HTML 的数据传入。该方法主要是向 h 发送一个 Runnable 对象，通过 run 方法，可以将 HTML 传递过来的数据加以利用。最后需要调用 WebView 对象的 addJavascriptInterface 方法将自定义类的对象加入 WebView 的 JavaScript 接口。注意为该对象起别名的目的是为了能让 HTML 中的 JavaScript 方法调用到自定义类中的相应方法。

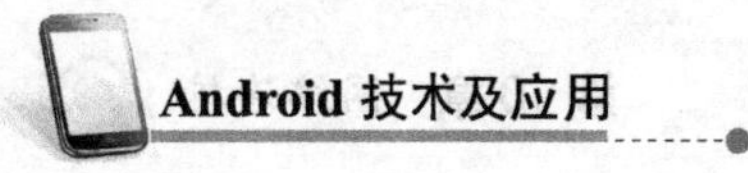

10.4 Wi-Fi 应用的开发

10.4.1 Wi-Fi 系统

在 Android 中对 Wi-Fi 并不需要过多的控制（当成功连接 Wi-Fi 后，就可以直接通过 IP 在 Wi-Fi 设备之间进行通信了），一般只需要控制打开或关闭 Wi-Fi 以及获得一些与 Wi-Fi 相关的信息（如 MAC 地址、IP 等）。

Wi-Fi 的设置至少需要一个 Access Point（ap）和一个或一个以上的 client（hi）。AP 每 100ms 将 SSID（Service Set Identifier）经由 beacons（信号台）封包广播一次，beacons 封包的传输速率是 1Mb/s，并且长度相当短，所以这个广播动作对网络效能的影响不大。因为 Wi-Fi 规定的最低传输速率是 1Mb/s，所以确保所有的 Wi-Fi Client 端都能收到这个 SSID 广播封包，Client 可以借此决定是否要和这一个 SSID 的 AP 连线。使用者可以设定要连线到哪一个 SSID。Wi-Fi 系统总是对用户端开放其连接标准，并支持漫游，这就是 Wi-Fi 的好处。这也意味着，一个无线适配器有可能在性能上优于其他的适配器。有时 Wi-Fi 通过空气传送信号，所以和非交换以太网有相同的特点。对于 Wi-Fi 工作步骤如下：

（1）Wi-Fi 模块的初始化。

（2）Wi-Fi 模块的启动。

（3）查找接入点。

（4）配置接入点参数。

（5）Wi-Fi 连接。

（6）进行 IP 地址的配置。

在 Android 中对 Wi-Fi 操作，Android 本身提供了一些有用的包，一般在 android.net.wifi 包下面。简单介绍一下：

大致可以分为 4 个主要的类 ScanResult、WifiConfiguration、WifiInfo、WifiManager。

（1）ScanResult，通过 Wi-Fi 硬件扫描来获取周边的 Wi-Fi 热点。

（2）WifiConfiguration 连通 Wi-Fi 接入点需要获取到的信息。

（3）WifiInfo：Wi-Fi 连通以后，可以通过此类获得一些已经连通的 Wi-Fi 连接的信息，获取当前链接的信息的方法如下。

getBSSID()：获取 BSSID。

getDetailedStateOf()：获取客户端的连通性。

getHiddenSSID()：获得 SSID 是否被隐藏。

getIpAddress()：获取 IP 地址。

getLinkSpeed()：获得连接的速度。

getMacAddress()：获得 Mac 地址。

getRssi()：获得 802.11n 网络的信号。

getSSID()：获得 SSID。

getSupplicanState()：返回具体客户端状态的信息。

（4）WifiManager ：管理 Wi-Fi 连接，此类里面预先定义了许多常量，可以直接使用，不用再次创建。

String ACTION_PICK_WIFI_NETWORK Activity：选择一个 Wi-Fi 网络连接。

int ERROR_AUTHENTICATING：出现一个验证错误问题。

String EXTRA_BSSID String：提供已接入点的 BSSID。

String EXTRA_NETWORK_INFO：联合网络信息。

String EXTRA_NEW_RSSI：提供新的 RSSI（信号强度）。

String EXTRA_NEW_STATE：查看新的请求状态。

String EXTRA_PREVIOUS_WIFI_STATE：当前 Wi-Fi 的状态。

String EXTRA_SUPPLICANT_CONNECTED：表示应用后台程序的连接已经获得或丢失。

String EXTRA_SUPPLICANT_ERROR：调用 getIntExtra(String, int)中发生错误时产生此错误问题。

String EXTRA_WIFI_INFO：提供已连上的接入点的信息。

String EXTRA_WIFI_STATE：可用额外的整数型关键字表示 Wi-Fi 是否启用、禁用、正在启用、正在禁用或者未知。

String NETWORK_IDS_CHANGED_ACTION：配置的网络标识已被更改。

String NETWORK_STATE_CHANGED_ACTION：配置的网络状态已被更改。

String RSSI_CHANGED_ACTION：RSSI（信号强度）发生改变。

String SCAN_RESULTS_AVAILABLE_ACTION：接入点扫描完成，并且结果已经可以获得。可以调用 getScanResults()获得结果。

String SUPPLICANT_CONNECTION_CHANGE_ACTION：广播行为表示连接已经建立或者丢失。

String SUPPLICANT_STATE_CHANGED_ACTION：请求一个接入点连接的状态已经改变。

int WIFI_MODE_FULL：在这种锁定模式，Wi-Fi 将保持激活状态。自动尝试连接范围内，已经配置的接入点。同时发现未配置的接入点。

int WIFI_MODE_FULL_HIGH_PERF：在这种锁定模式，Wi-Fi 将保持和 WIFI_MODE_FULL 相同的激活状态，不同的是在屏幕设备关闭后也会保持最小丢包和最小延时高功耗连接。因此应尽量不在非必要的情况下使用该模式。

int WIFI_MODE_SCAN_ONLY：在这种锁定模式，Wi-Fi 将保持激活状态。但只能进行接入范围内的扫描，并且不会自动连接到已经配置的接入点，也不会自动进行扫描操作。

String WIFI_STATE_CHANGED_ACTION：广播行为表示，当前 Wi-Fi 状态有可能是已启用、已禁用、正在启用、正在禁用。

int WIFI_STATE_DISABLED Wi-Fi：被禁用。

int WIFI_STATE_DISABLING Wi-Fi：开始禁用，如果操作成功，状态为 WIFI_STATE_ENABLED。

int WIFI_STATE_ENABLED Wi-Fi：已经被启用。

int WIFI_STATE_ENABLING Wi-Fi：开始启用，如果成功，状态为 WIFI_STATE_ENABLED。

int WIFI_STATE_UNKNOWN Wi-Fi：未知状态，在启用或禁用过程产生错误导致。

方法：

```
Public Methods
```

int addNetwork（WifiConfiguration config）：添加一个新网络。

static int calculateSignalLevel(int rssi, int numLevels)：计算信号等级。

static int compareSignalLevel(int rssiA, int rssiB)：比较 A 和 B 的信号强度。

WifiManager.MulticastLock createMulticastLock（String tag）：创建多点传送锁。

WifiManager.WifiLock createWifiLock(int lockType，String tag)：创建一个新的 Wi-Fi 锁。

WifiManager.WifiLock createWifiLock（String tag）：创建一个新的 Wi-Fi 锁，以 tag 标记的参数。

boolean disableNetwork（int netId）：禁用一个以配置好的网络。

boolean disconnect()：取消当前接入点的连接。

boolean enableNetwork(int netId, boolean disableOthers)：允许当前已配置网络可连接。

List<WifiConfiguration> getConfiguredNetworks()：返回所有可配置的网络列表。

WifiInfo getConnectionInfo()：如果有动作，返回当前 Wi-Fi 连接的动态信息。

List<ScanResult> getScanResults()：返回扫描出的网络列表。

int getWifiState()：获得 Wi-Fi 状态。

boolean isWifiEnabled()：返回 Wi-Fi 可用或不可用。

boolean reassociate()：（不管是否已连接）重新连接当前接入点。

boolean reconnect()：如果当前网络连接已丢失，重新连接当前接入点。

boolean removeNetwork（int netId）：从可配置网络列表中移除。

boolean saveConfiguration()：保存当前可配置网络列表。

boolean setWifiEnabled（boolean enabled）：启用或禁用 Wi-Fi。

boolean startScan()：请求对接入点的扫描。

int updateNetwork（WifiConfiguration config）：更新网络或者结束一个已配置好的网络。

10.4.2 JNI

JNI（Java Native Interface），即 Java 本地接口，是为 Java 编写本地方法和 jvm 嵌入本地应用程序的标准的应用程序接口。首要的目标是在给定的平台上采用 Java 通过 JNI 调用本地方法，而本地方法是以库文件的形式存放的（在 Windows 平台上是 DLL 文件形式，在 UNIX 机器上是 SO 文件形式）。通过调用本地的库文件的内部方法，使 Java 可以实现和本地机器的紧密联系，调用系统级的各接口方法。有的 jvm 用来实现兼容的二进制编码本地方法库。

通过一个简单的 JNI 应用来了解 JNI 在 Android 中的使用，在 Java 程序中调用 C/C++

函数的方法如下。

（1）创建一个类（HelloWorld.java）或者在原来的类中声明本地方法。

（2）使用 javac 编译源文件 HollowWorld.java，生成 HelloWorld.class。

（3）使用 javah –jni 来生成头文件（HelloWorld.h），这个头文件里面包含了本地方法的函数原型。

（4）编写 C/C++代码（HelloWorld.c）实现头文件中的函数原型。

（5）将 HelloWorld.c 编译成一个动态库，生成 Hello-World.dll 或者 libHello-World.so。

（6）使用 java 命令运行 HelloWorld 程序，类文件 HelloWorld.class 和本地库（HelloWorld.dll 或者 libHelloWorld.so）在运行时被加载。

JNI 调用步骤如图 10-3 所示。

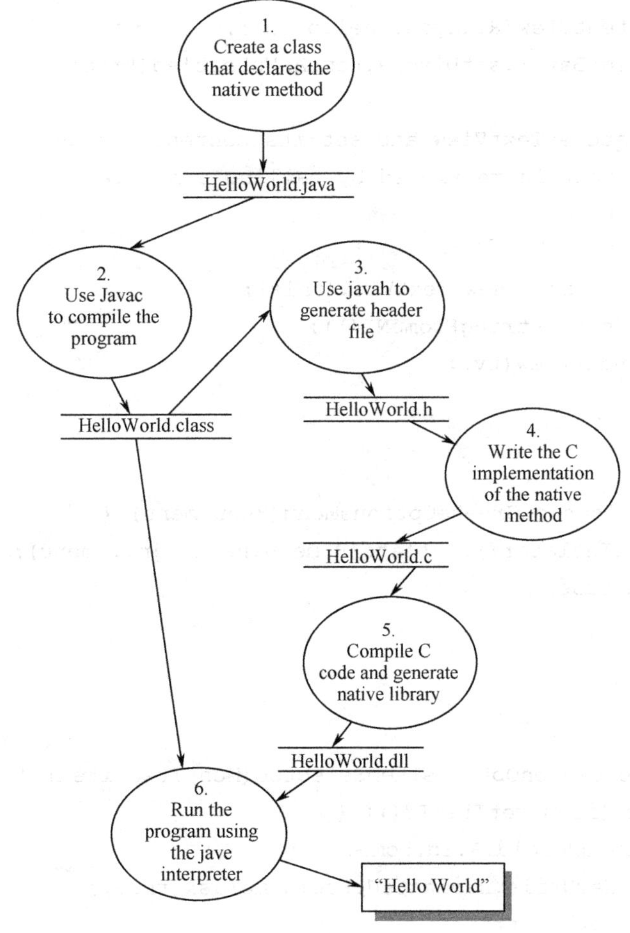

图 10-3 JNI 调用步骤

创建一个新的 Android 工程 HelloJNI 便于演示：

```
package com.example.hellojni;
```

```
import android.os.Bundle;
import android.app.Activity;
import android.view.Menu;
import android.view.MenuItem;
import android.widget.TextView;
import android.support.v4.app.NavUtils;

public class HelloJNI extends Activity {

    @Override
    public void onCreate(Bundle savedInstanceState) {
        super.onCreate(savedInstanceState);
        setContentView(R.layout.hello_jni);
        getActionBar().setDisplayHomeAsUpEnabled(true);

        /* Create a TextView and set its content.
         * the text is retrieved by calling a native
         * function.
         */
        TextView  tv = new TextView(this);
        tv.setText( stringFromJNI());
        setContentView(tv);
    }

    @Override
    public boolean onCreateOptionsMenu(Menu menu) {
        getMenuInflater().inflate(R.menu.hello_jni, menu);
        return true;
    }


    @Override
    public boolean onOptionsItemSelected(MenuItem item) {
        switch (item.getItemId()) {
            case android.R.id.home:
                NavUtils.navigateUpFromSameTask(this);
                return true;
        }
        return super.onOptionsItemSelected(item);
    }

    /* A native method that is implemented by the
     * 'HelloJNI' native library, which is packaged
```

```
    * with this application.
    */
   public native String  stringFromJNI();

   /* This is another native method declaration that is *not*
    * implemented by 'HelloJNI'. This is simply to show that
    * you can declare as many native methods in your Java code
    * as you want, their implementation is searched in the
    * currently loaded native libraries only the first time
    * you call them.
    *
    * Trying to call this function will result in a
    * java.lang.UnsatisfiedLinkError exception !
    */
   public native String  unimplementedStringFromJNI();

   /* this is used to load the 'HelloJNI' library on application
    * startup. The library has already been unpacked into
    * /data/data/com.example.HelloJni/lib/libHelloJNI.so at
    * installation time by the package manager.
    */
   static {
      System.loadLibrary("HelloJNI");
   }
}
```

代码很简单，主要是调用本地方法返回一个字符串，显示在屏幕上。有两点需要针对说明一下：

```
static {
    System.loadLibrary("HelloJNI");
}
```

上面这几行代码是用来加载动态库 libHelloJNI.so 。那么是在什么时候加载呢？当第一次使用到这个类的时候就会加载。

```
public native String stringFromJNI();
public native String unimplementedStringFromJNI();
```

使用关键字 native 声明本地方法，表明这两个函数需要通过本地代码 C/C++实现。

通过 Eclipse 编译代码，生成 .class 文件。为生成 JNI 的头文件做好准备。

那么要怎么样实现 stringFromJNI 和 unimplementedStringFromJNI 这两个函数呢？这两个函数要怎么命名？直接用这两个名字行不行？要解决这些疑问，就要用到 javah 这个命令。

在新建成的工程根目录下，输入以下命令：

```
$javah -classpath bin/classes -d jni com.example.hellojni.HelloJNI
```

先简单介绍一下这个命令有什么用。这个命令是用来生成与指定 class 相对应的本地方法的头文件。

-classpath：指定类的路径。

-d：输出目录名。

com.example.hellojni.HelloJNI：完整的类名。

命令的结果是在本地生成一个名为 JNI 的目录，里面有一个名为 com_example_hellojni_HelloJNI.h 的头文件。这个文件就是所需要的头文件，下面声明了两个函数。

```
/* DO NOT EDIT THIS FILE - it is machine generated */
#include <jni.h>
/* Header for class com_example_hellojni_HelloJNI */

#ifndef _Included_com_example_hellojni_HelloJNI
#define _Included_com_example_hellojni_HelloJNI
#ifdef __cplusplus
extern "C" {
#endif
/*
 * Class:     com_example_hellojni_HelloJNI
 * Method:    stringFromJNI
 * Signature: ()Ljava/lang/String;
 */
JNIEXPORT jstring JNICALL Java_com_example_hellojni_HelloJNI_stringFromJNI
  (JNIEnv *, jobject);

/*
 * Class:     com_example_hellojni_HelloJNI
 * Method:    unimplementedStringFromJNI
 * Signature: ()Ljava/lang/String;
 */
JNIEXPORT jstring JNICALL Java_com_example_hellojni_HelloJNI_unimplemented
StringFromJNI
  (JNIEnv *, jobject);

#ifdef __cplusplus
}
#endif
#endif
```

上面代码中的 JNIEXPORT 和 JNICALL 是 JNI 的宏，在 Android 的 JNI 中不需要，当然写上去也不会有错。

函数名比较长，不过是有规律的，按照 java_pacakege_class_method 形式来命名。调 stringFromJNI()就会执行 JNICALLJava_com_example_hellojni_HelloJNI_stringFromJNI()。

还有一个地方需要注意一下，那就是“Signature:()Ljava/lang/String;”表示函数的参数为空[这里为空是指除了 JNIEnv*、jobject 这两个参数之外没有其他参数，JNIEnv*和 jobject 是所有 JNI 函数必有的两个参数，分别表示 JNI 环境和对应的 Java 类（或对象）本身]；“Ljava/lang/String;”表示函数的返回值是 Java 的 String 对象。

然后来编写 C/C++代码：

按照com_example_hellojni_HelloJNI.h中声明的函数名，在jni目录下建立一个HelloJNI.c文件实现其函数体。

```
#include <string.h>
#include <jni.h>
#include "com_example_hellojni_HelloJNI.h"

jstring  Java_com_example_hellojni_HelloJNI_stringFromJNI(JNIEnv  *env,
jobject this)
{
    return (*env)->NewStringUTF(env, "Hello from JNI !");
}
```

这里只实现了 Java_com_example_hellojni_HelloJNI_stringFromJNI()，函数很简单，返回一个字符串。但是由于函数定义中的返回值是 Java 的 String 类，所以不能简单地返回一个字符串，需要通过 JNI 函数 NewStringUTF 在本地创建一个新的 java.lang.String 对象。这个新创建的字符串对象拥有一个与给定的 UTF-8 编码的 C 类型字符串内容相同的 Unicode 编码字符串。这里给出了一个问题，就是说在编写 JNI 的时候，有些数据类型是需要做转换的。

接下来就需要通过 NDK（Native Development Kit）的 ndk-build 命令来编译生成动态库。在 JNI 目录下创建一个名为 Android.mk 的文件，并输入以下内容：

```
LOCAL_PATH := $(call my-dir)
include $(CLEAR_VARS)
LOCAL_MODULE    := HelloJNI
LOCAL_SRC_FILES := HelloJNI.c
include $(BUILD_SHARED_LIBRARY)
```

然后在 JNI 目录下输入“ndk-build”命令就可以编译了。

最后测试效果如图 10-4 所示。

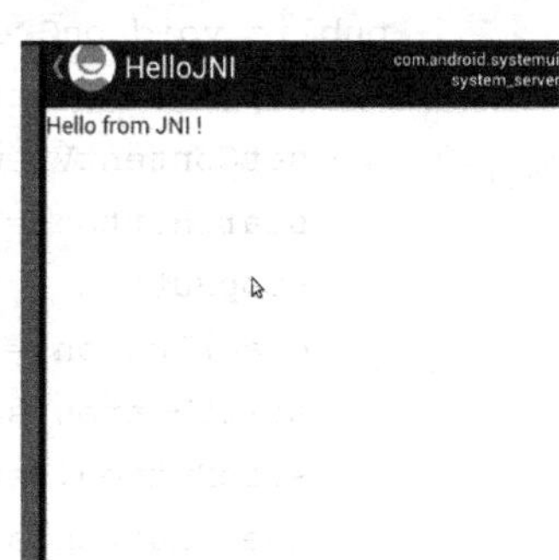

图 10-4　运行效果

10.4.3　简单的 Wi-Fi 应用开发

下面通过开发一个简单的 Wi-Fi 应用熟悉 Wi-Fi 应用的开发。首先需要在 AndroidManifest.xml 中设置使用 Wi-Fi 访问网络所需要的权限：

```
    <uses-permission  android:name="android.permission.CHANGE_NETWORK_STATE">
</uses-permission>
    <uses-permission     android:name="android.permission.CHANGE_WIFI_STATE">
</uses-permission>
    <uses-permission android:name="android.permission.ACCESS_NETWORK_STATE">
</uses-permission>
    <uses-permission     android:name="android.permission.ACCESS_WIFI_STATE">
</uses- permission>
```

接下来就需要在 Activity 中添加相关的 Wi-Fi 事件方法，设置 Wi-Fi 网卡状态，创建 WifiActivity.java 如下：

```
    package com.android.wifi;
    import android.app.Activity;
    import android.content.Context;
    import android.net.wifi.WifiManager;
    import android.os.Bundle;
    import android.view.View;
    import android.view.View.OnClickListener;
    import android.widget.Button;
    import android.widget.Toast;

    public class WifiActivity extends Activity {
       /** Called when the activity is first created. */
       private Button startButton = null;
       private Button stopButton = null;
       private Button checkButton = null;
       private WifiManager wifiManager = null;
       @Override
       public void onCreate(Bundle savedInstanceState) {
          super.onCreate(savedInstanceState);
          setContentView(R.layout.main);
          startButton = (Button)findViewById(R.id.startWifi);
          stopButton = (Button)findViewById(R.id.stopWifi);
          checkButton = (Button)findViewById(R.id.checkWifi);
          startButton.setOnClickListener(new StartWifiListener());
          stopButton.setOnClickListener(new StopWifiListener());
          checkButton.setOnClickListener(new CheckWifiListener());
       }
       class StartWifiListener implements OnClickListener{

          @Override
          public void onClick(View v) {
```

```
            wifiManager  =  (WifiManager)WifiActivity.this.getSystemService
(Context.WIFI_SERVICE);
            //设置状态可用
            wifiManager.setWifiEnabled(true);
            System.out.println("wifi state --->" + wifiManager.getWifiState());
            Toast.makeText(WifiActivity.this, "当前 Wi-Fi 网卡状态为" +
wifiManager.getWifiState(), Toast.LENGTH_SHORT).show();
        }
    }
    class StopWifiListener implements OnClickListener{

        @Override
        public void onClick(View arg0) {
            // TODO Auto-generated method stub
            wifiManager  =  (WifiManager)WifiActivity.this.getSystemService
(Context.WIFI_SERVICE);
            //设置状态不可用
            wifiManager.setWifiEnabled(false);
            System.out.println("wifi state --->" + wifiManager.getWifiState());
            Toast.makeText(WifiActivity.this, "当前 Wi-Fi 网卡状态为" +
wifiManager.getWifiState(), Toast.LENGTH_SHORT).show();
        }

    }

    class CheckWifiListener implements OnClickListener{

        @Override
        public void onClick(View v) {
            wifiManager  =  (WifiManager)WifiActivity.this.getSystemService
(Context.WIFI_SERVICE);
            System.out.println("wifi state --->" + wifiManager.getWifiState());
            Toast.makeText(WifiActivity.this,"当前Wifi网卡状态为"+wifiManager.
getWifiState(), Toast.LENGTH_SHORT).show();
        }
    }
  }
```

10.5 习　　题

1．网络访问的方式有哪些？

2. 简述网络访问 HTTP 方式。
3. 什么是 HTTP 通信？
4. 请简单描述 Apache 接口。
5. WebView 的实现方法有哪些？
6. 简要介绍 Wi-Fi 应用开发。

第 11 章　多　线　程

本章主要内容：

- 多线程的实现。
- 多线程消息传递机制。

本章主要讲述多线程的概念，介绍在 Android 中使用多线程的方法，学习本章内容可以让读者在开发耗时任务时，将其用线程实现会使应用运行更流畅迅速。

线程是进程中的一个实体，它的基本思想是将程序的执行和资源分开，只拥有一点必不可少的资源。一个进程可拥有多个线程，但它可以和同属于同一进程的其他线程共享进程所拥有的所有资源，同一进程中的线程之间可以并发执行。这样的话，并发程度可以获得显著的提高。线程也具有许多进程所具有的特征，因此被称为轻型进程。

结合 Android 系统来说，当一个程序第一次启动时，Android 会同时启动一个对应的主线程（Main Thread），主线程主要负责处理与 UI 相关的事件，如用户的按键事件、用户接触屏幕的事件以及屏幕绘图事件，并把相关的事件分发到对应的组件进行处理。所以主线程通常又被称为 UI 线程。在开发 Android 应用时必须遵守单线程模型的原则： Android UI 操作并不是线程安全的并且这些操作必须在 UI 线程中执行。

11.1　多线程的实现

Java 多线程实现方式主要有三种：继承 Thread 类、实现 Runnable 接口、使用 Callable 与 Future 实现有返回结果的多线程。其中前两种方式线程执行完后都没有返回值，只有最后一种是带返回值的。

11.1.1　创建启动线程

1. 继承 Thread 类实现多线程

继承 Thread 类的方法尽管被列为一种多线程实现方式，但 Thread 本质上也是实现了 Runnable 接口的一个实例，它代表一个线程的实例，并且，启动线程的唯一方法就是通过 Thread 类的 start()实例方法。start()方法是一个 native 方法，它将启动一个新线程，并执行 run()方法。这种方式实现多线程很简单，通过自己的类直接 extend Thread，并复写 run()方法，就可以启动新线程并执行自己定义的 run()方法。

基本步骤如下。

（1）创建 Thread 类的子类，并重写 run()方法，该方法代表了该线程完成的任务。run 方法为线程执行体。

（2）创建 Thread 类的子类的实例，即创建了线程的对象。

（3）调用线程的 start()方法来启动线程。

```
package com.java.xiong.Tread16;
public class ss extends Thread {
    //重新 run 方法
        @Override
        public void run() {
            for(int i=0;i<100;i++){
                //当前线程
                System.out.println("线程名"+i+": "+this.getName());
            }
        }
        //启动主线程 main
    public static void main(String []arg){
        for(int i=0;i<100;i++){
            //当前线程
            System.out.println(Thread.currentThread().getName());
            if(i==10)
            {
                //启动第一个线程
                new ss().start();
                //启动第二个线程
                new ss().start();
            }
        }
    }
}
```

2. 实现 Runnable 接口方式实现多线程

（1）定义 Runnable 接口的实现类，并重写该接口的 run()方法；run()方法则为该线程的执行体。

（2）创建 Runnable 接口实现类的实例。

（3）实例化 Thread 类，参数为 Runnable 接口实现类的对象（Thread 类的对象才是线程对象）来启动线程。

```
package com.java.xiong.Tread16;
//创建线程对象
public class RunnableTread implements Runnable {
    @Override
    public void run() {
        for (int i = 0; i < 100; i++) {
            // 当前线程
            System.out.println("线程名" + i + ": "
```

```
                + Thread.currentThread().getName());
        }
    }
}
package com.java.xiong.Tread16;
public class RunnableTest {
    public static void main() {
        RunnableTread runs=new RunnableTread();
        //获取线程对象
        Thread tr=new Thread(runs);
        for (int i = 0; i < 100; i++) {
            // 当前线程
            System.out.println(Thread.currentThread().getName());
            if (i == 10) {
                // 启动第一个线程
                tr.start();
                // 启动第二个线程
                tr.start();
            }
        }
    }
}
```

3. 使用 Callable、Future 实现有返回结果的多线程

（1）创建 Callable 的实现类，并重写 call()方法，该方法为线程执行体，并且该方法有返回值。

（2）创建 Callable 的实例，并用 FutureTask 类来包装 Callable 对象，该 FutureTask 封装了 Callable 对象 call()方法的返回值。

（3）实例化 FutureTask 类，参数为 FutureTask 接口实现类的对象来启动线程。

（4）通过 FutureTask 类的对象的 get()方法来获取线程结束后的返回值。

```
package com.java.xiong.Tread16;
import java.util.concurrent.Callable;
import java.util.concurrent.FutureTask;
public class CallableTest implements Callable<Integer> {
    @Override
    public Integer call() throws Exception {
        // TODO Auto-generated method stub
        int i = 0;
        for (; i < 100; i++) {
            // 当前线程
            System.out.println("线程名" + i + ": " + Thread.currentThread());
```

```
        }
        return i;
    }
    public static void main(String[] args) {
        CallableTest call = new CallableTest();
        FutureTask<Integer> fu = new FutureTask<Integer>(call);
        Thread th = new Thread(fu, "有返回值的线程");
        for (int i = 0; i < 100; i++) {
            // 当前线程
            System.out.println(Thread.currentThread().getName());
            if (i == 10) {
                // 启动第一个线程
                th.start();
            }
        }
        try {
            System.out.println("返回值是：" + fu.get());
        } catch (Exception e) {
            e.printStackTrace();
        }
    }
}
```

11.1.2 休眠线程

线程休眠是使得线程让出 CPU 的最简单方法之一，线程休眠的时候，会将 CPU 资源交给其他线程，以便能够轮换执行，当休眠一定时间后，线程会苏醒，进入准备状态等待执行。线程休眠的方法是 Thread.sleep（long millions）和 Thread.sleep（long millions,int nanos），均为静态方法，简单来说，哪个线程调用 sleep 哪个线程就休眠。

sleep() 定义在 Thread.java 中，其作用是让当前线程休眠，即当前线程会从“运行状态”进入到“休眠（阻塞）状态”。sleep()会指定休眠时间，线程休眠的时间会大于/等于该休眠时间；在线程重新被唤醒时，它会由“阻塞状态”变成“就绪状态”，从而等待 CPU 的调度执行。

下面通过一个简单示例演示 sleep()的用法。

```
// SleepTest.java 的源码
class ThreadA extends Thread{
    public ThreadA(String name){
        super(name);
    }
    public synchronized void run() {
        try {
```

```
            for(int i=0; i <10; i++){
                System.out.printf("%s: %d\n", this.getName(), i);
                // i 能被 4 整除时，休眠 100ms
                if (i%4 == 0)
                    Thread.sleep(100);
            }
        } catch (InterruptedException e) {
            e.printStackTrace();
        }
    }
}
public class SleepTest{
    public static void main(String[] args){
        ThreadA t1 = new ThreadA("t1");
        t1.start();
    }
}
```

运行结果：

```
t1: 0
t1: 1
t1: 2
t1: 3
t1: 4
t1: 5
t1: 6
t1: 7
t1: 8
t1: 9
```

结果说明：程序比较简单，在主线程 main 中启动线程 t1。t1 启动之后，当 t1 中的 i 能被 4 整除时，t1 会通过 Thread.sleep（100）休眠 100ms。

11.1.3　中断线程

中断线程有以下三种基本方法。

（1）线程正常执行完毕，正常结束。

也就是让 run 方法执行完毕，该线程就会正常结束。

（2）监视某些条件，结束线程的不间断运行。

然而，通常有些线程是伺服线程，它们往往需要长时间的运行，只有在外部某些条件满足的情况下，才能关闭这些线程。一般情况下，它们执行在一个 while（true）的死循环中。例如：

```
publicvoid run() {
    while(true){
    someWork();
    if(finished){
    break;
     }
    try {
        Thread.sleep(10000);
    } catch (InterruptedException e) {
        /* TODO 自动生成 catch 块 */
        e.printStackTrace();
    }
 }
}
```

可以在 while 死循环内，每次循环时，查看外部条件，看看是否需要关闭当前线程。如果是，就 break，跳出死循环，或者是抛出异常，跳出死循环，结束线程。

（3）捕获 InterruptedException 运行时异常，中断当前线程。

有些执行伺服任务的线程，在 while（true）这样的死循环内部，是一个阻塞中的方法。此时，就不能采用第二种方法了。因为，当该方法没有返回时，该线程会一直处于阻塞当中，根本无法执行其他语句。

这时就需要调用该线程的 interrupt 方法，产生一个 InterruptedException 运行时异常，使阻塞中的那个方法抛出这个异常，从而让用户有机会结束这个线程的执行。例如：

```
publicvoid run() {
  while(true){
    try {
  // getSendMessages 是 BlockingQueue 类。它的 take 方法将会阻塞！
   responseMessage = this.getSendMessages().take();
    } catch (InterruptedException e1) {
    thrownew RuntimeException();
   //或者 break;
    }
  someWork();
  }
```

一个外部的 Thread 对象指向这个线程。 需要结束这个线程时，只需要调用 thread 对象的 interrupt() 方法，就会在“responseMessage = this.getSendMessages().take();”这条语句中产生一个 InterruptedException 异常，从而结束该线程的阻塞状态，通过抛出异常，或者 break 跳出死循环，结束这个线程。

以上所介绍的便是 Java 中断线程的基本方法，也从安全角度出发所提倡的三种中断线程的方法，希望予以正确引用。

11.2 多线程消息传递机制

Android 的线程间消息处理机制主要是用来处理主线程（UI 线程）与工作线程（自己创建的线程）间通信的。Android 中的多线程可以有多种实现方式，主要介绍 Looper、Handler、Message 的使用。

Message：用于线程之间传递信息，发送的消息放入目标线程的 MessageQueue 中。

MessageQueue：用于简化线程之间的消息传递，MessageQueue 接收发送端的 Message，并作为消息处理端的输入源。每个线程只有一个实例。

Handler：用于处理 Message。根据业务需要每个线程可以有多个实例。

Looper：每个线程中只有一个 Looper（但是工作线程默认不创建 Looper），它是一个循环，不断地从 MessageQueue 中取出 Message，发送给 Handler 处理。

11.2.1 Looper 的使用

Android 采用消息循环机制来处理线程间的通信，Android 消息循环是针对线程的（每个线程都可以有自己的消息队列和消息循环），Android 系统中 Looper 负责管理线程的消息队列和消息循环，可以通过 Loop.myLooper()得到当前线程的 Looper 对象，通过 Loop.getMainLooper()可以获得当前进程的主线程的 Looper 对象。Looper 对象是什么呢？其实 Android 中每一个 Thread 都对应一个 Looper，Looper 可以帮助 Thread 维护一个消息队列，负责在多线程之间传递消息的一个循环器。一个线程可以存在（当然也可以不存在）一个消息队列和一个消息循环（Looper），但是创建的工作线程默认是没有消息循环和消息队列的，如果想让该线程具有消息队列和消息循环，需要在线程中首先调用 Looper.prepare()来创建消息队列，然后调用 Looper.loop()进入消息循环。如下例所示：

```
class LooperThread extends Thread {
  public Handler mHandler;
  public void run() {
  Looper.prepare();
  mHandler =newHandler() {
    public void handleMessage(Message msg) {
      // process incoming messages here
    }
    };
  Looper.loop();
  }
}
```

Looper.prepare()：Looper 对象的创建是通过 prepare 函数，而且每一个 Looper 对象会和一个线程关联，具体操作请见源码：

```
    public static final void prepare() {
        if (sThreadLocal.get() != null) {
            throw new RuntimeException("Only one Looper may be created per
thread");
        }
        sThreadLocal.set(new Looper());
    }
```

Looper 对象创建时会创建一个 MessageQueue（消息队列），主线程默认会创建一个 Looper，从而有 MessageQueue，其他线程默认是没有 MessageQueue 的，不能接收 Message（消息），如果需要接收 Message 则需要通过 prepare 函数创建一个 MessageQueue。具体操作请见源码。

```
    private Looper() {
          mQueue = new MessageQueue();
          mRun = true;
         mThread = Thread.currentThread();
    }
```

Looper.loop()：Loop 函数从 MessageQueue 中从前往后取出 Message，然后通过 Handler 的 dispatchMessage 函数进行消息的处理（可见消息的处理是 Handler 负责的），消息处理完了以后通过 Message 对象的 recycle 函数放到 Message Pool 中，以便下次使用，通过 Pool 的处理提供了一定的内存管理从而加速消息对象的获取。至于需要定时处理的消息如何做到定时处理，请见 MessageQueue 的 next 函数，它在取 Message 来进行处理时通过判断 MessageQueue 里面的 Message 是否符合时间要求来决定是否需要把 Message 取出来做处理，通过这种方式做到消息的定时处理。具体操作请见源码：

```
    public static final void loop() {
        Looper me = myLooper();
         MessageQueue queue = me.mQueue;
         while (true) {
            <span style="color:  rgb(255,  0,  0);">Message msg = queue.<span
style="color: rgb(255, 0, 0);">next()</span>; </span>// might block
         //if (!me.mRun) {
           //   break;
            //}
              if (msg != null) {
                 if (msg.target == null) {
                     // No target is a magic identifier for the quit message
                    return;
                 }
                 if (me.mLogging!= null)
                     me.mLogging.println(">>>>> Dispatching to " + msg.target +
```

```
" "+ msg.callback + ":  " + msg.what);
                msg.target.dispatchMessage(msg);
               if (me.mLogging!= null)
                   me.mLogging.println("<<<<< Finished to" + msg.target + " "+
msg.callback);
               msg.recycle();
           }
       }
    }
```

next()函数：

```
    final Message next() {
        boolean tryIdle = true;
        while (true) {
            long now;
            Object[] idlers = null;
            // Try to retrieve the next message, returning if found.
            synchronized (this) {
                // is counted in milliseconds since the system was booted,not
counting time spent in deep sleep.
                now = SystemClock.uptimeMillis();
                <span style="color:  rgb(255,  0,  0);">Message msg = <span
style="color:  rgb(255, 0, 0);">pullNextLocked(now)</span>;</span>
                if (msg != null) return msg;
                if (tryIdle && mIdleHandlers.size() > 0) {
                    idlers = mIdleHandlers.toArray();
                }
            }
            // There was no message so we are going to wait...  but first,
            // if there are any idle handlers let them know.
            boolean didIdle = false;
            if (idlers != null) {
                for (Object idler :  idlers) {
                    boolean keep = false;
                    try {
                        didIdle = true;
                        keep = ((IdleHandler)idler).queueIdle();
                    } catch (Throwable t) {
                        Log.wtf("MessageQueue", "IdleHandler threw exception",t);
                    }
                    if (!keep) {
                        synchronized (this) {
```

```
                    mIdleHandlers.remove(idler);
                }
            }
        }
    }
    // While calling an idle handler, a new message could have been
    // delivered... so go back and look again for a pending message.
    if (didIdle) {
        tryIdle = false;
        continue;
    }
    synchronized (this) {
        // No messages, nobody to tell about it... time to wait!
        try {
            if (mMessages != null) {
                if (mMessages.when-now > 0) {
                    Binder.flushPendingCommands();
                    this.wait(mMessages.when-now);
                }
            } else {
                Binder.flushPendingCommands();
                this.wait();
            }
        }
        catch (InterruptedException e) {
        }
    }
}
}
final Message pullNextLocked(long now) {
    Message msg = mMessages;
    if (msg != null) {
      <span style="color: rgb(255, 0, 0);"> </span><span style="color:
rgb(255, 0, 0);"><span style="color: rgb(255, 0, 0);"> if (now >= msg.when) {
        mMessages = msg.next;
        if (Config.LOGV) Log.v(
            "MessageQueue", "Returning message: " + msg);
        return msg;
    }</span></span>
    }
    return null;
}
```

11.2.2 Handler 的使用

1. 什么是 Handler

Handler 网络释义“操纵者，管理者的”意思，在 Android 里面用于管理多线程对 UI 的操作。

2. 为什么会出现 Handler

在 Android 的设计机制里面，只允许主线程（一个程序第一次启动时所移动的线程，因为此线程主要是完成对 UI 相关事件的处理，所以也称 UI 线程）对 UI 进行修改等操作，这是一种规则的简化，之所以这样简化是因为 Android 的 UI 操作时线程不安全的，为了避免多个线程同时操作 UI 造成线程安全问题，才出现了这个简化的规则。由此以来，问题就出现了，因为只允许主线程修改 UI，那么如果新线程的操作需要修改原来的 UI 该如何进行的？举个常见的例子就是：如果新线程的操作是更新 UI 中 TextView 的值，那么该如何操作？这时就需要 Handler 在新线程和主线程（UI 线程）之间传递消息。

3. Handler 的功能

主要有以下两个功能。

（1）在新启动的线程中发送消息。

（2）在主线程中获取，处理消息。

看似简单，但是如何处理同步问题却是一个难题，即如何把握新线程发送消息的时机和主线程处理消息的时机。这个问题的解决方案是：在主线程和新线程之间使用一个叫做 MessageQueue 的队列，新启动的线程发送消息时将消息先发送到与之关联的 MessageQueue，然后主线程的 Handler 方法会被调用；从 MessageQueue 中去取相应的消息进行处理。

4. Handler 的实现机制

Handler 的实现主要是依靠下面的几个方法。

读取消息使用到的方法如下。

void handleMessage(Message msg)：进程通过重写这个方法来处理消息。

final boolean hasMessage(int what)：检查消息队列中是否包含 what 属性为指定值的消息。

final boolean hasMessage(int what, Object object)：检查队列中是否有指定值和指定对象的消息。

Message obtainMessage()：获取消息，可被多种方式重载。

发送消息用到的方法如下。

sendEmptyMessage(int what)：发送空消息。

final boolean sendEmptyMessageDelayed(int what, long delayMillis)：指定多少毫秒之后发送空消息。

final boolean sendMessage(Message msg)：立即发送消息。

final boolean sendMessageDelayed(Message msg, long delayMillis)：指定多少毫秒之后发

送空消息。

```
    public class HandlerTest extends Activity
{
    ImageView show;
    // 代表从网络下载得到的图片
    Bitmap bitmap;
    Handler handler = new Handler()
    {
        @Override
        public void handleMessage(Message msg)
        {
            if(msg.what == 0x123)  //如果该消息是本程序发的
            {
                // 使用 ImageView 显示该图片
                show.setImageBitmap(bitmap);
            }
        }
    };
    @Override
    public void onCreate(Bundle savedInstanceState)
    {
        super.onCreate(savedInstanceState);
        setContentView(R.layout.main);
        show = (ImageView) findViewById(R.id.show);
        new Thread()
        {
            public void run()
            {
                try
                {
                    // 定义一个 URL 对象
                    URL url = new URL("http: //img001.21cnimg.com/photos"+
"/album/20140626/o/C164BDB0B24F59929C2113C0A9910636.jpeg");
                    // 打开该 URL 对应的资源的输入流
                    InputStream is = url.openStream();
                    // 从 InputStream 中解析出图片
                    bitmap = BitmapFactory.decodeStream(is);
                    // 发送消息，通知 UI 组件显示该图片
                    handler.sendEmptyMessage(0x123);
                    is.close();
                }
                catch (Exception e)
```

```
                {
                    e.printStackTrace();
                }
            }
        }.start();
    }
}
```

新的进程在将图片从网上解析下来之后向主进程发送空消息，之后主线程中handleMessage()的方法会被自动调用，更新 UI。

5. 深入理解 Handler 的工作机制

上面看到了一个简单的 Handler 的工作过程，其中 Handler 是在主线程中定义的。如果 Handler 是在子线程中定义的，那么可以更深入地理解它的工作原理。

因为有时需要将主线程中的消息传递给子线程，让子线程去处理一些计算量比较大的任务，所以应用程序应尽量避免在 UI 线程中执行耗时操作，否则会导致 ANR 异常（Application Not Responding）。这样主线程和新线程的角色就发生了颠倒，主线程需要向新线程发送消息，然后新线程进行消息的处理。在这种情况下，Handler 需要定义在新线程中，在这种情况下需要做一些额外的工作。

下面先来解释一下配合 Handler 的其他组件。

（1）Looper：每个线程对应一个 looper，它负责管理 MessageQueue，将消息从队列中取出交给 Handler 进行处理。

（2）MessageQueue：负责管理 Message，接收 Handler 发送过来的 message。

图 11-1 是整个工作的流程。

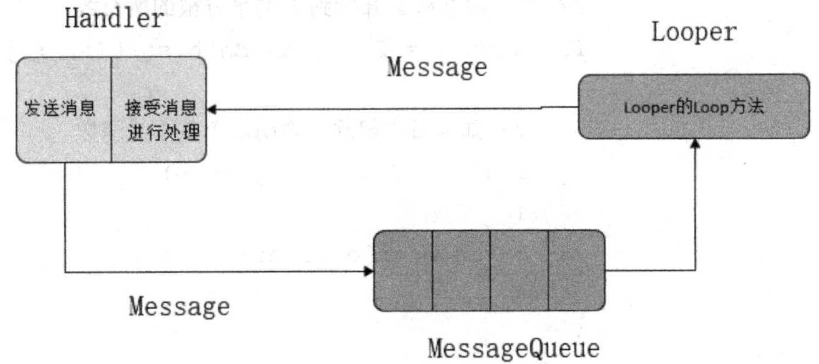

图 11-1　整个工作的流程

下面具体阐述一下工作的过程。

（1）在创建一个 Handler 之前需要先创建 Looper，创建的方式是 Looper.prepare()。

（2）在创建 Looper 的同时会自动创建 MessageQueue。

下面创建一个 Handler 的对象，然后调用 Looper 的 loop()方法。

下面的这段代码是一个实例：

```
public class CalPrime extends Activity{
static final String UPPER_NUM = "upper";
EditText etNum;
CalThread calThread;
// 定义一个线程类
class CalThread extends Thread
{
    <span style="color: #cc0000;">public Handler mHandler;</span>
    public void run()
    {
        <span style="color: #ff0000;">Looper.prepare();</span>
        <span style="color: #ff0000;">mHandler = new Handler()</span>
        {
            // 定义处理消息的方法
            @Override
            public void handleMessage(Message msg)
            {
                if(msg.what == 0x123)
                {
                    int upper = msg.getData().getInt(UPPER_NUM);
                    List<Integer> nums = new ArrayList<Integer>();
                    // 计算从 2 开始到 upper 的所有质数
                    outer:
                    for (int i = 2 ; i <= upper ; i++)
                    {
                        // 用 i 除以从 2 开始到 i 的平方根的所有数
                        for (int j = 2 ; j <= Math.sqrt(i) ; j++)
                        {
                            // 如果可以整除，表明这个数不是质数
                            if(i != 2 && i % j == 0)
                            {
                                continue outer;
                            }
                        }
                        nums.add(i);
                    }
                    // 使用 Toast 显示统计出来的所有质数
                    Toast.makeText(CalPrime.this , nums.toString()
                        , Toast.LENGTH_LONG).show();
                }
            }
        };
        <span style="color: #ff0000;">Looper.loop();</span>
```

```
        }
    }
    @Override
    public void onCreate(Bundle savedInstanceState)
    {
        super.onCreate(savedInstanceState);
        setContentView(R.layout.main);
        etNum = (EditText)findViewById(R.id.etNum);
        <span style="color: #ff0000;">calThread = new CalThread();</span>
        // 启动新线程
        <span style="color: #ff0000;">calThread.start();</span>
    }
    // 为按钮的点击事件提供事件处理函数
    public void cal(View source)
    {
        // 创建消息
        <span style="color: #ff0000;">Message msg = new Message();</span>
        msg.what = 0x123;
        Bundle bundle = new Bundle();
        bundle.putInt(UPPER_NUM ,
            Integer.parseInt(etNum.getText().toString()));
        <span style="color: #ff0000;">msg.setData(bundle);</span>
        // 向新线程中的 Handler 发送消息
        <span                              style="color                        :
#ff0000;">calThread.mHandler.sendMessage(msg);</span>
    }
}
```

11.2.3 Message 的使用

获取消息：直接通过 Message 的 obtain 方法获取一个 Message 对象或者直接 new 一个 Message 对象。源码如下：

```
public final Message obtainMessage(int what, int arg1, int arg2, Object obj){
return Message.obtain(this, what, arg1, arg2, obj);
}
```

Message.obtain 函数：从 Message Pool 中取出一个 Message，如果 Message Pool 中已经没有 Message 可取则新建一个 Message 返回。

Message Pool：大小为 10 个 。

清理 Message 是 Looper 里面的 loop 函数只把处理过的 Message 放到 Message 的 Pool 里面去，如果里面已经超过最大值 10 个，则丢弃这个 Message 对象。

发送消息：通过 MessageQueue 的 enqueueMessage 把 Message 对象放到 MessageQueue

的接收消息队列中，源码如下：

```
public boolean sendMessageAtTime(Message msg, long uptimeMillis){
      boolean sent = false;
      MessageQueue queue = mQueue;
      if (queue != null) {
         msg.target = this;
       sent = queue.enqueueMessage(msg, uptimeMillis);
      } else {
         RuntimeException  e  =  new  RuntimeException(this  +  "
sendMessageAtTime() called with no mQueue");
         Log.w("Looper", e.getMessage(), e);
      }
      return sent;
  }
```

线程如何处理 MessageQueue 中接收的消息：在 Looper 的 loop 函数中循环取出 MessageQueue 的接收消息队列中的消息，然后调用 Hander 的 dispatchMessage 函数对消息进行处理，源码如下：

```
public void dispatchMessage(Message msg) {
      if (msg.callback != null) {
         handleCallback(msg);
    } else {
       if (mCallback != null) {
           if (mCallback.handleMessage(msg)) {
               return;
           }
       }
       handleMessage(msg);
    }
  }
```

11.3 示　　例

学习了以上的多线程知识点，可以做一个多线程断点下载的小应用。开发思路如下。

（1）将待下载文件切分成几部分，每部分开启一条线程进行下载。

（2）将每条线程下载的部分利用 RandomAccessFile 写入本地文件。

（3）在下载过程中不断将该线程已经下载的数据位置保存至数据库。

（4）若下载过程中突然断电，下次下载时则从数据库中取出每条线程的断点值，继续下载即可。

创建 MainActivity.java 如下：

```
package com.downLoadExp.activity;
import java.io.File;
import android.app.Activity;
import android.content.Context;
import android.os.Bundle;
import android.os.Environment;
import android.os.Handler;
import android.os.Message;
import android.view.View;
import android.view.View.OnClickListener;
import android.widget.Button;
import android.widget.EditText;
import android.widget.ProgressBar;
import android.widget.TextView;
import android.widget.Toast;
import cc.download.DownloadProgressListener;
import cc.download.FileDownloader;
import cn.com.downloadActivity.R;

/**
 * Demo 描述:
 * 多线程断点下载文件的实现
 */
public class MainActivity extends Activity {
    private Context mContext;
    private EditText  mUrlEditText;
    private ProgressBar mProgressBar;
    private Button mDownLoadButton;
    private TextView mPercentTextView;
    private UIHandler mHandler=new UIHandler();
    private final int NORMAL=9527;
    private final int ERROR=250;
    private final String MESSAGE_KEY="size";
    private DownloadProgressListener mDownloadProgressListener;
    @Override
   public void onCreate(Bundle savedInstanceState) {
        super.onCreate(savedInstanceState);
        setContentView(R.layout.main);
        init();
    }
  private void init() {
    mContext = this;
    mUrlEditText = (EditText) findViewById(R.id.urlEditText);
```

```
        mProgressBar = (ProgressBar) findViewById(R.id.progressBar);
        mPercentTextView = (TextView) findViewById(R.id.percentTextView);
        mDownLoadButton = (Button) findViewById(R.id.downloadButton);
        mDownLoadButton.setOnClickListener(new ClickListenerImpl());
        mDownloadProgressListener=new DownloadProgressListenerImpl();
      }
       private class ClickListenerImpl implements OnClickListener{
      @Override
       public void onClick(View v) {
        if(Environment.getExternalStorageState().equals(Environment.MEDIA_
MOUNTED)){
          String path=mUrlEditText.getText().toString();
          download(path,Environment.getExternalStorageDirectory());
        }else{
          Toast.makeText(mContext, R.string.SDCardError, Toast.LENGTH_SHORT).
show();
        }
       }
       }
       private void download(String path,File saveDir){
         new Thread(new DownloadRunnableImpl(path, saveDir)).start();
       }
       //下载文件的子线程
       private class DownloadRunnableImpl implements Runnable{
          private String path;
          private File SaveDir;
        public DownloadRunnableImpl(String path, File saveDir) {
        this.path = path;
        this.SaveDir = saveDir;
        }
        public void run(){
          try {
          FileDownloader fileDownloader=new FileDownloader(getApplicationContext(),
path, 4, SaveDir);
          mProgressBar.setMax(fileDownloader.getFileRawSize());
          //置显示进度的回调
          fileDownloader.setDownloadProgressListener(mDownloadProgressListener);
          //开始下载
          fileDownloader.startDownload();
        } catch (Exception e) {
          Message message=new Message();
          message.what=ERROR;
          mHandler.sendMessage(message);
```

```
            e.printStackTrace();
          }
        }
      }

      private class DownloadProgressListenerImpl implements DownloadProgress
Listener {
        @Override
        public void onDownloadSize(int size) {
          Message message = new Message();
          message.what = NORMAL;
          message.getData().putInt(MESSAGE_KEY, size);
          mHandler.sendMessage(message);
        }
      }

      // 显示下载进度
      private class UIHandler extends Handler {
        public void handleMessage(Message msg) {
          switch (msg.what) {
          case NORMAL:
            int size = msg.getData().getInt(MESSAGE_KEY);
            mProgressBar.setProgress(size);
            float percentFloat = (float) (mProgressBar.getProgress() / (float)
mProgressBar.getMax());
            int percentInt = (int) (percentFloat * 100);
            mPercentTextView.setText(percentInt + "%");
    System.out.println("size="+size+",mProgressBar.getProgress()="+mProgressB
ar.getProgress()+",mProgressBar.getMax()="+mProgressBar.getMax());
            if (mProgressBar.getProgress() == mProgressBar.getMax()) {
              Toast.makeText(mContext,
R.string.success,Toast.LENGTH_SHORT).show();
            }
            break;
          case ERROR:
            Toast.makeText(mContext, R.string.error,Toast.LENGTH_SHORT).show();
            break;
          default:
            break;
          }
        }
      }
    }
```

DownloadProgressListener 如下：

```
package com.downLoadExp.downLoad;
/**
 * 下载的监听接口
 */
public interface DownloadProgressListener {
    public void onDownloadSize(int size);
}
```

FileDownloader 如下：

```
package com.downLoadExp.downLoad;

import java.io.File;
import java.io.RandomAccessFile;
import java.net.HttpURLConnection;
import java.net.URL;
import java.util.HashMap;
import java.util.Map;
import java.util.UUID;
import java.util.regex.Matcher;
import java.util.regex.Pattern;
import org.apache.http.HttpStatus;
import android.content.Context;
import cc.helper.DownloadThreadHelper;
/**
 * 该类用于下载文件
 * 思路梳理：
 * 1 在 FileDownloader 的构造方法里做一些下载的准备操作
 *   1.1 获取源文件的大小
 *   1.2 计算每条线程需要下载的数据长度
 *   1.3 生成本地文件用于存储下载的文件并设置本地 RandomAccessFile 的大小
 *   1.4 取出每条线程的上次下载的情况和已下载的总长度
 *
 * 2 利用 startDownload()方法执行文件下载
 *
 * 分析说明：
 * 关于 1.2 计算每条线程需要下载的数据长度的原理及影响的详细分析：
 * everyThreadNeedDownloadLength=rawFileSize%threadNum==0 ? rawFileSize/
threadNum : rawFileSize/threadNum+1;
 * 1 如果资源大小等于线程数时结果为 0，那么表示每条线程需要下载的大小恰好将原大小等分
 * 2 当然更多的情况是有余数的(即不能整除)，那么此时该怎么办呢?每条线程该下载的长度是多
少呢?
```

```
 *   可以这么做:
 *   2.1 原大小/除以线程的条数
 *   2.2 在2.1的基础上+1
 *   即代码 rawFileSize/threadNum+1
 *   这样就表示每条线程要下载的大小长度
 *
 *   带来的问题:
 *   按照上面的方式,期望每条线程下载相同的数据量,但是存在个小问题:
 *   这样各线程累加起来的下载总量是要大于原大小的,一般会多几个字节
 *   这几个字节是多余的(redundant)
 *   而且这几个多余的字节是出现在最后一条下载线程中,它的终止位置已经
 *   超过了原文件的末尾
 *   这样就造成了下载的文件与原文件大小不一致
 *   所以在下载过程中需要处理该情况,处理方式参见 DownloadThread 类
 *
 */
public class FileDownloader {
  private Context mContext;
  //下载路径
   private String mDownloadPath;
   //待下载文件的原始长度
   private int rawFileSize=0;
   //保存下载文件的本地文件
   private File mLocalFile;
   //已下载大小
   private int downloadTotalSize=0;
   //下载此文件需要的各个线程
   private DownloadThread [] downloadThreadsArray;
   //每条线程需下载的长度
   private int everyThreadNeedDownloadLength;
   //存放目前每条线程的信息包含其 id 和已下载大小
   private Map<Integer,Integer> mCurrentEveryThreadInfoMap;
   //用于对各个线程进行操作
   private DownloadThreadHelper mDownloadThreadHelper;

   private DownloadProgressListener mDownloadProgressListener;

   public FileDownloader(Context context,String downloadPath,int threadNum,
File fileSaveDir){
    System.out.println("源文件路径 downloadPath= "+downloadPath);
    System.out.println("下载开启的线程数 threadNum="+threadNum);
    try {
     mContext=context;
```

```
        mDownloadPath=downloadPath;
        mCurrentEveryThreadInfoMap=new HashMap<Integer,Integer>();
        mDownloadThreadHelper=new DownloadThreadHelper(context);
        downloadThreadsArray=new DownloadThread[threadNum];

        URL downloadUrl=new URL(downloadPath);
        HttpURLConnection httpURLConnection=(HttpURLConnection) downloadUrl.
openConnection();
        httpURLConnection.setReadTimeout(5*1000);
        httpURLConnection.setRequestMethod("GET");
        httpURLConnection.setRequestProperty("Accept", "image/gif, image/jpeg,
image/pjpeg, image/pjpeg, application/x-shockwave-flash, application/xaml+xml,
application/vnd.ms-xpsdocument,    application/x-ms-xbap,    application/x-ms-
application,     application/vnd.ms-excel,     application/vnd.ms-powerpoint,
application/msword, */*");
        httpURLConnection.setRequestProperty("Accept-Language", "zh-CN");
        httpURLConnection.setRequestProperty("Referer", downloadPath);
        httpURLConnection.setRequestProperty("Charset", "UTF-8");
        httpURLConnection.setRequestProperty("User-Agent",       "Mozilla/4.0
(compatible; MSIE 8.0; Windows NT 5.2; Trident/4.0; .NET CLR 1.1.4322; .NET CLR
2.0.50727; .NET CLR 3.0.04506.30; .NET CLR 3.0.4506.2152; .NET CLR 3.5.30729)");
        httpURLConnection.setRequestProperty("Connection", "Keep-Alive");
        httpURLConnection.connect();
        if(httpURLConnection.getResponseCode()==HttpStatus.SC_OK){
          //第一步：获得源文件大小
          rawFileSize=httpURLConnection.getContentLength();
          System.out.println("源文件大小 rawFileSize="+rawFileSize);

          //第二步：计算每条线程需要下载的数据长度
          everyThreadNeedDownloadLength=rawFileSize%threadNum==0 ? rawFileSize/
threadNum :  rawFileSize/threadNum+1;
          System.out.println("每条线程应下载大小 everyThreadNeedDownloadLength=
"+everyThreadNeedDownloadLength);
          if(rawFileSize<=0){
            throw new RuntimeException("file is not found");
          }
          //第三步：建立本地文件并设置本地 RandomAccessFile 的大小
          String rawFileName=getFileName(httpURLConnection);
          if(!fileSaveDir.exists()){
            fileSaveDir.mkdirs();
          }
          mLocalFile=new File(fileSaveDir, rawFileName);
          System.out.println(" 本 地 文 件 路 径  mLocalFile.getAbsolutePath()=
```

```
"+mLocalFile.getAbsolutePath());

        RandomAccessFile randomAccessFile=new RandomAccessFile(mLocalFile,
"rw");
        if(rawFileSize>0){
          randomAccessFile.setLength(rawFileSize);
        }
        randomAccessFile.close();

        //第四步：取出每条线程的上次下载的情况和已下载的总长度
        /**
         * 以下操作围绕断点进行的：
         * 1 从数据库取出每条线程上一次的下载情况,存入 everyThreadLastDownload
LengthMap
         * 2 判断上次下载时开启的线程数是否和本次下载开启线程数一致
         *   若不一致则无法在原基础上继续断点下载,则将 mCurrentEveryThreadInfoMap
中各条线程下载量设置为 0
         *   若一致则取出已下载的数据总量
         */

        //若以前下载过,则取出每条线程以前的情况存入 mCurrentEveryThreadInfoMap
        Map<Integer,Integer>     everyThreadLastDownloadLengthMap=mDownload
ThreadHelper.getEveryThreadDownloadLength(downloadPath);
        if(everyThreadLastDownloadLengthMap.size()>0){
          for(Map.Entry<Integer,          Integer>          entry          :
everyThreadLastDownloadLengthMap.entrySet()){
            mCurrentEveryThreadInfoMap.put(entry.getKey(), entry.getValue());
            System.out.println("--> 断点回复处 --> threadID="+entry.getKey()+",
已下载数据量 length="+entry.getValue());
          }
        }

        //若以往的线程条数和现在的线程条数不一致,则无法按照
        //断点继续下载,所以将每条已下载的数据量置为 0,并更新数据库
        //若以往的线程条数和现在的线程条数一致,则取出已下载的数据总量
        if(downloadThreadsArray.length!=mCurrentEveryThreadInfoMap.size()){
          mCurrentEveryThreadInfoMap.clear();
          for(int i=1;i<=downloadThreadsArray.length;i++){
             mCurrentEveryThreadInfoMap.put(i, 0);
          }
          mDownloadThreadHelper.saveEveryThreadDownloadLength(mDownloadPath,
mCurrentEveryThreadInfoMap);
        }else{
```

```
            for(int i=1;i<=threadNum;i++){
              downloadTotalSize=downloadTotalSize+mCurrentEveryThreadInfoMap.
get(i);
            }
            // 更新已经下载的数据量
            if (mDownloadProgressListener != null) {
              mDownloadProgressListener.onDownloadSize(downloadTotalSize);
            }
            System.out.println("--> 断点回复处 --> 已经下载 downloadTotalSize=
"+downloadTotalSize);
          }
        }else{
          throw new RuntimeException("The HttpURLConnection is fail");
        }

      } catch (Exception e) {
        throw new RuntimeException("Init FileDownloader is fail");
      }
      }


    public int startDownload( ){
     try {
      URL downloadURL=new URL(mDownloadPath);

      /**
       * 对每条线程的下载情况进行判断
       * 如果没有下载完,则继续下载
       * 否则将该线程置为空
       */
      for(int i=1;i<=downloadThreadsArray.length;i++){
        //取出此线程已经下载的大小
        int existDownloadSize=mCurrentEveryThreadInfoMap.get(i);
        if(existDownloadSize<everyThreadNeedDownloadLength && downloadTotalSize
<rawFileSize){
          downloadThreadsArray[i-1]=new DownloadThread(this, i, every
ThreadNeedDownloadLength, mCurrentEveryThreadInfoMap.get(i), downloadURL,
mLocalFile);
          //设置优先级
          downloadThreadsArray[i-1].setPriority(7);
          //开始下载,注意数组的开始下标是从零开始的
          downloadThreadsArray[i-1].start();
        }else{
```

```
            downloadThreadsArray[i-1]=null;
         }
      }
      /**
       * 注意:
       * 对于下载失败的线程(-1)重新开始下载
       */
      Boolean isAllFinish=true;
      while (isAllFinish) {
        isAllFinish = false;
        for (int i = 1; i <= downloadThreadsArray.length; i++) {
          if (downloadThreadsArray[i - 1] != null && !downloadThreadsArray[i
- 1].isFinish()) {
            isAllFinish = true;
            if (downloadThreadsArray[i - 1].getDownloadSize() == -1) {
              downloadThreadsArray[i  -  1]  =  new  DownloadThread(this,  i,
everyThreadNeedDownloadLength,mCurrentEveryThreadInfoMap.get(i), downloadURL,
mLocalFile);
              downloadThreadsArray[i - 1].setPriority(7);
              downloadThreadsArray[i - 1].start();
            }
          }
        }
      }

      //下载完成,删除记录
      mDownloadThreadHelper.deleteEveryThreadDownloadRecord(mDownloadPath);

    } catch (Exception e) {
      throw new RuntimeException("the download is fail");
    }
    return downloadTotalSize;
    }
    //获取线程数
   public int getThreadsNum(){
    return downloadThreadsArray.length;
   }
   //获取原始文件大小
   public int getFileRawSize(){
    return rawFileSize;
   }
   //更新已经下载的总数据量
   protected synchronized void appendDownloadTotalSize(int newSize){
```

```
        downloadTotalSize=downloadTotalSize+newSize;
        if (mDownloadProgressListener!=null) {
            mDownloadProgressListener.onDownloadSize(downloadTotalSize);
        }
        System.out.println("当前总下载量 downloadTotalSize="+downloadTotalSize);
        }
        //更新每条线程已经下载的数据量
        protected synchronized void updateEveryThreadDownloadLength(int threadid,
int position){
        mCurrentEveryThreadInfoMap.put(threadid, position);
        mDownloadThreadHelper.updateEveryThreadDownloadLength(mDownloadPath,
mCurrentEveryThreadInfoMap);
        }
        //获取文件名
        public String getFileName(HttpURLConnection conn){
        String filename = mDownloadPath.substring(mDownloadPath.lastIndexOf('/')
+ 1);
        if(filename==null || "".equals(filename.trim())){
          for (int i = 0;; i++) {
            String mine = conn.getHeaderField(i);
            if (mine == null) break;

if("content-disposition".equals(conn.getHeaderFieldKey(i).toLowerCase())){
              Matcher  m  =  Pattern.compile(".*filename=(.*)").matcher(mine.
toLowerCase());
              if(m.find()) return m.group(1);
            }
          }
          filename = UUID.randomUUID()+ ".tmp";
        }
        return filename;
      }
        public   void   setDownloadProgressListener(DownloadProgressListener
downloadProgressListener){
        mDownloadProgressListener=downloadProgressListener;
        }
    }
```

DownloadThread 如下：

```
    package com.downLoadExp.downLoad;
    import java.io.File;
    import java.io.InputStream;
    import java.io.RandomAccessFile;
```

```
import java.net.HttpURLConnection;
import java.net.URL;
/**
 * 该类表示每一条进行下载的线程
 * 在下载的过程中不断地实时更新该线程的已下载量,从而刷新每条线程的已下载量
 * 亦实时更新已经下载的总数据量
 *
 * 分析说明
 * 1 在 FileDownloader 中提到最后一条线程下载的数据可能有 redundant 数据的问题
 *   在此描述解决办法如下:
 *   在计算每条线程下载终止位置(endPosition)时,需要对最后一条线程做特殊的处理
 *    当 endPosition 大于原文件的大小,即代码 endPosition>fileDownloader.
getFileRawSize()
 *    此时需要修改该线程的结束位置 endPosition 和应该下载的数据量 everyThreadNeed
DownloadLength
 *
 * 2 遇到的一个问题
 *   在此处为每条线程设置了读取网络数据的范围,即代码:
 *   httpURLConnection.setRequestProperty("Range","bytes="+startPosition+"-
"+endPosition);
 *   然后在 InputStreamwhile 不断读取数据的时候,采用的方式是:
 *   ((len=inputStream.read(b))!=-1)来判断是否已经读到了 endPosition.
 *   之所以这么做是依据以往的经验且以为设置了 Range,所以在读到 endPosition 的时候就应
 *   该返回-1,但是这么做是错误的!!!!!!!!!!
 *   在读到 endPosition 的时候并没有返回-1,会一直往下读取数据导致错误
 *   所以:
 *   需要给 while()多加一个判断 downLength<everyThreadNeedDownloadLength
 *   表示当前该线程已经下载的数据量小于它本该读取的数据量,此时才可以继续读数据
 *  请注意另外一个重要问题:
 *   每条线程最后一次读取可能会多读数据的问题.
 *   例如:还有 1000 个字节就完成了该线程本该操作的数据,但是 inputStream 在接下来的最后
 *   一次读数据时候却读了缓存 byte [] b=new byte[1024]大小的字节数,造成了 redundant
 *   数据的问题产生这个问题的原因还是因为在读到 endPosition 的时候并没有返回-1,所以会
 *   一直往下读取数.
 *   所以在此需要特殊处理:
 *   2.1 修正 downLength 即代码: downLength=everyThreadNeedDownloadLength;
 *   2.2 修正实际下载有用的数据的长度即代码:
 *       fileDownloader.appendDownloadTotalSize(len-redundant);
 *       而不是 fileDownloader.appendDownloadTotalSize(len)
 *       从而确保了 DownloadTotalSize 值的准确
 */
public class DownloadThread extends Thread{
   private FileDownloader fileDownloader;
```

```
    private int threadId;
    private int everyThreadNeedDownloadLength;
    private int downLength;
    private URL downUrl;
    private File localFile;
    private Boolean isFinish=false;
  public DownloadThread(FileDownloader fileDownloader, int threadId, int
everyThreadNeedDownloadLength,int downLength, URL downUrl, File localFile) {
    this.fileDownloader = fileDownloader;
    this.threadId = threadId;
    this.everyThreadNeedDownloadLength = everyThreadNeedDownloadLength;
    this.downLength = downLength;
    this.downUrl = downUrl;
    this.localFile = localFile;
  }
  @Override
  public void run() {
    try {
      //当此线程已下载量小于应下载量
    if(downLength<everyThreadNeedDownloadLength){
      HttpURLConnection  httpURLConnection=(HttpURLConnection) downUrl.
openConnection();
      httpURLConnection.setConnectTimeout(5*1000);
      httpURLConnection.setRequestMethod("GET");
      httpURLConnection.setRequestProperty("Accept", "image/gif, image/
jpeg, image/pjpeg, image/pjpeg, application/x-shockwave-flash, application/
xaml+xml, application/vnd.ms-xpsdocument, application/x-ms-xbap, application/
x-ms-application,  application/vnd.ms-excel,  application/vnd.ms-powerpoint,
application/msword, */*");
      httpURLConnection.setRequestProperty("Accept-Language", "zh-CN");
      httpURLConnection.setRequestProperty("Referer", downUrl.toString());
      httpURLConnection.setRequestProperty("Charset", "UTF-8");
      //开始下载位置
      int       startPosition=everyThreadNeedDownloadLength*(threadId-1)+
downLength;
      //结束下载位置
      int endPosition=everyThreadNeedDownloadLength*threadId-1;
      //处理最后一条下载线程的特殊情况
      if (endPosition>fileDownloader.getFileRawSize()) {
        int redundant=endPosition-(fileDownloader.getFileRawSize()-1);
        endPosition=fileDownloader.getFileRawSize()-1;
  everyThreadNeedDownloadLength=everyThreadNeedDownloadLength-redundant;
      }
```

```
        //设置下载的起止位置

httpURLConnection.setRequestProperty("Range","bytes="+startPosition+"-"+endPo
sition);
        System.out.println("====> 每条线程的下载起始情况 threadId="+threadId+",
startPosition="+startPosition+",endPosition="+endPosition);
        httpURLConnection.setRequestProperty("User-Agent",    "Mozilla/4.0
(compatible; MSIE 8.0; Windows NT 5.2; Trident/4.0; .NET CLR 1.1.4322; .NET CLR
2.0.50727; .NET CLR 3.0.04506.30; .NET CLR 3.0.4506.2152; .NET CLR 3.5.30729)");
        httpURLConnection.setRequestProperty("Connection", "Keep-Alive");
        RandomAccessFile  randomAccessFile=new  RandomAccessFile(localFile,
"rwd");
        randomAccessFile.seek(startPosition);
        InputStream inputStream=httpURLConnection.getInputStream();
        int len=0;
        byte [] b=new byte[1024];
        while((len=inputStream.read(b))!=-1    &&    downLength<everyThread
NeedDownloadLength){
          downLength=downLength+len;
          int redundant =0;
          //处理每条线程最后一次读取可能会多读数据的问题
          if (downLength>everyThreadNeedDownloadLength) {
            redundant =downLength-everyThreadNeedDownloadLength;
            downLength=everyThreadNeedDownloadLength;
          }
          randomAccessFile.write(b, 0, len-redundant);
          //实时更新该线程的已下载量,从而刷新每条线程的已下载量
          fileDownloader.updateEveryThreadDownloadLength(threadId, downLength);
          //实时更新已经下载的总量
          fileDownloader.appendDownloadTotalSize(len-redundant);
        }
        inputStream.close();
        randomAccessFile.close();
        //改变标志位
        isFinish=true;
      }
    } catch (Exception e) {
      downLength=-1;
      e.printStackTrace();
    }
  }
  //判断是否已经下载完成
    public Boolean isFinish(){
```

```
        return isFinish;
        }
        //返回该线程已经下载的数据量,若-1 则代表失败
        public int getDownloadSize(){
        return downLength;
        }
}
```

DBOpenHelper 如下：

```
    package com.downLoadExp.helper;
    import android.content.Context;
    import android.database.sqlite.SQLiteDatabase;
    import android.database.sqlite.SQLiteOpenHelper;
    /**
     * 总结:
     * 1 继承自 SQLiteOpenHelper
     * 2 完成构造方法
     */
    public class DBOpenHelper extends SQLiteOpenHelper {
      private final static String DBName = "download.db";
      private final static int VERSION = 1;
      public DBOpenHelper(Context context) {
        super(context, DBName, null, VERSION);
      }
      @Override
      public void onCreate(SQLiteDatabase db) {
        db.execSQL("CREATE TABLE IF NOT EXISTS filedownload(id integer primary
key  autoincrement,  downpath  varchar(100),  threadid  INTEGER,  downlength
INTEGER)");
      }
      @Override
      public void onUpgrade(SQLiteDatabase db, int oldVersion, int newVersion)
{
        db.execSQL("DROP TABLE IF EXISTS filedownload");
        onCreate(db);
      }
    }
```

DownloadThreadHelper 如下：

```
    package com.downLoadExp.helper;
    import java.util.HashMap;
    import java.util.Map;
    import android.content.Context;
```

```
import android.database.Cursor;
import android.database.sqlite.SQLiteDatabase;

/**
 * 该类主要用来操作每条线程对应的保存在数据库中的下载信息
 * 比如：某条线程已经下载的数据量
 */
public class DownloadThreadHelper {
  private DBOpenHelper dbOpenHelper;
  public DownloadThreadHelper(Context context) {
    dbOpenHelper = new DBOpenHelper(context);
  }
    /**
     * 保存每条线程已经下载的长度
     */
  public void saveEveryThreadDownloadLength(String path, Map<Integer,
Integer> map) {
    SQLiteDatabase db = dbOpenHelper.getWritableDatabase();
    db.beginTransaction();
    try {
      for (Map.Entry<Integer, Integer> entry : map.entrySet()) {
        db.execSQL("insert into filedownload(downpath, threadid, downlength)
values(?,?,?)",
              new Object[] { path, entry.getKey(), entry.getValue() });
      }
      db.setTransactionSuccessful();
    } finally {
          db.endTransaction();
          db.close();
    }
  }
   /**
    * 获取每条线程已经下载的长度
    */
  public Map<Integer, Integer> getEveryThreadDownloadLength(String path){
    SQLiteDatabase db = dbOpenHelper.getWritableDatabase();
    Cursor cursor=db.rawQuery("select threadid,downlength from filedownload
where downpath=?", new String[]{path});
    Map<Integer, Integer> threadsMap=new HashMap<Integer, Integer>();
    while(cursor.moveToNext()){
      int threadid=cursor.getInt(0);
      int downlength=cursor.getInt(1);
      threadsMap.put(threadid, downlength);
```

```
        }
        cursor.close();
        db.close();
        return threadsMap;
    }

    /**
     * 实时更新每条线程已经下载的数据长度
     * 利用 downPath 和 threadid 来确定其已下载长度
     */
    public void updateEveryThreadDownloadLength(String path, Map<Integer,
Integer> map) {
        SQLiteDatabase db = dbOpenHelper.getWritableDatabase();
        db.beginTransaction();
        try {
          for (Map.Entry<Integer, Integer> entry : map.entrySet()) {
            db.execSQL("update filedownload set downlength=? where threadid=? and
downpath=?",new Object[] { entry.getValue(), entry.getKey(), path});
              System.out.println("更新该线程下载情况 threadID="+entry.getKey()+",
length="+entry.getValue());
          }
          db.setTransactionSuccessful();
        } finally {
              db.endTransaction();
              db.close();
        }
    }
      /**
       * 下载完成后,删除每条线程的记录
       */
    public void deleteEveryThreadDownloadRecord(String path){
        SQLiteDatabase db = dbOpenHelper.getWritableDatabase();
        db.execSQL("delete from filedownload where downpath=?", new
String[]{path});
        db.close();
    }
}
```

main.xml 如下：

```
<?xml version="1.0" encoding="utf-8"?>
<LinearLayout xmlns: android="http: //schemas.android.com/apk/res/android"
    android: layout_width="fill_parent"
```

```
    android: layout_height="fill_parent"
    android: orientation="vertical" >
    <TextView  android: layout_width="fill_parent"
        android: layout_height="wrap_content"
        android: text="文件下载路径: " />
    <EditText  android: id="@+id/urlEditText"
        android: layout_width="fill_parent"
        android: layout_height="wrap_content"
android                          :                          text="http                          :
//y1.ifengimg.com/dc14f57c79882c4a/2013/1003/re_524cb964403c1.jpg" />
    <Button  android: id="@+id/downloadButton"
        android: layout_width="wrap_content"
        android: layout_height="wrap_content"
        android: text="下载" />
    <ProgressBar  android: id="@+id/progressBar"
        style="?android: attr/progressBarStyleHorizontal"
        android: layout_width="fill_parent"
        android: layout_height="18dip" />
    <TextView  android: id="@+id/percentTextView"
        android: layout_width="wrap_content"
        android: layout_height="wrap_content"
        android: gravity="center" />
</LinearLayout>
```

11.4　习　　题

1. 多线程的实现方法有哪些?
2. 简述创建启动线程。
3. 中断线程的基本方法有哪些?
4. 多线程消息传递机制有哪些?
5. 简要叙述 Looper 的使用。

第 12 章　百度地图 API

本章主要内容：

- 百度 Android SDK 简介。
- 百度地图 API 功能。
- 申请密钥。
- 配置环境及发布。
- Hello BaiduMap。
- 基础地图。
- 检索功能。
- 定位。
- 事件监听。

本章详细讲述百度 Android SDK、百度地图 API 功能、申请密钥、环境配置、基础地图、检索功能、定位、事件监听等在 Android 中使用百度地图 API 的知识。

12.1　百度 Android SDK 简介

百度地图 Android SDK 是一套基于 Android 2.1 及以上版本设备的应用程序接口。可以使用该套 SDK 开发适用于 Android 系统移动设备的地图应用，通过调用地图 SDK 接口，可以轻松访问百度地图服务和数据，构建功能丰富、交互性强的地图类应用程序。

百度地图 Android SDK 提供的所有服务是免费的，接口使用无次数限制。用户需申请密钥（key）后，才可使用百度地图 Android SDK。任何非营利性产品请直接使用，商业目的产品使用前请参考百度地图 SDK 使用须知。

开发者可在百度 Android SDK 的下载页面下载到最新版的 Android SDK，下载地址为 http://developer.baidu.com/map/index.php?title=androidsdk/sdkandev-download。

12.2　百度地图 API 功能

12.2.1　地图

提供地图展示和地图操作功能。

（1）地图展示包括普通地图（2D、3D）、卫星图和实时交通图。

（2）地图操作：可通过接口或手势控制来实现地图的单击、双击、长按、缩放、旋转、改变视角等操作。

12.2.2 POI 检索

POI 详情检索：根据 POI 的 ID 信息，检索该兴趣点的详情。

支持周边检索、区域检索、城市内检索。

（1）周边检索：以某一点为中心，指定距离为半径，根据用户输入的关键词进行 POI 检索。

（2）区域检索：在指定矩形区域内，根据关键词进行 POI 检索。

（3）城市内检索：在某一城市内，根据用户输入的关键字进行 POI 检索。

12.2.3 地理编码

提供地理坐标和地址之间相互转换的能力。

（1）正向地理编码：实现了将中文地址或地名描述转换为地球表面上相应位置的功能。

（2）反向地理编码：将地球表面的地址坐标转换为标准地址的过程。

12.2.4 线路规划

支持公交信息查询、公交换乘查询、驾车线路规划和步行路径检索。

（1）公交信息查询：可对公交详细信息进行查询。

（2）公交换乘查询：根据起、终点，查询策略，进行线路规划方案。

（3）驾车线路规划：提供不同策略，规划驾车路线（支持设置途经点）。

（4）步行路径检索：支持步行路径的规划。

12.2.5 地图覆盖物

百度地图 SDK 支持多种地图覆盖物，帮助用户展示更丰富的地图。目前所支持的地图覆盖物有定位图层、地图标注（Marker）、几何图形（点、折线、弧线、多边形等）、地形图图层、POI 检索结果覆盖物、线路规划结果覆盖物、热力图图层等。

12.2.6 定位

采用 GPS、Wi-Fi、基站、IP 混合定位模式，请使用 Android 定位 SDK 获取定位信息，使用地图 SDK 定位图层进行位置展示。

12.2.7 离线地图

用户可以通过手动和 SDK 接口两种形式导入离线地图包，使用离线地图可节省用户流量，提供更好的地图展示效果。

12.2.8 调启百度地图

利用 SDK 接口，直接在本地打开百度地图客户端或 WebApp，实现地图功能。目前支持调启的功能有POI周边检索、POI详情页面、步行线路规划、驾车线路规划、公交线路规划、驾车导航。

12.2.9 周边雷达

周边雷达功能，是面向移动端开发者的一套SDK功能接口。同步支持Android和iOS端。它的本质是一个连接百度LBS开放平台前端SDK产品和后端LBS云的中间服务。开发者利用周边雷达功能，可以便捷地在自己的应用内，帮助用户实现查找周边跟“我”使同样一款App的人，这样一个功能。

12.2.10 LBS 云

百度地图LBS云是百度地图针对LBS开发者全新推出的平台级服务，不仅适用PC应用开发，同时适用移动设备应用的开发。使用LBS云，可以实现移动开发者存储海量位置数据的服务器零成本及维护压力，且支持高效检索用户数据，且实现地图展现。

12.2.11 特色功能

特色功能包括短串分享、Place详情信息检索、热力图功能等。

（1）短串分享：将POI搜索结果或反地理编码结果生成短串，当其他用户点击短串即可打开手机上的百度地图客户端或者手机浏览器进行查看。

（2）Place详情信息检索：根据POI的ID信息，检索该POI的详情。

（3）热力图功能：开放热力图绘制能力，帮助开发者构建属于自己的热力图。

12.3 申请密钥

12.3.1 密钥简介

在使用百度地图SDK为用户提供的各种LBS功能之前，需要获取百度地图移动版的开发密钥，该密钥与用户的百度账户相关联。因此，必须先有百度账户，才能获得开发密钥。并且，该密钥与用户创建的过程名称有关，具体流程请参考如下介绍。

Key的申请地址为http://lbsyun.baidu.com/apiconsole/key。

注意：

（1）为了给用户提供更安全的服务，Android SDK自v2.1.3版本开始采用了全新的Key验证体系。因此，当用户选择使用v2.1.3及之后版本的SDK时，需要到新的Key申请页面进行全新Key的申请（新旧key不可通用）。

（2）新Key机制，每个Key仅且唯一对于一个应用验证有效，即对该Key配置环节中使用的包名匹配的应用有效。因此，多个应用（包括多个包名）需申请多个Key，或者对一个Key进行多次配置。

（3）在新 Key 机制下，若用户需要在同一个工程中同时使用百度地图、定位、导航 SDK 可以共用同一个 Key。

（4）如果用户在 Android SDK 开发过程中使用了 LBS 云服务则需要为该服务单独申请一个 for server 类型的密钥。

12.3.2　密钥申请步骤

1. 登录百度账号

访问 API 控制台页面，若用户未登录百度账号，将会进入百度账号登录页面，如图 12-1 所示。

图 12-1　登录百度账号

2. 登录 API 控制台

登录会跳转到 API 控制台服务，具体如图 12-2 所示。

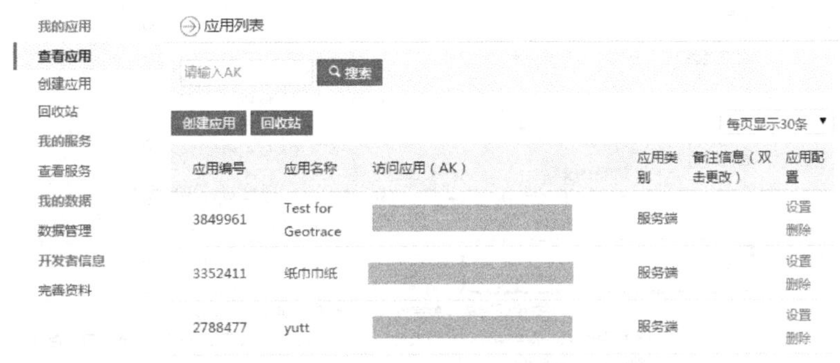

图 12-2　登录 API 控制台

3. 创建应用

点击“创建应用”按钮，进入创建 AK 页面，输入应用名称，将应用类型改为“Android SDK”，具体操作如图 12-3 所示。

4. 配置应用

在应用类型选为“Android SDK”后，需要配置应用的安全码，如图 12-4 所示。

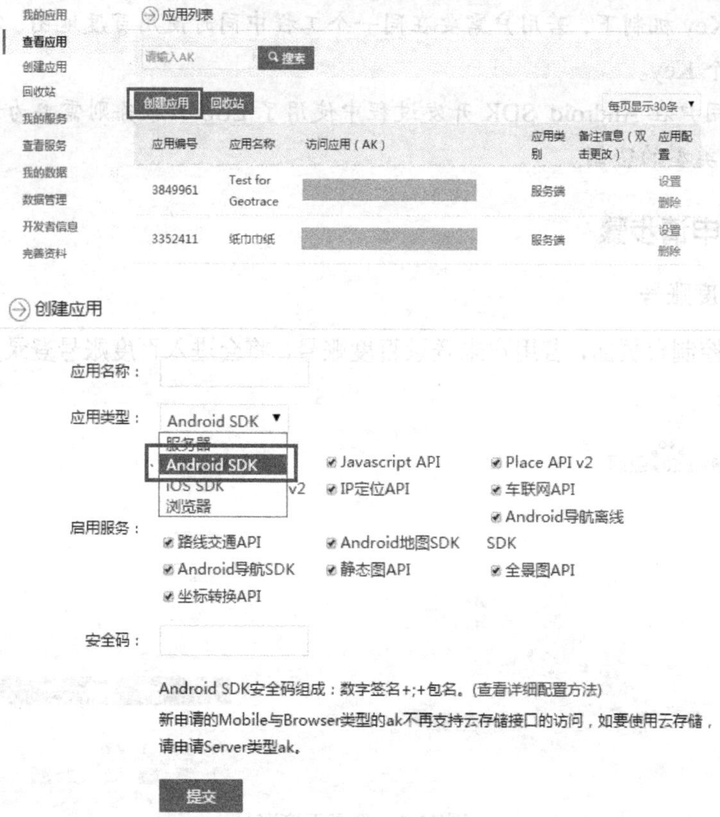

图 12-3　创建应用

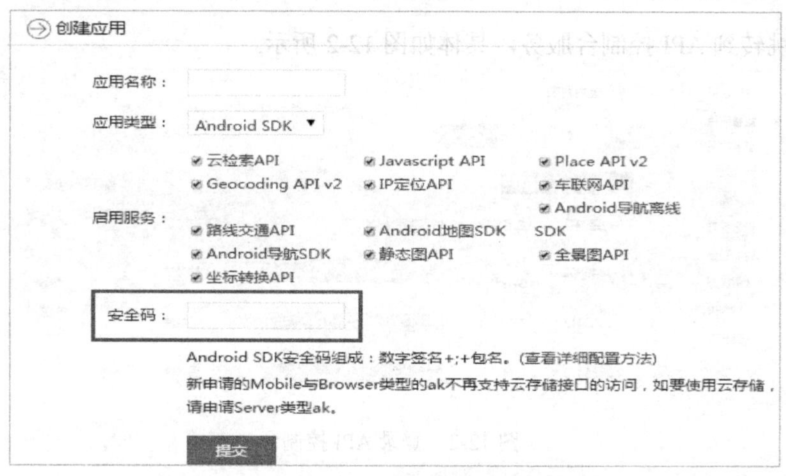

图 12-4　配置应用

5. 获取安全码

输入“安全码”。安全码的组成规则为：

```
Android 签名证书的 sha1 值+“;”+packagename(即:数字签名+分号+包名)
```

例如：

```
BB:0D:AC:74:D3:21:E1:43:67:71:9B:62:91:AF:A1:66:6E:44:5D:75;com.baidumap.
demo
```

注意：中间的分号为英文（半角）状态下的分号。

Android 签名证书的 sha1 值获取方式有以下两种。

第一种方法：使用 keytool。

第 1 步，运行进入控制台，如图 12-5 所示。

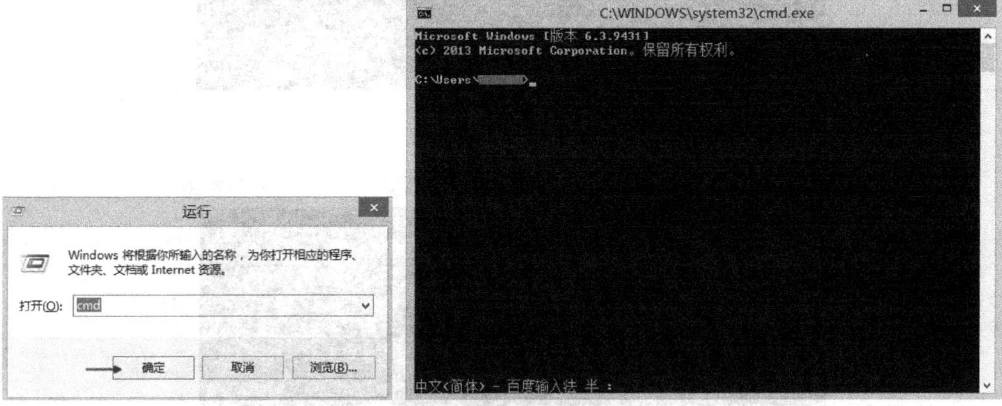

图 12-5　进入控制台

第 2 步，定位到.android 文件夹下，输入“cd .android”，如图 12-6 所示。

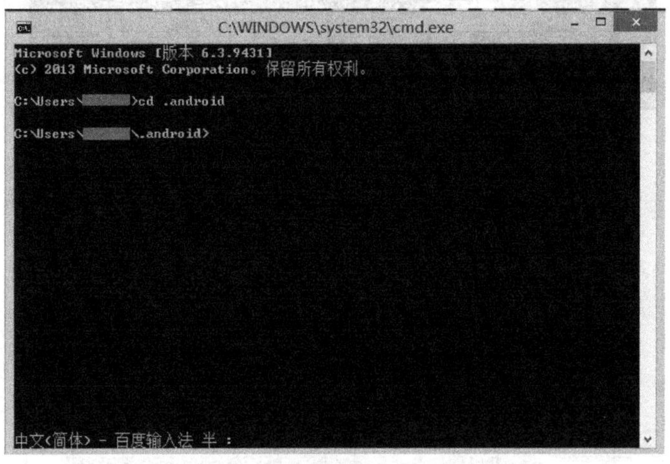

图 12-6　.android 文件夹

第 3 步，输入“keytool -list -v -keystore debug.keystore”，会得到三种指纹证书，选取 SHA1 类型的证书（密钥口令是“android”），例如：其中 keytool 为 jdk 自带工具；keystorefile 为 Android 签名证书文件。

第二种方法：在 ADT 22 中直接查看。

如果使用 Adt 22，可以在 Eclipse 中直接查看：Windows→Preferance→Android→Build，如图 12-7～图 12-9 所示。

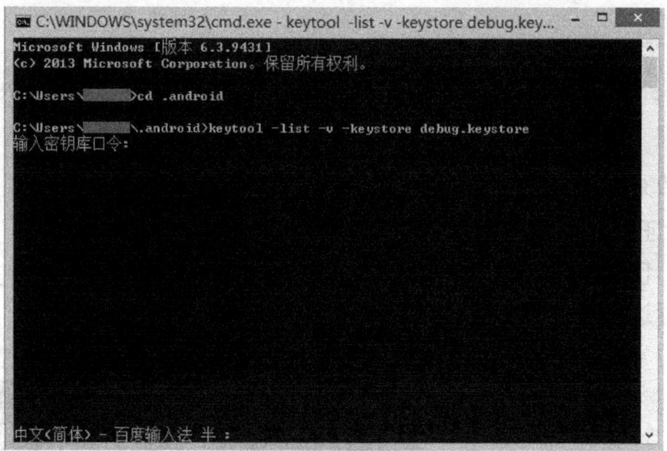

图 12-7　获取证书

```
C:\WINDOWS\system32\cmd.exe

密钥库类型: JKS
密钥库提供方: SUN

您的密钥库包含 1 个条目

别名: androiddebugkey
创建日期: 2013-8-5
条目类型: PrivateKeyEntry
证书链长度: 1
证书[1]:
所有者: CN=Android Debug, O=Android, C=US
发布者: CN=Android Debug, O=Android, C=US
序列号: 10895b12
有效期开始日期: Mon Aug 05 20:43:20 CST 2013, 截止日期: Wed Jul 29 20:43:20 CST
2043
证书指纹:
         MD5:            E:51:B5:49:0C:28:FE:3D:F4:6C:B3:27
         SHA1:            :87:C2:67:D9:64:2E:12:89:42:8E:88:1D:40:75:07
         SHA256:            :56:24:93:E2:E8:FB:18:CB:95:82:BE:8B:35:FC:69:91:
92:B3:5A:AA:0A:94:70:C3:8E:97:E1
         签名算法名称: SHA256withRSA
         版本: 3

中文(简体) - 百度输入法 半 :
```

图 12-8　获取 SHA1

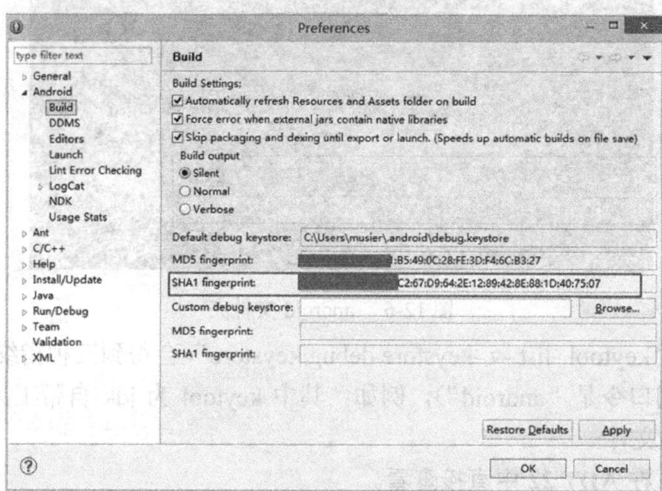

图 12-9　使用 ADT 获取 SHA1

其中“SHA1 fingerprint”值即为 Android 签名证书的 sha1 值。

6. 获取包名

包名是 Android 应用程序本身在 AndroidManifest.xml 中定义的名称，如图 12-10 所示。

```
<?xml version="1.0" encoding="utf-8"?>
<manifest xmlns:android="http://schemas.android.com/apk/res/android" package="com.baidu.mobads.demo.main"
```

图 12-10　包名示意图

7. 成功创建 Key

在输入安全码后，单击“确定”按钮完成应用的配置工作，将会得到一个创建的 Key，请妥善保管所申请的 Key。这样就可以使用新 Key 来完成自己的开发工作了。

12.4　配置环境及发布

Android 开发工具很多，在这推荐各位开发者使用 Eclipse 和 Android Studio 作为自己的开发工具。下面将分别针对 Eclipse 和 Android Studio 介绍一下地图 SDK 的工程配置方法。

12.4.1　Eclipse 工程配置方法

第一步：在工程里新建 libs 文件夹，将开发包里的 baidumapapi_vX_X_X.jar 复制到 libs 根目录下，将 libBaiduMapSDK_vX_X_X.so 复制到 libs\armeabi 目录下（官网 demo 里已有这两个文件，如果要集成到自己的工程里，就需要自己添加），复制完成后的工程目录如图 12-11 所示。

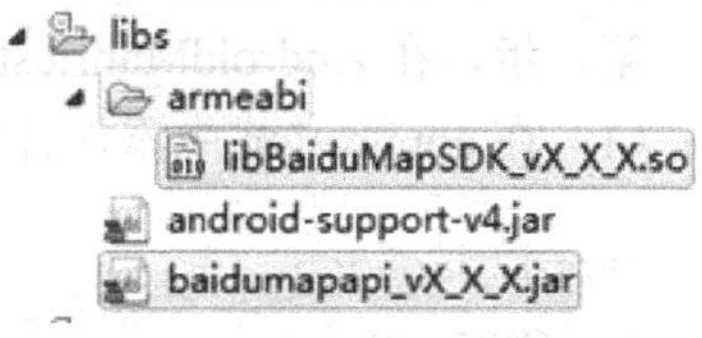

```
libs
  armeabi
    libBaiduMapSDK_vX_X_X.so
  android-support-v4.jar
  baidumapapi_vX_X_X.jar
```

图 12-11　工程目录示意图

第二步：在工程属性→Java Build Path→Libraries 中选择“Add External JARs”，选定 baidumapapi_vX_X_X.jar，确定后返回。

通过以上两步操作后，就可以正常使用百度地图 SDK 提供的全部功能了。

注意：由于 ADT 插件升级，若使用 Eclipse ADT 22，需要对开发环境进行相应的设置，方法如下。

（1）在 Eclipse 中选中工程并右击，在弹出的快捷菜单中选择 Properties→Java Build Path→Order and Export 使 Android Private Libraries 处于选中状态。

（2）Project→Clean→Clean All。

12.4.2　Android Studio 工程配置方法

第一步：在工程 app/libs 目录下放入 baidumapapi_vX_X_X.jar 包，在 src/main/目录下新建 jniLibs 目录，放入 libBaiduMapSDK_vX_X_X_X.so，注意 jar 和 so 的前 3 位版本号必须一致，并且保证使用一次下载的文件夹中的两个文件，不能不同功能组件的 jar 或 so 交叉使用。

第二步：导入 jar 包。在菜单栏选择 File→Project Structor→Modules→Dependencies，单

击“+”，选择 File dependency，选择 jar 包导入。

通过以上两步操作后，就可以正常使用百度地图 SDK 提供的全部功能了。

12.4.3 应用混淆

集成地图 SDK 的应用，在打包混淆的时候，需要注意与地图 SDK 相关的方法不可被混淆。混淆方法如下：

```
-keep class com.baidu.** {*;}
-keep class vi.com.** {*;}
-dontwarn com.baidu.**
```

保证百度类不能被混淆，否则会出现网络不可用等运行时异常。

12.5 Hello BaiduMap

Android 开发工具有很多。在此推荐开发者使用 Eclipse 作为自己的开发工具，百度地图 API 开发指南也是针对 Eclipse 开发环境下进行编写的。

百度地图 SDK 为开发者提供了便捷的显示百度地图数据的接口，通过以下几步操作，即可在用户的应用中使用百度地图数据。

第一步，创建并配置工程（具体方法参见工程配置部分的介绍）。

第二步，在 AndroidManifest 中添加开发密钥、所需权限等信息。

（1）在 application 中添加开发密钥：

```
<application>
    <meta-data
        android:name="com.baidu.lbsapi.API_KEY"
        android:value="开发者 key" />
</application>
```

（2）添加所需权限：

```
<uses-permission android:name="android.permission.ACCESS_NETWORK_STATE"/>
<uses-permission android:name="android.permission.INTERNET"/>
<uses-permission      android:name="com.android.launcher.permission.READ_
SETTINGS" />
<uses-permission android:name="android.permission.WAKE_LOCK"/>
<uses-permission android:name="android.permission.CHANGE_WIFI_STATE" />
<uses-permission android:name="android.permission.ACCESS_WIFI_STATE" />
<uses-permission android:name="android.permission.GET_TASKS" />
<uses-permission         android:name="android.permission.WRITE_EXTERNAL_
STORAGE"/>
<uses-permission android:name="android.permission.WRITE_SETTINGS" />
```

第三步，在布局 xml 文件中添加地图控件：

```
<com.baidu.mapapi.map.MapView
    android:id="@+id/bmapView"
    android:layout_width="fill_parent"
    android:layout_height="fill_parent"
    android:clickable="true" />
```

第四步，在应用程序创建时初始化 SDK 引用的 Context 全局变量：

```
public class MainActivity extends Activity {
    @Override
    protected void onCreate(Bundle savedInstanceState) {
        super.onCreate(savedInstanceState);
        //在使用 SDK 各组件之前初始化 context 信息，传入 ApplicationContext
        //注意该方法要在 setContentView 方法之前实现
        SDKInitializer.initialize(getApplicationContext());
        setContentView(R.layout.activity_main);
    }
}
```

注意：在 SDK 各功能组件使用之前都需要调用“SDKInitializer.initialize (getApplication Context());”，因此建议该方法放在 Application 的初始化方法中。

第五步，创建地图 Activity，管理地图生命周期：

```
public class MainActivity extends Activity {
    MapView mMapView = null;
    @Override
    protected void onCreate(Bundle savedInstanceState) {
        super.onCreate(savedInstanceState);
        //在使用 SDK 各组件之前初始化 context 信息，传入 ApplicationContext
        //注意该方法要在 setContentView 方法之前实现
        SDKInitializer.initialize(getApplicationContext());
        setContentView(R.layout.activity_main);
        //获取地图控件引用
        mMapView = (MapView) findViewById(R.id.bmapView);
    }
    @Override
    protected void onDestroy() {
        super.onDestroy();
    //在 activity 执行 onDestroy 时执行 mMapView.onDestroy()，实现地图生命周期管理
        mMapView.onDestroy();
    }
    @Override
```

```
    protected void onResume() {
        super.onResume();
    //在 activity 执行 onResume 时执行 mMapView. onResume (),实现地图生命周期管理
        mMapView.onResume();
        }
    @Override
    protected void onPause() {
        super.onPause();
    //在 activity 执行 onPause 时执行 mMapView. onPause (),实现地图生命周期管理
        mMapView.onPause();
        }
    }
```

完成以上步骤后，运行程序，即可在应用中显示如图 12-12 所示的地图。

图 12-12　显示百度地图

以上的例子为大家介绍了如何构建一个基础的地图页面。地图控件自 v2.3.5 版本起，支持多实例，即开发者可以在一个页面中建立多个地图对象，并且针对这些对象分别操作且不会产生相互干扰。具体使用方法请参考百度地图 APIMutiMapViewDemo 中的相关介绍。

此外，自 v2.3.5 版本开始。MapView 控件还增加了对 Fragment 框架的支持。用户可以使用 SupportMapFragment 控件完成相应框架内的开发工作（详见百度地图 API 的 MapFragmentDemo）。

12.6 基础地图

开发者可利用 SDK 提供的接口，使用百度为用户提供的基础地图数据。目前百度地图 SDK 所提供的地图等级为 3～19 级，所包含的信息有建筑物、道路、河流、学校、公园等内容。所有叠加或覆盖到地图的内容，统称为地图覆盖物，如标注、矢量图形元素（包括折线、多边形和圆等）、定位图标等。覆盖物拥有自己的地理坐标，当拖动或缩放地图时，它们会相应地移动。

百度地图 SDK 为广大开发者提供的基础地图和上面的各种覆盖物元素，具有一定的层级关系，具体如下（从下至上的顺序）。

（1）基础底图（包括底图、底图道路、卫星图等）。

（2）地形图图层（GroundOverlay）。

（3）热力图图层（HeatMap）。

（4）实时路况图图层（BaiduMap.setTrafficEnabled(true);）。

（5）百度城市热力图（BaiduMap.setBaiduHeatMapEnabled(true);）。

（6）底图标注（指的是底图上面自带的那些 POI 元素）。

（7）几何图形图层（点、折线、弧线、圆、多边形）。

（8）标注图层（Marker），文字绘制图层（Text）。

（9）指南针图层（当地图发生旋转和视角变化时，默认出现在左上角的指南针）。

（10）定位图层（BaiduMap.setMyLocationEnabled(true);）。

（11）弹出窗图层（InfoWindow）。

（12）自定义 View（MapView.addView(View);）。

12.6.1 地图类型

百度地图 Android SDK 为开发者提供了两种类型的地图资源（普通矢量地图和卫星图），开发者可以利用 BaiduMap 中的 mapType()方法来设置地图类型。核心代码如下：

```
mMapView = (MapView) findViewById(R.id.bmapView);
mBaiduMap = mMapView.getMap();
//普通地图
mBaiduMap.setMapType(BaiduMap.MAP_TYPE_NORMAL);
//卫星地图
mBaiduMap.setMapType(BaiduMap.MAP_TYPE_SATELLITE);
```

12.6.2 实时交通图

当前，全国范围内已支持多个城市实时路况查询，且会陆续开通其他城市。在地图上打开实时路况的核心代码如下：

```
mMapView = (MapView) findViewById(R.id.bmapView);
mBaiduMap = mMapView.getMap();
//开启交通图
mBaiduMap.setTrafficEnabled(true);
```

12.6.3 百度城市热力图

百度地图 SDK 为广大开发者开放热力图本地绘制能力之后，再次进一步开放百度自有数据的城市热力图层，帮助开发者构建形式更加多样的移动端应用。

百度城市热力图的性质及使用与实时交通图类似，只需要简单的接口调用，即可在地图上展现样式丰富的百度城市热力图。

在地图上开启百度城市热力图的核心代码如下：

```
mMapView = (MapView) findViewById(R.id.bmapView);
mBaiduMap = mMapView.getMap();
//开启交通图
mBaiduMap.setBaiduHeatMapEnabled(true);
```

12.6.4 标注覆盖物

开发者可根据自己实际的业务需求，利用标注覆盖物，在地图指定的位置上添加标注信息。具体实现方法如下：

```
//定义 Maker 坐标点
LatLng point = new LatLng(39.963175, 116.400244);
//构建 Marker 图标
BitmapDescriptor bitmap = BitmapDescriptorFactory
    .fromResource(R.drawable.icon_marka);
//构建 MarkerOption，用于在地图上添加 Marker
OverlayOptions option = new MarkerOptions()
    .position(point)
    .icon(bitmap);
//在地图上添加 Marker，并显示
mBaiduMap.addOverlay(option);
```

针对已经添加在地图上的标注，可采用如下方式进行手势拖曳。

第一步，设置可拖曳。

```
OverlayOptions options = new MarkerOptions()
    .position(llA)        //设置 marker 的位置
    .icon(bdA)            //设置 marker 图标
    .zIndex(9)            //设置 marker 所在层级
    .draggable(true);     //设置手势拖曳
```

```
//将 marker 添加到地图上
marker = (Marker) (mBaiduMap.addOverlay(options));
```

第二步，设置监听方法：

```
//调用 BaiduMap 对象的 setOnMarkerDragListener 方法设置 marker 拖曳的监听
mBaiduMap.setOnMarkerDragListener(new OnMarkerDragListener() {
    public void onMarkerDrag(Marker marker) {
        //拖曳中
    }
    public void onMarkerDragEnd(Marker marker) {
        //拖曳结束
    }
    public void onMarkerDragStart(Marker marker) {
        //开始拖曳
    }
});
```

自 v3.3.0 版本起，SDK 提供了给 Marker 增加动画的能力，具体实现方法如下：

```
// 通过 marker 的 icons 设置一组图片，再通过 period 设置多少帧刷新一次图片资源
ArrayList<BitmapDescriptor> giflist = new ArrayList<BitmapDescriptor>();
giflist.add(bdA);
giflist.add(bdB);
giflist.add(bdC);
OverlayOptions ooD = new MarkerOptions().position(pt).icons(giflist)
                .zIndex(0).period(10);
mMarkerD = (Marker) (mBaiduMap.addOverlay(ooD));
```

针对已添加在地图上的标注覆盖物，可利用如下方法进行修改和删除操作：

```
marker.remove();    //调用 Marker 对象的 remove 方法实现指定 marker 的删除
```

12.6.5　几何图形覆盖物

地图 SDK 提供多种结合图形覆盖物，利用这些图形，可帮助开发者构建更加丰富多彩的地图应用。目前提供的几何图形有点（Dot）、折线（Polyline）、弧线（Arc）、圆（Circle）、多边形（Polygon）。

下面以多边形为例，向大家介绍如何使用几何图形覆盖物：

```
//定义多边形的五个顶点
LatLng pt1 = new LatLng(39.93923, 116.357428);
LatLng pt2 = new LatLng(39.91923, 116.327428);
LatLng pt3 = new LatLng(39.89923, 116.347428);
LatLng pt4 = new LatLng(39.89923, 116.367428);
```

```
LatLng pt5 = new LatLng(39.91923, 116.387428);
List<LatLng> pts = new ArrayList<LatLng>();
pts.add(pt1);
pts.add(pt2);
pts.add(pt3);
pts.add(pt4);
pts.add(pt5);
//构建用户绘制多边形的 Option 对象
OverlayOptions polygonOption = new PolygonOptions()
    .points(pts)
    .stroke(new Stroke(5, 0xAA00FF00))
    .fillColor(0xAAFFFF00);
//在地图上添加多边形 Option，用于显示
mBaiduMap.addOverlay(polygonOption);
```

运行结果如图 12-13 所示。

图 12-13　几何图形覆盖物

12.6.6　文字覆盖物

文字在地图中也是一种覆盖物，开发者可利用相关的接口，快速实现在地图上书写文字的需求。实现方式如下：

```
//定义文字所显示的坐标点
LatLng llText = new LatLng(39.86923, 116.397428);
```

```
//构建文字 Option 对象，用于在地图上添加文字
OverlayOptions textOption = new TextOptions()
    .bgColor(0xAAFFFF00)
    .fontSize(24)
    .fontColor(0xFFFF00FF)
    .text("百度地图 SDK")
    .rotate(-30)
    .position(llText);
//在地图上添加该文字对象并显示
mBaiduMap.addOverlay(textOption);
```

运行结果如图 12-14 所示。

图 12-14 文字覆盖物

12.6.7 弹出窗覆盖物

弹出窗覆盖物的实现方式如下，开发者可利用此接口，构建具有更强交互性的地图页面。

```
//创建 InfoWindow 展示的 view
Button button = new Button(getApplicationContext());
button.setBackgroundResource(R.drawable.popup);
//定义用于显示该 InfoWindow 的坐标点
LatLng pt = new LatLng(39.86923, 116.397428);
//创建 InfoWindow ，传入 view， 地理坐标， y 轴偏移量
```

```
InfoWindow mInfoWindow = new InfoWindow(button, pt, -47);
//显示 InfoWindow
mBaiduMap.showInfoWindow(mInfoWindow);
```

图 12-15 为点击 Marker 弹出 InfoWindow 的示例图，开发者只需将 InfoWindow 的显示方法写在 Maker 的点击事件处理中即可实现该效果。

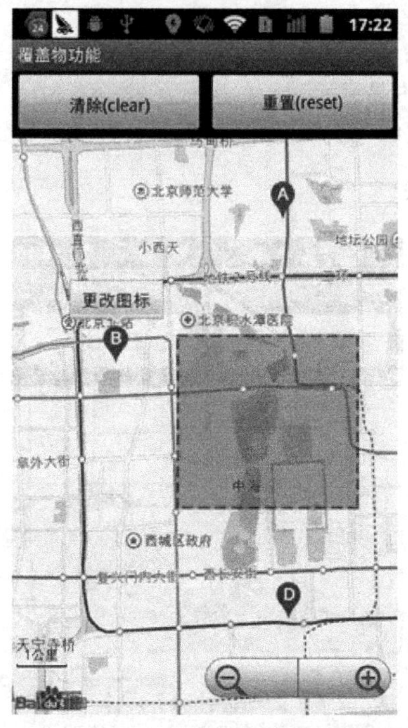

图 12-15　弹出窗覆盖物

12.6.8　地形图图层

地形图图层（GroundOverlay），又可称为图片图层，即开发者可在地图的指定位置上添加图片。该图片可随地图的平移、缩放、旋转等操作做相应的变换。该图层是一种特殊的 Overlay，　它位于底图和底图标注层之间（即该图层不会遮挡地图标注信息）。

在地图中添加使用地形图覆盖物的方式如下：

```
//定义 Ground 的显示地理范围
LatLng southwest = new LatLng(39.92235, 116.380338);
LatLng northeast = new LatLng(39.947246, 116.414977);
LatLngBounds bounds = new LatLngBounds.Builder()
    .include(northeast)
    .include(southwest)
    .build();
//定义 Ground 显示的图片
BitmapDescriptor bdGround = BitmapDescriptorFactory
```

```
    .fromResource(R.drawable.ground_overlay);
//定义 Ground 覆盖物选项
OverlayOptions ooGround = new GroundOverlayOptions()
    .positionFromBounds(bounds)
    .image(bdGround)
    .transparency(0.8f);
//在地图中添加 Ground 覆盖物
mBaiduMap.addOverlay(ooGround);
```

运行结果如图 12-16 所示。

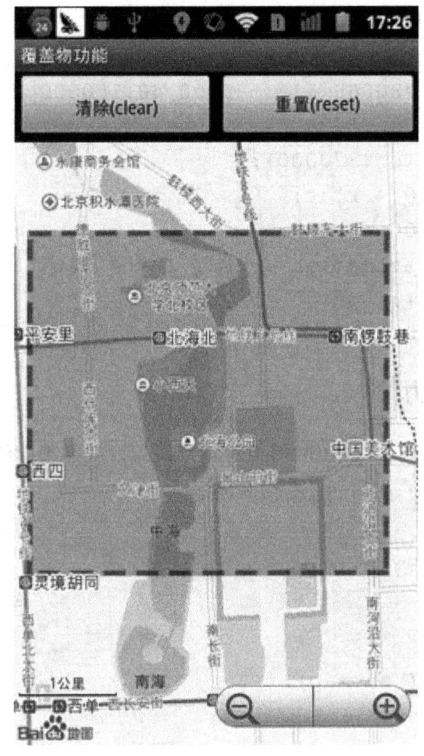

图 12-16　地形图图层

12.6.9　热力图功能

热力图是用不同颜色的区块叠加在地图上描述人群分布、密度和变化趋势的一个产品，百度地图 SDK 将绘制热力图的能力为广大开发者开放，帮助开发者利用自有数据，构建属于自己的热力图，提供丰富的展示效果。

利用热力图功能构建自有数据热力图的方式如下。

第一步，设置颜色变化：

```
//设置渐变颜色值
int[] DEFAULT_GRADIENT_COLORS = {Color.rgb(102, 225,  0), Color.rgb(255, 0,
```

```
0) };
    //设置渐变颜色起始值
    float[] DEFAULT_GRADIENT_START_POINTS = { 0.2f, 1f };
    //构造颜色渐变对象
    Gradient gradient = new Gradient(DEFAULT_GRADIENT_COLORS, DEFAULT_GRADIENT_
START_POINTS);
```

第二步，准备数据：

```
//以下数据为随机生成地理位置点，开发者根据自己的实际业务，传入自有位置数据即可
List<LatLng> randomList = new ArrayList<LatLng>();
Random r = new Random();
for (int i = 0; i < 500; i++) {
    // 116.220000,39.780000 116.570000,40.150000
    int rlat = r.nextInt(370000);
    int rlng = r.nextInt(370000);
    int lat = 39780000 + rlat;
    int lng = 116220000 + rlng;
    LatLng ll = new LatLng(lat / 1E6, lng / 1E6);
    randomList.add(ll);
}
```

第三步，添加、显示热力图：

```
//在大量热力图数据情况下，build 过程相对较慢，建议放在新建线程实现
HeatMap heatmap = new HeatMap.Builder()
    .data(randomList)
    .gradient(gradient)
    .build();
//在地图上添加热力图
mBaiduMap.addHeatMap(heatmap);
```

第四步，删除热力图：

```
heatmap.removeHeatMap();
```

12.6.10 检索结果覆盖物

针对检索功能模块（POI 检索、线路规划等），地图 SDK 还对外提供相应的覆盖物来快速展示结果信息。这些方法都是开源的，开发者可根据自己的实际需求来做个性化的定制。

利用检索结果覆盖物展示 POI 搜索结果的方式如下。

第一步，构造自定义 PoiOverlay 类；

```
private class MyPoiOverlay extends PoiOverlay {
    public MyPoiOverlay(BaiduMap baiduMap) {
        super(baiduMap);
```

```
    }
    @Override
    public boolean onPoiClick(int index) {
        super.onPoiClick(index);
        return true;
    }
}
```

第二步，在 POI 检索回调接口中添加自定义的 PoiOverlay：

```
public void onGetPoiResult(PoiResult result) {
    if (result == null || result.error == SearchResult.ERRORNO.RESULT_
NOT_FOUND) {
        return;
    }
    if (result.error == SearchResult.ERRORNO.NO_ERROR) {
        mBaiduMap.clear();
        //创建 PoiOverlay
        PoiOverlay overlay = new MyPoiOverlay(mBaiduMap);
        //设置 overlay 可以处理标注点击事件
        mBaiduMap.setOnMarkerClickListener(overlay);
        //设置 PoiOverlay 数据
        overlay.setData(result);
        //添加 PoiOverlay 到地图中
        overlay.addToMap();
        overlay.zoomToSpan();
        return;
    }
}
```

运行结果如图 12-17 所示。

利用 TransitRouteOverlay 展示公交换乘结果：

```
//在公交线路规划回调方法中添加 TransitRouteOverlay 用于展示换乘信息
public void onGetTransitRouteResult(TransitRouteResult result) {
    if (result == null || result.error != SearchResult.ERRORNO.NO_ERROR) {
        //未找到结果
        return;
    }
    if (result.error == SearchResult.ERRORNO.AMBIGUOUS_ROURE_ADDR) {
        //起终点或途经点地址有歧义，通过以下接口获取建议查询信息
        //result.getSuggestAddrInfo()
        return;
    }
    if (result.error == SearchResult.ERRORNO.NO_ERROR) {
```

```
        route = result.getRouteLines().get(0);
        //创建公交路线规划线路覆盖物
        TransitRouteOverlay overlay = new MyTransitRouteOverlay(mBaidumap);
        //设置公交路线规划数据
        overlay.setData(route);
        //将公交路线规划覆盖物添加到地图中
        overlay.addToMap();
        overlay.zoomToSpan();
    }
}
```

运行结果如图 12-18 所示。

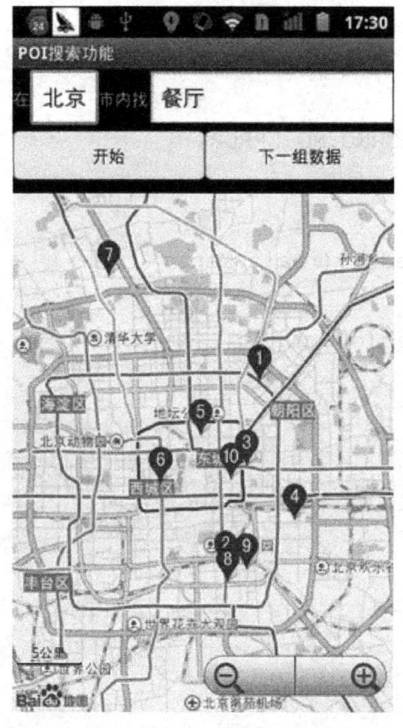

图 12-17　检索结果覆盖物

图 12-18　公交换乘

12.6.11　OpenGL 绘制功能

百度地图 SDK 为广大开发者开放了 OpenGL 绘制接口，帮助开发者在地图上实现更灵活的样式绘制，丰富地图使用效果体验。

下面将以在地图上绘制折线为例，向大家介绍如何使用 OpenGL 绘制接口：

```
// 定义地图绘制每一帧时 OpenGL 绘制的回调接口
OnMapDrawFrameCallback callback = new OnMapDrawFrameCallback() {
    public void onMapDrawFrame(GL10 gl, MapStatus drawingMapStatus)    {
        if (mBaiduMap.getProjection() != null) {
            // 计算折线的 opengl 坐标
            calPolylinePoint(drawingMapStatus);
```

```
            // 绘制折线
            drawPolyline(gl, Color.argb(255, 255, 0, 0), vertexBuffer, 10, 3,
drawingMapStatus);
        }
    }
}

// 设置地图绘制每一帧时的回调接口
mMapView = (MapView) findViewById(R.id.bmapView);
mBaiduMap = mMapView.getMap();
mBaiduMap.setOnMapDrawFrameCallback(this);

// 计算折线 OpenGL 坐标
public void calPolylinePoint(MapStatus mspStatus) {
    PointF[] polyPoints = new PointF[latLngPolygon.size()];
    vertexs = new float[3 * latLngPolygon.size()];
    int i = 0;
    for (LatLng xy : latLngPolygon) {
        // 将地理坐标转换成 openGL 坐标
        polyPoints[i]    =    mBaiduMap.getProjection().toOpenGLLocation(xy,
mspStatus);
        vertexs[i * 3] = polyPoints[i].x;
        vertexs[i * 3 + 1] = polyPoints[i].y;
        vertexs[i * 3 + 2] = 0.0f;
        i++;
    }
    for (int j = 0; j < vertexs.length; j++) {
        Log.d(LTAG, "vertexs[" + j + "]: " + vertexs[j]);
    }
    vertexBuffer = makeFloatBuffer(vertexs);
}

//创建 OpenGL 绘制时的顶点 Buffer
private FloatBuffer makeFloatBuffer(float[] fs) {
    ByteBuffer bb = ByteBuffer.allocateDirect(fs.length * 4);
    bb.order(ByteOrder.nativeOrder());
    FloatBuffer fb = bb.asFloatBuffer();
    fb.put(fs);
    fb.position(0);
    return fb;
}

// 绘制折线
private void drawPolyline(GL10 gl, int color, FloatBuffer lineVertexBuffer,
float lineWidth, int pointSize, MapStatus drawingMapStatus) {

    gl.glEnable(GL10.GL_BLEND);
    gl.glEnableClientState(GL10.GL_VERTEX_ARRAY);

    gl.glBlendFunc(GL10.GL_SRC_ALPHA, GL10.GL_ONE_MINUS_SRC_ALPHA);
```

```
    float colorA = Color.alpha(color) / 255f;
    float colorR = Color.red(color) / 255f;
    float colorG = Color.green(color) / 255f;
    float colorB = Color.blue(color) / 255f;

    gl.glVertexPointer(3, GL10.GL_FLOAT, 0, lineVertexBuffer);
    gl.glColor4f(colorR, colorG, colorB, colorA);
    gl.glLineWidth(lineWidth);
    gl.glDrawArrays(GL10.GL_LINE_STRIP, 0, pointSize);

    gl.glDisable(GL10.GL_BLEND);
    gl.glDisableClientState(GL10.GL_VERTEX_ARRAY);
}
```

结果如图 12-19 所示。

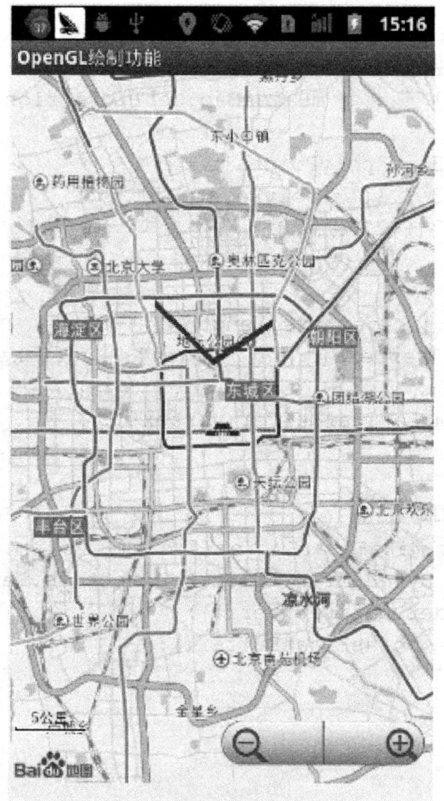

图 12-19　OpenGL 绘制

12.7　检索功能

目前百度地图 SDK 所集成的检索服务包括 POI 检索、公交信息查询、线路规划、地理编码、在线建议查询、短串分享。

12.7.1 POI 检索

POI（Point of Interest），中文可以翻译为“兴趣点”。在地理信息系统中，一个 POI 可以是一栋房子、一个商铺、一个邮筒、一个公交站等。

百度地图 SDK 提供三种类型的 POI 检索：周边检索、区域检索和城市内检索。下面将以城市内检索为例，向大家介绍如何使用检索服务。

第一步，创建 POI 检索实例：

```
mPoiSearch = PoiSearch.newInstance();
```

第二步，创建 POI 检索监听者：

```
OnGetPoiSearchResultListener poiListener = new OnGetPoiSearchResult
Listener(){
    public void onGetPoiResult(PoiResult result){
    //获取 POI 检索结果
    }
    public void onGetPoiDetailResult(PoiDetailResult result){
    //获取 Place 详情页检索结果
    }
};
```

第三步，设置 POI 检索监听者：

```
mPoiSearch.setOnGetPoiSearchResultListener(poiListener);
```

第四步，发起检索请求：

```
mPoiSearch.searchInCity((new PoiCitySearchOption())
    .city("北京")
    .keyword("美食")
    .pageNum(10));
```

第五步，释放 POI 检索实例：

```
mPoiSearch.destroy();
```

以上向大家介绍了 POI 检索功能的使用方法，百度地图 SDK，还向广大开发者开放了 POI 详情信息的检索，为开发者提供更多的 LBS 数据支持。

POI 详情检索的实现方式如下。

第一步，发起检索：

```
//uid 是 POI 检索中获取的 POI ID 信息
mPoiSearch.searchPoiDetail((new PoiDetailSearchOption()).poiUid(uid));
```

第二步，设置结果监听：

```
    public void onGetPoiDetailResult(PoiDetailResult result) {
        if (result.error != SearchResult.ERRORNO.NO_ERROR) {
            //详情检索失败
            // result.error 请参考 SearchResult.ERRORNO
        }
        else {
            //检索成功
        }
    }
```

12.7.2 公交信息检索

利用 BusLineSearch 方法，开发者可查询公交线路的详情信息，实现方式如下：

第一步，发起 POI 检索，获取相应线路的 UID：

```
    //以城市内检索为例，详细方法请参考 POI 检索部分的相关介绍
    mSearch.searchInCity((new PoiCitySearchOption())
        .city("北京")
        .keyword("717");
```

第二步，在 POI 检索结果中判断该 POI 类型是否为公交信息：

```
    public void onGetPoiResult(PoiResult result) {
        if (result == null || result.error != SearchResult.ERRORNO.NO_ERROR) {
            return;
        }
        //遍历所有 POI，找到类型为公交线路的 POI
        for (PoiInfo poi : result.getAllPoi()) {
            if (poi.type == PoiInfo.POITYPE.BUS_LINE ||poi.type == PoiInfo.
POITYPE.SUBWAY_LINE) {
                //说明该条 POI 为公交信息，获取该条 POI 的 UID
                busLineId = poi.uid;
                break;
            }
        }
    }
```

第三步，定义并设置公交信息结果监听者（与 POI 类似），并发起公交详情检索：

```
    //如下代码为发起检索代码，定义监听者和设置监听器的方法与 POI 中的类似
    mBusLineSearch.searchBusLine((new BusLineSearchOption()
        .city("北京")
        .uid(busLineId)));
```

12.7.3 线路规划

使用地图 SDK，开发者还可以实现公交、驾车和步行三种方式的线路规划。其中驾车线路规划自 v3.4.0 版本起支持多线路检索结果的能力，具体实现方式请参考官方 Demo 的

介绍。

1. **公交线路规划**

实现公交线路规划的方式如下。

第一步，创建公交线路规划检索实例：

```
mSearch = RoutePlanSearch.newInstance();
```

第二步，创建公交线路规划检索监听者：

```
OnGetRoutePlanResultListener listener = new OnGetRoutePlanResultListener()
{
    public void onGetWalkingRouteResult(WalkingRouteResult result) {
        //
    }
    public void onGetTransitRouteResult(TransitRouteResult result) {
        if (result == null || result.error != SearchResult.ERRORNO.NO_ERROR)
        {
            Toast.makeText(RoutePlanDemo.this, "抱歉，未找到结果",Toast.LENGTH_
SHORT).show();
        }
        if (result.error == SearchResult.ERRORNO.AMBIGUOUS_ROURE_ADDR) {
            //起终点或途经点地址有歧义，通过以下接口获取建议查询信息
            //result.getSuggestAddrInfo()
            return;
        }
        if (result.error == SearchResult.ERRORNO.NO_ERROR) {
            TransitRouteOverlay  overlay  =  new  MyTransitRouteOverlay
(mBaidumap);
            mBaidumap.setOnMarkerClickListener(overlay);
            overlay.setData(result.getRouteLines().get(0));
            overlay.addToMap();
            overlay.zoomToSpan();
        }
    }
    public void onGetDrivingRouteResult(DrivingRouteResult result) {
        //
    }
};
```

第三步，设置公交线路规划检索监听者：

```
mSearch.setOnGetRoutePlanResultListener(listener);
```

第四步，准备检索起、终点信息：

```
PlanNode stNode = PlanNode.withCityNameAndPlaceName("北京", "龙泽");
PlanNode enNode = PlanNode.withCityNameAndPlaceName("北京", "西单");
```

第五步，发起公交线路规划检索：

```
mSearch.transitSearch((new TransitRoutePlanOption())
    .from(stNode)
    .city("北京")
    .to(enNode));
```

第六步，释放检索实例：

```
mSearch.destory();
```

公交线路规划结果的 JSON 结构图如下：

```
TransitRouteResult {                   //换乘路线结果
    TaxiInfo: {                        //打车信息
        int totalPrice ;               //总价格
        String desc;                   //打车描述信息
        int distance;                  //距离
        int duration;                  //时间
        int perKMPrice;                //单价
        int startPrice;                //起步价
    }
    List<TransitRouteLine> : [         //换乘方案
        {
        TaxiInfo taxitInfo,            //打车信息
        VehicleInfo vehicleInfo,       //交通工具信息
        RouteNode entrance,            //路段入口
        RouteNode exit,                //路段出口
        TransitRouteStepType,          //路段类型
        String instructions,           //路段说明
        int distance,                  //距离
        int duration                   //时间
        },
        ......
    ]
    SuggestAddrInfo: {                                 //建议起终点信息
        List<PoiInfo> suggestStartNode;                //建议起点
        List<PoiInfo> suggestEndNode;                  //建议终点
        List<List<PoiInfo>> suggestWpNode;             //建议途经点
        List<CityInfo> suggestStartCity;               //建议起点城市
        List<CityInfo> suggestEndCity;                 //建议终点城市
        List<List<CityInfo>> suggestWpCity;            //建议途经点城市
```

```
    }
}
```

2. 驾车线路规划

第一步，创建驾车线路规划检索实例：

```
mSearch = RoutePlanSearch.newInstance();
```

第二步，创建驾车线路规划检索监听者：

```
OnGetRoutePlanResultListener listener = new OnGetRoutePlanResultListener()
{
    public void onGetWalkingRouteResult(WalkingRouteResult result) {
        //获取步行线路规划结果
    }
    public void onGetTransitRouteResult(TransitRouteResult result) {
        //获取公交换乘路径规划结果
    }
    public void onGetDrivingRouteResult(DrivingRouteResult result) {
        //获取驾车线路规划结果
    }
};
```

第三步，设置驾车线路规划检索监听者：

```
mSearch.setOnGetRoutePlanResultListener(listener);
```

第四步，准备检索起、终点信息：

```
PlanNode stNode = PlanNode.withCityNameAndPlaceName("北京", "龙泽");
PlanNode enNode = PlanNode.withCityNameAndPlaceName("北京", "西单");
```

第五步，发起驾车线路规划检索：

```
mSearch.drivingSearch((new DrivingRoutePlanOption())
    .from(stNode)
    .to(enNode));
```

第六步，释放检索实例：

```
mSearch.destory();
```

12.7.4　地理编码

地理编码指的是将地址信息建立空间坐标关系的过程。可分为正向地图编码和反向地图编码。

正向地理编码指的是由地址信息转换为坐标点的过程，核心代码如下：

第一步，创建地理编码检索实例：

```
mSearch = GeoCoder.newInstance();
```

第二步，创建地理编码检索监听者：

```
OnGetGeoCoderResultListener listener = new OnGetGeoCoderResultListener() {
    public void onGetGeoCodeResult(GeoCodeResult result) {
        if (result == null || result.error != SearchResult.ERRORNO.NO_ERROR)
        {
            //没有检索到结果
        }
        //获取地理编码结果
    }

    @Override
    public void onGetReverseGeoCodeResult(ReverseGeoCodeResult result) {
        if (result == null || result.error != SearchResult.ERRORNO.NO_ERROR)
        {
            //没有找到检索结果
        }
        //获取反向地理编码结果
    }
};
```

第三步，设置地理编码检索监听者：

```
mSearch.setOnGetGeoCodeResultListener(listener);
```

第四步，发起地理编码检索：

```
mSearch.geocode(new GeoCodeOption()
   .city("北京")
   .address("海淀区上地十街10号");
```

第五步，释放地理编码检索实例：

```
mSearch.destroy();
```

反向地理编码服务实现了将地球表面的地址坐标转换为标准地址的过程。反向地理编码提供了坐标定位引擎，帮助用户通过地面某个地物的坐标值来反向查询得到该地物所在的行政区划、所处街道，以及最匹配的标准地址信息。通过丰富的标准地址库中的数据，可帮助用户在进行移动端查询、商业分析、规划分析等领域创造无限价值。

反向地理编码的实现形式与正向地理编码的方式相同，此处不再赘述（更多详细信息请参考百度地图 API 相应 Demo）。

12.7.5 在线建议查询

在线建议查询是指根据关键词查询在线建议词。为了帮助开发者实现检索出来的关键词快速定位到地图上，SDK 自 3.5.0 版本起，开放了检索结果的经纬度信息及对应 POI 点的 UID 信息。

注意：

（1）在线建议检索的本质是根据部分关键词检索出来可能的完整关键词名称，如果需要这些关键词对应的 POI 的具体信息，请使用 POI 检索来完成。

（2）在线检索结果的第一条可能存在没有经纬度信息的情况，该条结果为文字联想出来的关键词结果，并不对应任何确切 POI 点。例如输入“肯”，第一条结果为“肯德基”，这条结果是一个泛指的名称，不会带有经纬度等信息。

在线建议检索实现方式如下。

第一步，创建在线建议查询实例：

```
mSuggestionSearch = SuggestionSearch.newInstance();
```

第二步，创建在线建议查询监听者：

```
OnGetSuggestionResultListener listener = new OnGetSuggestionResultListener()
{
    public void onGetSuggestionResult(SuggestionResult res) {
        if (res == null || res.getAllSuggestions() == null) {
            return;
            //未找到相关结果
        }
    //获取在线建议检索结果
    }
};
```

第三步，设置在线建议查询监听者：

```
mSuggestionSearch.setOnGetSuggestionResultListener(listener);
```

第四步，发起在线建议查询：

```
// 使用建议搜索服务获取建议列表，结果在 onSuggestionResult()中更新
mSuggestionSearch.requestSuggestion((new SuggestionSearchOption())
    .keyword("百度")
    .city("北京"));
```

第五步，释放在线建议查询实例：

```
mSuggestionSearch.destroy();
```

12.7.6　短串分享

1. 短串分享

短串分享是指用户搜索查询后得到的每一个地理位置结果将会对应一条短串（短链接），用户可以通过短信、邮件或第三方分享组件（如微博、微信等）把短串分享给其他用户从而实现地理位置信息的分享。当其他用户收到分享的短串后，点击短串即可打开手机上的百度

地图客户端或者手机浏览器进行查看。

例如，用户搜索“百度大厦”后通过短信使用短串分享功能把该地点分享给好友，好友点击短信中的短串“http://j.map.baidu.com/BkmBk”后可以调启百度地图客户端或者手机浏览器查看“百度大厦”的地理位置信息。

目前短串分享功能暂时开放了“POI 搜索结果分享”和“反向地理编码结果分享”，日后会开放更多的功能，欢迎广大开发者使用短串分享功能。

2. POI 搜索结果分享

第一步，利用 POI 检索，获取待分享的 POI UID 信息（具体方法请参考 POI 检索部分的介绍）。

第二步，创建分享检索实例：

```
mShareUrlSearch = ShareUrlSearch.newInstance();
```

第三步，创建分享检索监听者：

```
OnGetShareUrlResultListener listener = new OnGetShareUrlResultListener() {
    public void onGetPoiDetailShareUrlResult(ShareUrlResult result) {
        //分享 POI 详情
    }
    public void onGetLocationShareUrlResult(ShareUrlResult result) {
        //分享位置信息
    }
};
```

第四步，设置分享检索监听者：

```
mShareUrlSearch.setOnGetShareUrlResultListener(listener);
```

第五步，发起分享检索：

```
mShareUrlSearch.requestPoiDetailShareUrl(new PoiDetailShareURLOption()
    //UID：为 POI 的 UID 信息，可用 POI 检索获取
    .poiUid(UID));
```

第六步，销毁分享检索实例：

```
mShareUrlSearch.destroy();
```

12.8 定　　位

百度地图 SDK 从 2.0.0 版本起，将定位功能进行了分离，开发者在使用过程中，若需要定位功能，请参考定位 SDK 的相关介绍。

使用百度定位 SDK 获取相应的位置信息，然后利用地图 SDK 中的接口，用户可以在地

图上展示实时位置信息，核心代码如下：

```
// 开启定位图层
mBaiduMap.setMyLocationEnabled(true);
// 构造定位数据
MyLocationData locData = new MyLocationData.Builder()
    .accuracy(location.getRadius())
    // 此处设置开发者获取到的方向信息，顺时针 0-360
    .direction(100).latitude(location.getLatitude())
    .longitude(location.getLongitude()).build();
// 设置定位数据
mBaiduMap.setMyLocationData(locData);
// 设置定位图层的配置（定位模式，是否允许方向信息，用户自定义定位图标）
mCurrentMarker = BitmapDescriptorFactory
    .fromResource(R.drawable.icon_geo);
MyLocationConfiguration config = new MyLocationConfiguration(mCurrentMode,
true, mCurrentMarker);
mBaiduMap.setMyLocationConfiguration();
// 当不需要定位图层时关闭定位图层
mBaiduMap.setMyLocationEnabled(false);
```

12.9 事件监听

12.9.1 Key 验证事件监听

在工程 Manifest 中添加相应的开发密钥，SDK 会自动去调用这个开发密钥，相应的鉴权状态将已广播的形式反馈给开发者。具体使用方法如下。

（1）开发密钥位置：

```
<application
    android:name="baidumapsdk.demo.DemoApplication"
    <meta-data
        android:name="com.baidu.lbsapi.API_KEY"
        android:value="开发密钥" />
</application>
```

（2）广播监听方法。

第一步，定义广播监听者：

```
public class SDKReceiver extends BroadcastReceiver {
    public void onReceive(Context context, Intent intent) {
        String action = intent.getAction();
        if(action.equals(SDKInitializer.SDK_BROADTCAST_ACTION_STRING_
```

```
PERMISSION_CHECK_ERROR))
            {
                // key 验证失败，相应处理
            }
        }
    }
```

第二步，注册广播监听者：

```
    IntentFilter iFilter = new IntentFilter();
    iFilter.addAction(SDKInitializer.SDK_BROADTCAST_ACTION_STRING_PERMISSION_
CHECK_ERROR);
    iFilter.addAction(SDKInitializer.SDK_BROADCAST_ACTION_STRING_NETWORK_ERRO
R);
    mReceiver = new SDKReceiver();
    registerReceiver(mReceiver, iFilter);
```

第三步，不使用地图 SDK 时，取消广播监听：

```
    unregisterReceiver(mReceiver);
```

12.9.2 一般事件监听

自 v3.0.0 版本起，取消了 BMapManager 方法，即初始化工程不再需要开发者自己完成，而是由 SDK 内部自行实现。相应的事件监听，采用了广播机制，具体使用方法如下。

第一步，定义广播监听者：

```
    public class SDKReceiver extends BroadcastReceiver {
        public void onReceive(Context context, Intent intent) {
            String action = intent.getAction();
            if(action.equals(SDKInitializer.SDK_BROADCAST_ACTION_STRING_
NETWORK_ERROR)) {
                // 网络出错，相应处理
            }
        }
    }
```

第二步，注册广播监听者：

```
    IntentFilter iFilter = new IntentFilter();
    iFilter.addAction(SDKInitializer.SDK_BROADTCAST_ACTION_STRING_PERMISSION_
CHECK_ERROR);
    iFilter.addAction(SDKInitializer.SDK_BROADCAST_ACTION_STRING_NETWORK_ERRO
R);
    mReceiver = new SDKReceiver();
    registerReceiver(mReceiver, iFilter);
```

第三步，不使用地图 SDK 时，取消广播监听：

```
unregisterReceiver(mReceiver);
```

12.9.3 地图事件监听

百度地图支持各种事件监听，提供了相应的事件监听方法，具体监听接口如下。

（1）地图状态改变相关接口：

```
OnMapStatusChangeListener listener = new OnMapStatusChangeListener() {
    /**
    * 手势操作地图，设置地图状态等操作导致地图状态开始改变
    * @param status 地图状态改变开始时的地图状态
    */
    public void onMapStatusChangeStart(MapStatus status){
    }
    /**
    * 地图状态变化中
    * @param status 当前地图状态
    */
    public void onMapStatusChange(MapStatus status){
    }
    /**
    * 地图状态改变结束
    * @param status 地图状态改变结束后的地图状态
    */
    public void onMapStatusChangeFinish(MapStatus status){
    }
};
```

（2）地图点击事件监听接口：

```
OnMapClickListener listener = new OnMapClickListener() {
    /**
    * 地图点击事件回调函数
    * @param point 点击的地理坐标
    */
    public void onMapClick(LatLng point){
    }
    /**
    * 地图内 Poi 点击事件回调函数
    * @param poi 点击的 poi 信息
    */
    public boolean onMapPoiClick(MapPoi poi){
    }
};
```

（3）地图加载完成回调接口：

```
OnMapLoadedCallback callback = new OnMapLoadedCallback() {
    /**
    * 地图加载完成回调函数
    */
    public void onMapLoaded(){
    }
};
```

（4）地图双击事件监听接口：

```
OnMapDoubleClickListener listener = new OnMapDoubleClickListener() {
    /**
    * 地图双击事件监听回调函数
    * @param point 双击的地理坐标
    */
    public void onMapDoubleClick(LatLng point){
    }
};
```

（5）地图长按事件监听接口：

```
OnMapLongClickListener listener = new OnMapLongClickListener() {
    /**
    * 地图长按事件监听回调函数
    * @param point 长按的地理坐标
    */
    public void onMapLongClick(LatLng point){
    }
};
```

（6）地图 Marker 覆盖物点击事件监听接口：

```
OnMarkerClickListener listener = new OnMarkerClickListener() {
    /**
    * 地图 Marker 覆盖物点击事件监听函数
    * @param marker 被点击的 marker
    */
    public boolean onMarkerClick(Marker marker){
    }
};
```

（7）地图定位图标点击事件监听接口：

```
OnMyLocationClickListener listener = new OnMyLocationClickListener() {
```

```
    /**
    * 地图定位图标点击事件监听函数
    */
    public boolean onMyLocationClick(){
    }
};
```

（8）地图截屏回调接口：

```
SnapshotReadyCallback callback = new SnapshotReadyCallback() {
    /**
    * 地图截屏回调接口
    * @param snapshot 截屏返回的 bitmap 数据
    */
    public void onSnapshotReady(Bitmap snapshot){
    }
};
```

（9）触摸地图回调接口：

```
mBaiduMap.setOnMapTouchListener(new OnMapTouchListener() {
    /**
    * 当用户触摸地图时回调函数
    * @param event 触摸事件
    */
    public void onTouch(MotionEvent event) {
    }
});
```

12.10　习　　题

1．请简单介绍百度 Android SDK。
2．百度地图 API 的功能有哪些？
3．申请密钥的步骤有哪些？
4．Eclipse 的工程配置方法是什么？
5．使用百度地图数据的步骤是什么？
6．如何使用检索服务？
7．使用 Key 验证事件监听的方法是什么？

第 13 章　APP 示例

本章主要内容：

- 周边加油站 APP 简介。
- APP 原型展示。
- 聚合数据开放平台简介。
- 百度地图 API 介绍。
- 配置工程。
- 聚合数据解析。
- 首页当前位置和 PIO 绘制。
- 实现数据序列化的方式及步骤。
- 列表界面的组成。
- 详情界面的实现。
- 导航界面。
- 运行效果。

本章通过对周边加油站 APP 应用的展示和其基于 Android 平台开发的过程进行了全面的项目体系讲解，带领读者体验项目开发过程的同时了解真正的 APP 项目是如何开发的。

13.1　周边加油站 APP 简介

开车途中四处寻找加油站是司机师傅经常碰到的场景，本 APP 通过聚合数据加油站 API 进行数据抓取，通过百度地图 SDK 进行地图 POI 绘制，结合两者很好地解决该问题，将加油站搬到手机之上，解除司机师傅的后顾之忧。

知识点：

（1）申请聚合数据账户。
（2）工程集成聚合数据 SDK。
（3）工程集成百度地图 SDK。
（4）调用聚合数据 API。
（5）JSON 格式数据解析。

13.2　APP 原型展示

（1）APP 启动时界面如图 13-1 所示。
（2）启动完成界面如图 13-2 所示。

图 13-1　启动界面

图 13-2　启动完成界面

① 加载完成之后，默认选中第一个点。

② 点击其他点，底部显示跟着改变。

③ 按下底部概要区域，界面跳转到：详情界面。

④ 底部概要区域：只显示两种类别油。

⑤ 底部左边按钮：回到当前位置。

⑥ 底部右边按钮：跳转到，列表界面。

⑦ 按下顶部右边的距离，弹出检索范围选择框。

（3）首页选择检索范围界面如图 13-3 所示。

① 按下顶部右上角的范围文字，弹出选择框。

② 选择一个距离，弹出“正在获取加油站信息”重新检索。

（4）列表界面如图 13-4 所示。

① ListItem 下部的价格区域：有多少种显示多少（先左后右）。

② 按下每个 ListItem 跳转到详情界面。

③ 不分页：有多少显示多少。

（5）详情界面如图 13-5 所示。

（6）导航界面如图 13-6 所示。

图 13-3　首页选择检索范围

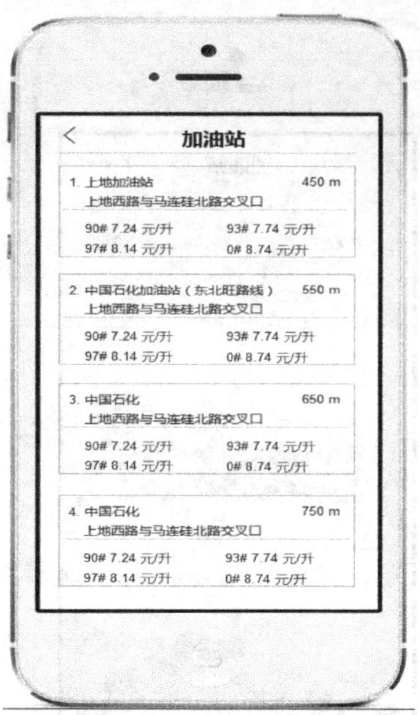

图 13-4　列表界面

图 13-5　详情界面

图 13-6　导航界面

13.3　聚合数据开放平台介绍

聚合数据是一家国内最大的基础数据 API 提供商，专业从事互联网数据服务。免费提供从天气查询、空气质量、地图坐标到金融基金、电商比价、违章查询等各个领域的安全、稳定和高效的数据。开发者可以免费使用聚合数据 API 进行移动 APP 的快速开发， 免除数据收集、维护等环节，大大降低开发周期及成本。

公司网址：www.juhe.cn。

使用聚合数据的步骤如下。

（1）注册账号。账号注册地址：https://www.juhe.cn/register。

（2）申请相应的数据接口。注册完账号后登录聚合数据后，点击“申请数据”菜单，然后点击右边的“车辆服务”下的“全国加油站油价”，点击“申请”按钮即可申请，如图 13-7 所示。

图 13-7　聚合数据申请

（3）查看 OpenID。点击“我的数据”菜单，在“账号信息”里查看自己的 OpenID，此 OpenID 在开发过程中要用到。

（4）下载聚合 SDK。下载地址：https://www.juhe.cn/juhesdk/download。

在此页面下载 Android SDK。

下载完成后最好看一下 SDK 文档。

13.4　百度地图 API 介绍

百度地图 API 的使用参见第 12 章内容。

13.5　配置工程

这里使用的开发工具是 Eclipse ADT。

PetrolStation
Android 4.4.2
Android Private Libraries
src
gen [Generated Java Files]
Android Dependencies
assets
bin
libs
res
AndroidManifest.xml
ic_launcher-web.png
lint.xml
proguard-project.txt
project.properties

图 13-8 工程结构

1. 配置 SDK

本例子程序是已经实现了 UI 界面的例子，在光盘中可以导入此工程。结构如图 13-8 所示。

将下载的聚合数据 SDK 中的 juhe_sdk_v_2_1.jar 复制到 libs 文件夹下，将聚合数据 SKD 中的 libJuheSDK_v_1_1.so 文件复制到 libs 目录下的 armeabi 目录下。

将下载的百度地图 SDK 中的 BaiduLBS_Android.jar 复制到 libs 文件夹下，将百度地图 SKD 中的 libBaiduMapSDK_v3_2_0_3.so 文件和 liblocSDK4d.so 文件复制到 libs 目录的 armeabi 目录下。

2. 配置 AndroidManifest.xml

（1）权限配置：

```
    <uses-permission android:name="android.permission.GET_ACCOUNTS" />
        <uses-permission android:name="android.permission.USE_CREDENTIALS" />
        <uses-permission android:name="android.permission.MANAGE_ACCOUNTS" />
        <uses-permission
android:name="android.permission.AUTHENTICATE_ACCOUNTS" />
        <uses-permission android:name="android.permission.INTERNET" />
        <uses-permission android:name="android.permission.CHANGE_WIFI_STATE" />
        <uses-permission android:name="android.permission.ACCESS_WIFI_STATE" />
        <uses-permission android:name="android.permission.READ_PHONE_STATE" />
        <uses-permission
android:name="android.permission.WRITE_EXTERNAL_STORAGE" />
        <uses-permission android:name="android.permission.BROADCAST_STICKY" />
        <uses-permission android:name="android.permission.WRITE_SETTINGS" />
        <uses-permission
android:name="com.android.launcher.permission.READ_SETTINGS" />
        <!-- 这个权限用于进行网络定位 -→
        <uses-permission
android:name="android.permission.ACCESS_COARSE_LOCATION" >
        </uses-permission>
        <!-- 这个权限用于访问 GPS 定位 -→
        <uses-permission
android:name="android.permission.ACCESS_FINE_LOCATION" >
        </uses-permission>
        <!-- 获取运营商信息，用于支持提供运营商信息相关的接口 -→
        <uses-permission
android:name="android.permission.ACCESS_NETWORK_STATE" >
        </uses-permission>
```

（2）配置聚合数据 OpenID 和百度 API_KEY。

在<application>标签中增加如下代码。

```
//用自己的百度 API_KEY 和聚合数据 OpenID 替换相应的值
<meta-data
        android:name="com.baidu.lbsapi.API_KEY"
        android:value="自己的百度 API_KEY" />
<meta-data
        android:name="com.thinkland.juheapi.openid"
        android:value="自己的聚合 OpenID" />
```

3. 初始化 SDK

在<application>标签中增加如下代码，指向 Application：

```
android:name="com.juhe.petrolstation.activity.PetrolStationApplication"
```

在 PetrolStationApplication 中初始化百度地图和聚合数据：

```
public class PetrolStationApplication extends Application {

    @Override
    public void onCreate() {
        super.onCreate();
        //初始化百度地图
        SDKInitializer.initialize(getApplicationContext());
        //初始化聚合数据
        com.thinkland.sdk.android.SDKInitializer.initialize(getApplicat-
ionContext());
    }

}
```

13.6 聚合数据解析

登录聚合数据网站，点击“我的数据”菜单，再点击右边申请的“全国加油站油价”数据后面的“接口”连接，查看接口信息，如图 13-9 所示。

此接口页面里说明了调用接口的各种参数，包括 ID、接口地址、请求方式、经度、维度、搜索范围等。

此页面下拉后可以看到调用接口后的返回字段的说明和返回的 JSON 示例，如图 13-10

所示。

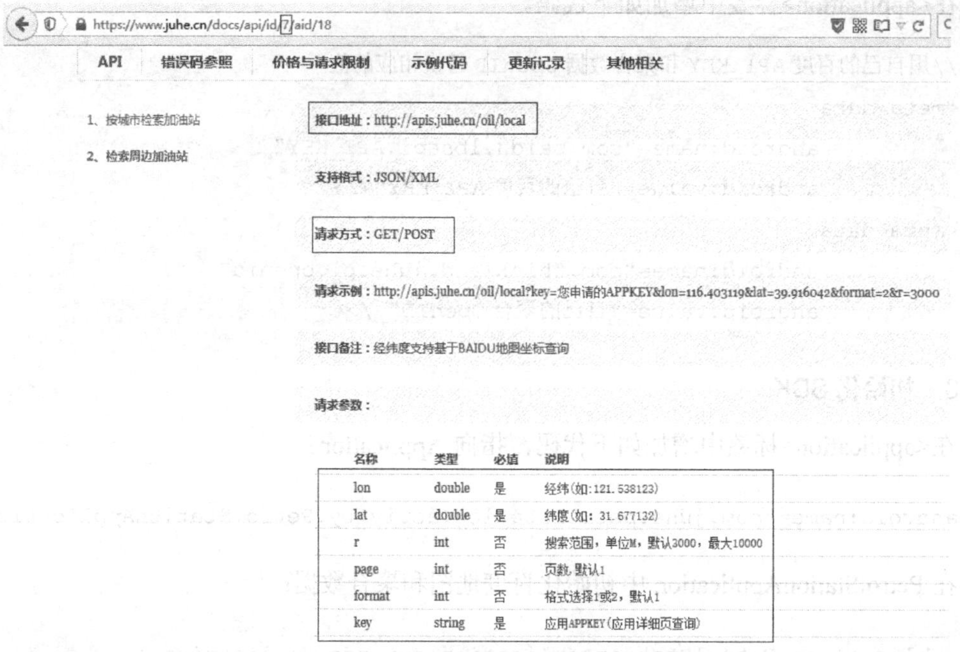

接口地址：http://apis.juhe.cn/oil/local

支持格式：JSON/XML

请求方式：GET/POST

请求示例：http://apis.juhe.cn/oil/local?key=您申请的APPKEY&lon=116.403119&lat=39.916042&format=2&r=3000

接口备注：经纬度支持基于BAIDU地图坐标查询

请求参数：

名称	类型	必填	说明
lon	double	是	经纬(如:121.538123)
lat	double	是	纬度(如:31.677132)
r	int	否	搜索范围，单位M，默认3000，最大10000
page	int	否	页数,默认1
format	int	否	格式选择1或2，默认1
key	string	是	应用APPKEY(应用详细页查询)

图 13-9　聚合数据接口参数

返回字段：

名称	类型	说明
error_code	int	返回码
reason	string	返回说明
data	-	返回结果集
name	string	加油站名称
area	string	城市邮编
areaname	string	城市区域
address	string	加油站地址
brandname	string	运营商类型
type	string	加油站类型
discount	string	是否打折加油站
exhaust	string	尾气排放标准
position	string	谷歌地图坐标
lat	double	百度地图纬度
lon	double	百度地图经度
price	string	省控基准油价
gastprice	string	加油站油价
fwlsmc	string	加油卡信息
distance	string	与坐标的距离，单位M

（a）

图 13-10　接口返回数据格式

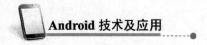

JSON返回示例：


```
{
  "resultcode": "200",
  "reason": "Successed!",
  "result": {
    "data": [
      {
        "id": "34299",
        "name": "中油燕宾北邮加油站（办卡优惠）",
        "area": "chongwen",
        "areaname": "北京市 崇文区",
        "address": "北京市崇文区天坛路12号，与东市场东街路交叉西南角（天坛北门往西一公里路南）。",
        "brandname": "中石油",
        "type": "加盟店",
        "discount": "打折加油站",
        "exhaust": "京Ⅴ",
        "position": "116.401654,39.886973",
        "lon": "116.40804671453",
        "lat": "39.893324983272",
        "price": [
          {
            "type": "E90",
            "price": "7.31"
          },
          {
            "type": "E93",
            "price": "6.92"
          },
          {
            "type": "E97",
            "price": "7.36"
          },
          {
            "type": "E0",
            "price": "6.84"
          }
        ],
        "gastprice": [
          {
            "name": "92#",
```


（b）

图 13-10　接口返回数据格式（续）

可以把返回示例中的 JSON 数据复制到一个在线 JSON 解析器里（http://www.bejson.com/jsonviewernew/）进行查看，如图 13-11 所示。

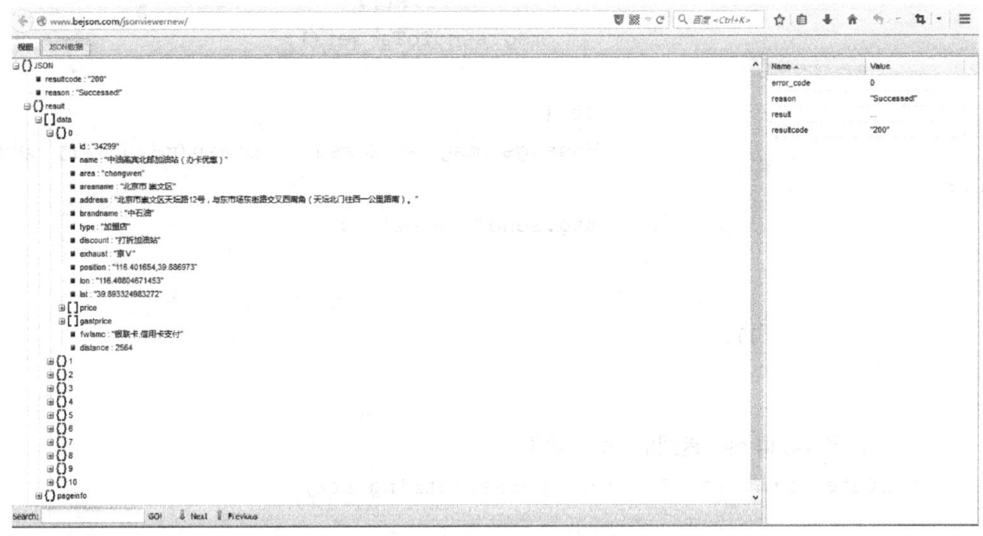

图 13-11　JSON 数据视图查看器

在视图查看器中可以清楚地查看 JSON 数据的目录结构，方便开发者编程。

下面就根据接口返回的 JSON 数据进行编程，对 JSON 数据进行解析并在界面上显示。

```
public class StationData {
    Handler mHandler;
    public StationData(Handler mHandler) {
        this.mHandler = mHandler;
    }

    //调用聚合数据接口，获取周边加油站油价数据
    public void getStationData(double lat, double lon, int distance) {
        Parameters params = new Parameters();
        params.add("lat", lat);
        params.add("lon", lon);
        params.add("r", distance);
        JuheData.executeWithAPI(7, "http://apis.juhe.cn/oil/local",
                JuheData.GET, params, new DataCallBack() {
                    //接口回调函数
                    @Override
                    public void resultLoaded(int arg0, String arg1, String
arg2) {
                        // TODO Auto-generated method stub

                        if (arg0 == 0) {
                            ArrayList<Station> list = parser(arg2);
                            if (list != null & mHandler != null) {
                                Message msg = Message.obtain(mHandler, 0x01,
                                        list);
                                msg.sendToTarget();
                            }
                        } else {
                            Message msg = Message.obtain(mHandler, 0x02,
arg0);
                            msg.sendToTarget();
                        }
                    }
                });
    }

    //解析聚合数据 API 返回的 JSON 数据
    private ArrayList<Station> parser(String str) {

        ArrayList<Station> list = null;
```

```
        try {
            JSONObject json = new JSONObject(str);
            int code = json.getInt("error_code");
            if (code == 0) {
                list = new ArrayList<Station>();
                JSONArray arr = json.getJSONObject("result").getJSONArray(
                        "data");
                for (int i = 0; i < arr.length(); i++) {
                    JSONObject dataJSON = arr.getJSONObject(i);
                    Station s = new Station();
                    s.setName(dataJSON.getString("name"));
                    s.setAddr(dataJSON.getString("address"));
                    s.setArea(dataJSON.getString("areaname"));
                    s.setBrand(dataJSON.getString("brandname"));
                    s.setLat(dataJSON.getDouble("lat"));
                    s.setLon(dataJSON.getDouble("lon"));
                    s.setDistance(dataJSON.getInt("distance"));

                    JSONObject priceJson = dataJSON.getJSONObject("price");
                    ArrayList<Petrol> priceList = new ArrayList<Petrol>();
                    Iterator<String> priceI = priceJson.keys();
                    while (priceI.hasNext()) {
                        Petrol p = new Petrol();
                        String key = priceI.next();
                        String value = priceJson.getString(key);
                        p.setType(key.replace("E", "") + "#");
                        p.setPrice(value + "元/升");
                        priceList.add(p);
                    }
                    s.setPriceList(priceList);

                    JSONObject gastPriceJson = dataJSON
                            .getJSONObject("gastprice");
                    ArrayList<Petrol>   gastPriceList   =   new   ArrayList
<Petrol>();

                    Iterator<String> gastPriceI = gastPriceJson.keys();
                    while (gastPriceI.hasNext()) {
                        Petrol p = new Petrol();
                        String key = gastPriceI.next();
                        String value = gastPriceJson.getString(key);
                        p.setType(key);
                        p.setPrice(value + "元/升");
                        gastPriceList.add(p);
```

```
                    }
                    s.setGastPriceList(gastPriceList);
                    list.add(s);
                }
            } else {
                Message msg = Message.obtain(mHandler, 0x02, code);
                msg.sendToTarget();
            }
        } catch (JSONException e) {
            // TODO Auto-generated catch block
            e.printStackTrace();
        }
        return list;
    }
}
```

13.7 首页当前位置和 PIO 绘制

1. 定位当前位置

首先要在主界面的 MainActivity 对百度地图进行初始化，代码如下所示：

```
    //当定位成功后将地图移动到当前位置
    mBaiduMap.setMyLocationConfigeration(new
MyLocationConfiguration(MyLocationConfiguration.LocationMode.FOLLOWING, true,
null));
    //打开地图定位图层
    mBaiduMap.setMyLocationEnabled(true);

    //实现一个 LocationClient,实现定位功能
    mLocationClient = new LocationClient(mContext);
    //注册一个 BDLocationListener
    mLocationClient.registerLocationListener(mListener);

    //初始化一些参数
    LocationClientOption option = new LocationClientOption();
    // 高精度; Battery_Saving:低精度
    option.setLocationMode(LocationMode.Hight_Accuracy);
    // 返回国测局经纬度坐标系：gcj02 返回百度墨卡托坐标系 ：bd09
    // 返回百度经纬度坐标系 ：bd09ll
    option.setCoorType("bd09ll");
    // 设置扫描间隔，单位毫秒，当<1000(1s)时，定时定位无效
    option.setScanSpan(0);
```

```
// 设置是否需要地址信息，默认为无地址
option.setIsNeedAddress(true);
// 在网络定位时，是否需要设备方向
option.setNeedDeviceDirect(true);
//对 mLocationClient 设置参数
mLocationClient.setLocOption(option);
```

设置完成后需要在 MainActivity 的 onResume 中调用 LocationClient 的 start 方法：

```
@Override
protected void onResume() {
    super.onResume();
    mMapView.onResume();
    mLocationClient.start();
}
```

在 MainActivity 的 onPause 中调用 LocationClient 的 stop 方法：

```
@Override
protected void onPause() {
    super.onPause();
    mMapView.onPause();
    mLocationClient.stop();
}
```

然后在 AndroidManifest.xml 添加一个百度地图的 service：

```
<service
   android:name="com.baidu.location.f"
   android:enabled="true"
android:process=":remote" >
</service>
```

2. 首页点击事件

根据点击的不同控件处理不同的事件：

```
@Override
public void onClick(View v) {
switch (v.getId()) {
        case R.id.iv_list:
            Intent listIntent = new Intent(mContext, StationListActivity.
class);
            listIntent.putParcelableArrayListExtra("list", mList);
            listIntent.putExtra("locLat", loc.getLatitude());
            listIntent.putExtra("locLon", loc.getLongitude());
```

```
            startActivity(listIntent);
            break;
        case R.id.iv_loc:
            int r = mLocationClient.requestLocation();
            switch (r) {
            case 1:
                showToast("服务没有启动。");
                break;
            case 2:
                showToast("没有监听函数。");
                break;
            case 6:
                showToast("请求间隔过短。");
                break;

            default:
                break;
            }
            break;
        case R.id.tv_title_button:
            showSelectDialog();
            break;
        case R.id.ll_summary:
            Intent infoIntent = new Intent(mContext, StationInfoActivity.
class);
            infoIntent.putExtra("s", mStation);
            infoIntent.putExtra("locLat", loc.getLatitude());
            infoIntent.putExtra("locLon", loc.getLongitude());
            startActivity(infoIntent);
            break;
        default:
            break;
        }
    }
```

3. 地图加油站标注及点击事件

首页启动后在首页地图显示周边加油站，并标注加油站，点击某个加油站后显示油价：

```
    //在百度地图上标注加油站
    public void setMarker(ArrayList<Station> list) {
        View view = LayoutInflater.from(mContext).inflate(R.layout.marker,
null);
        final TextView tv = (TextView) view.findViewById(R.id.tv_marker);
```

```
        for (int i = 0; i < list.size(); i++) {
            Station s = list.get(i);
            tv.setText((i + 1) + "");
            if (i == 0) {
                tv.setBackgroundResource(R.drawable.icon_focus_mark);
            } else {
                tv.setBackgroundResource(R.drawable.icon_mark);
            }
            BitmapDescriptor bitmap = BitmapDescriptorFactory.fromView(tv);
            LatLng latLng = new LatLng(s.getLat(), s.getLon());
            Bundle b = new Bundle();
            b.putParcelable("s", list.get(i));
            OverlayOptions  oo  =  new  MarkerOptions().position(latLng).
icon(bitmap).title((i + 1) + "").extraInfo(b);
            if (i == 0) {
                lastMarker = (Marker) mBaiduMap.addOverlay(oo);
                mStation = s;
                showLayoutInfo((i + 1) + "", mStation);
            } else {
                mBaiduMap.addOverlay(oo);
            }
        }

        //注册OnMarkerClick事件
        mBaiduMap.setOnMarkerClickListener(new OnMarkerClickListener() {

            @Override
            public boolean onMarkerClick(Marker marker) {
                if (lastMarker != null) {
                    tv.setText(lastMarker.getTitle());
                    tv.setBackgroundResource(R.drawable.icon_mark);
                    BitmapDescriptor  bitmap  =  BitmapDescriptorFactory.
fromView(tv);
                    lastMarker.setIcon(bitmap);
                }
                lastMarker = marker;
                String position = marker.getTitle();
                tv.setText(position);
                tv.setBackgroundResource(R.drawable.icon_focus_mark);
                BitmapDescriptor   bitmap   =   BitmapDescriptorFactory.
fromView(tv);
                marker.setIcon(bitmap);
                mStation = marker.getExtraInfo().getParcelable("s");
```

```
                showLayoutInfo(position, mStation);
                return false;
            }
        });
}
```

4. 通过 Handler 传递获取到的加油站数据

调用聚合数据 API 后获得的数据，通过 Handler 传递到首页界面中：

```
//通过 Handler 接收加油站数据
Handler mHandler = new Handler() {

    @Override
    public void handleMessage(Message msg) {
        switch (msg.what) {
        //数据获取成功
        case 0x01:
            mList = (ArrayList<Station>) msg.obj;
            setMarker(mList);
            loadingDialog.dismiss();
            break;
        //数据获取失败
        case 0x02:
            loadingDialog.dismiss();
            showToast(String.valueOf(msg.obj));
            break;
        default:
            break;
        }
}
```

5. 弹出搜索范围选择框

当点击首页右上角的“范围”时，弹出一个选择范围的对话框，选择范围后重新搜索加油站：

```
/**
* 显示范围选择 dialog
*/
@SuppressLint("InflateParams")
private void showSelectDialog() {
if (selectDialog != null) {
selectDialog.show();
```

```
    return;
    }
    selectDialog = new Dialog(mContext, R.style.dialog);
    View view = LayoutInflater.from(mContext).inflate(R.layout.dialog_distance,
null);
    selectDialog.setContentView(view,                                        new
LayoutParams(LayoutParams.WRAP_CONTENT, LayoutParams.MATCH_PARENT));
    selectDialog.setCanceledOnTouchOutside(true);
    selectDialog.show();
    }

    /**
    * dialog点击事件
    *
    * @param v
    *         点击的view
    */
        public void onDialogClick(View v) {
            switch (v.getId()) {
            case R.id.bt_3km:
                distanceSearch("3km >", 3000);
                break;
            case R.id.bt_5km:
                distanceSearch("5km >", 5000);
                break;
            case R.id.bt_8km:
                distanceSearch("8km >", 8000);
                break;
            case R.id.bt_10km:
                distanceSearch("10km >", 10000);
                break;
            default:
                break;
            }
        }

    /**
    * 根据distance,获取当前位置附近的加油站
    * @param text
    * @param distance
    */
        public void distanceSearch(String text, int distance) {
            mDistance = distance;
```

```
        tv_title_right.setText(text);
        searchStation(loc.getLatitude(), loc.getLongitude(), distance);
        selectDialog.dismiss();
    }

//重新搜索加油站
public void searchStation(double lat, double lon, int distance) {
        showLoadingDialog();
        mBaiduMap.clear();
        ll_summary.setVisibility(View.GONE);
        stationData.getStationData(lat, lon, distance);
    }
```

13.8 数据序列化

加油站数据要通过 Bundle 进行传递，必须进行序列化，否则无法传递。

Android 中实现序列化有两个选择：一是实现 Serializable 接口（是 JavaSE 本身就支持的），一是实现 Parcelable 接口（是 Android 特有的，效率比实现 Serializable 接口高效， 可用于 Intent 数据传递，也可以用于进程间通信（IPC））。

实现 Serializable 接口非常简单， 声明一下就可以了，而实现 Parcelable 接口稍微复杂一些，但效率更高。

实现 Parcelable 的步骤如下。

（1）implements Parcelable。

（2）重写 writeToParcel 方法，将对象序列化为一个 Parcel 对象。

（3）重写 describeContents 方法，内容接口描述，默认返回 0 即可。

（4）实例化静态内部对象 CREATOR 实现接口 Parcelable.Creator。

项目中有两个 bean，一个是存放加油站数据，一个是存放价格数据。实现序列化代码片段如下：

```
public class Station implements Parcelable{

    private String name;
    private String addr;
    private String area;
    private String brand;
    private double lat;
    private double lon;
    private int distance;
    private ArrayList<Petrol> gastPriceList;
    private ArrayList<Petrol> priceList;
```

```
    @Override
    public int describeContents() {
        return 0;
    }
    @Override
    public void writeToParcel(Parcel arg0, int arg1) {
        // TODO Auto-generated method stub
        arg0.writeString(name);
        arg0.writeString(addr);
        arg0.writeString(area);
        arg0.writeString(brand);
        arg0.writeDouble(lat);
        arg0.writeDouble(lon);
        arg0.writeInt(distance);
        arg0.writeList(gastPriceList);
        arg0.writeList(priceList);
    }

    public static final Parcelable.Creator<Station> CREATOR = new Parcelable.
Creator<Station>() {

        @SuppressWarnings("unchecked")
        @Override
        public Station createFromParcel(Parcel arg0) {
            // TODO Auto-generated method stub
            Station s = new Station();
            s.name = arg0.readString();
            s.addr = arg0.readString();
            s.area = arg0.readString();
            s.brand = arg0.readString();
            s.lat = arg0.readDouble();
            s.lon = arg0.readDouble();
            s.distance = arg0.readInt();
            s.gastPriceList  =  arg0.readArrayList(Petrol.class.  getClass-
Loader());
            s.priceList = arg0.readArrayList(Petrol.class.getClassLoader());
            return s;
        }

        @Override
        public Station[] newArray(int arg0) {
            return null;
        }
```

```
        };

    }
```

序列化完成之后即可通过 Bundle 进行传递，首页通过 Bundle 传递代码：

```
    //在百度地图上标注加油站
        public void setMarker(ArrayList<Station> list) {
            View view = LayoutInflater.from(mContext).inflate(R.layout.marker,
null);
            final TextView tv = (TextView) view.findViewById(R.id.tv_marker);
            for (int i = 0; i < list.size(); i++) {
                Station s = list.get(i);
                tv.setText((i + 1) + "");
                if (i == 0) {
                    tv.setBackgroundResource(R.drawable.icon_focus_mark);
                } else {
                    tv.setBackgroundResource(R.drawable.icon_mark);
                }
                BitmapDescriptor bitmap = BitmapDescriptorFactory.fromView(tv);
                LatLng latLng = new LatLng(s.getLat(), s.getLon());
                //通过 Bundle 传递加油站数据
                Bundle b = new Bundle();
                b.putParcelable("s", list.get(i));
                //传递 Bundle
                OverlayOptions oo = new MarkerOptions().position(latLng).icon
(bitmap).title((i + 1) + "").extraInfo(b);
                if (i == 0) {
                    lastMarker = (Marker) mBaiduMap.addOverlay(oo);
                    mStation = s;
                    showLayoutInfo((i + 1) + "", mStation);
                } else {
                    mBaiduMap.addOverlay(oo);
                }
            }

            //注册 OnMarkerClick 事件
            mBaiduMap.setOnMarkerClickListener(new OnMarkerClickListener() {

                @Override
                public boolean onMarkerClick(Marker marker) {
```

```
                if (lastMarker != null) {
                    tv.setText(lastMarker.getTitle());
                    tv.setBackgroundResource(R.drawable.icon_mark);
                    BitmapDescriptor  bitmap  =  BitmapDescriptorFactory.
fromView(tv);
                    lastMarker.setIcon(bitmap);
                }
                lastMarker = marker;
                String position = marker.getTitle();
                tv.setText(position);
                tv.setBackgroundResource(R.drawable.icon_focus_mark);
                BitmapDescriptor    bitmap    =    BitmapDescriptorFactory.
fromView(tv);
                marker.setIcon(bitmap);
                //通过 Bundle 接收加油站数据
                mStation = marker.getExtraInfo().getParcelable("s");
                showLayoutInfo(position, mStation);
                return false;
            }
        });

    }
```

13.9 列 表 界 面

加油站列表界面实现主要由以下几部分组成。

（1）加油站列表适配器。

（2）列表项中的 NoScrollGridView 及适配器。

（3）数据填充。

加油站界面使用的是 ListView，ListView 显示需要列表适配器配合才能显示数据。

加油站 ListView 的适配器如下：

```
public class StationListAdapter extends BaseAdapter{
    private Context mContext;
    private List<Station> list;
    private LayoutInflater mInflater;
    //初始化适配器
    public StationListAdapter(Context context,List<Station> list){
        this.list = list;
        this.mContext - context;
        mInflater = LayoutInflater.from(context);
```

```
    }
    //返回列表数量
    @Override
    public int getCount() {
        return list.size();
    }
    //获取相应位置的加油站数据
    @Override
    public Station getItem(int position) {
        return list.get(position);
    }
    //返回列表位置
    @Override
    public long getItemId(int position) {
        return position;
    }
    //View 数据填充
    @Override
    public View getView(int position, View convertView, ViewGroup arg2) {
        View rowView = null;
        if(convertView == null){
            rowView = mInflater.inflate(R.layout.item_station_list, null);
        }else{
            rowView = convertView;
        }
        TextView tv_id = (TextView) rowView.findViewById(R.id.tv_id);
        TextView tv_name = (TextView) rowView.findViewById(R.id.tv_name);
        TextView  tv_distance  =  (TextView)  rowView.findViewById(R.id.tv_
distance);
        TextView tv_addr = (TextView) rowView.findViewById(R.id.tv_addr);
        Station s = getItem(position);
        tv_id.setText((position+1)+".");
        tv_name.setText(s.getName());
        tv_distance.setText(s.getDistance()+"m");
        tv_addr.setText(s.getAddr());
        GridView gv = (GridView) rowView.findViewById(R.id.gv_price);
        ListGridViewAdapter  adapter  =  new  ListGridViewAdapter(mContext,
s.getGastPriceList());
        gv.setAdapter(adapter);
        return rowView;
    }

}
```

适配器完成后在加油站列表页 StationListActivity 中设置此适配器：

```
public class StationListActivity extends Activity {

    private Context mContext;
    private ListView lv_station;
    private ImageView iv_back;

    @Override
    protected void onCreate(Bundle savedInstanceState) {
        super.onCreate(savedInstanceState);
        setContentView(R.layout.activity_list);
        mContext = this;
        initView();
    }

    //初始化 View
    private void initView() {
        iv_back = (ImageView) findViewById(R.id.iv_back);
        iv_back.setVisibility(View.VISIBLE);
        //注册点击事件
        iv_back.setOnClickListener(new OnClickListener() {

            @Override
            public void onClick(View v) {

                finish();
            }
        });

        lv_station = (ListView) findViewById(R.id.lv_station);

        final List<Station> list = getIntent().getParcelableArrayListExtra
("list");

        //设置加油站 ListView 的 Adapter
        StationListAdapter adapter = new StationListAdapter(mContext, list);
        lv_station.setAdapter(adapter);

        //注册 ListView 的 OnItemClick 事件，点击后打开加油站详情页
        lv_station.setOnItemClickListener(new OnItemClickListener() {

            @Override
```

```
            public void onItemClick(AdapterView<?> arg0, View arg1, int
            position,
                    long arg3) {

                Intent intent = new Intent(mContext,StationInfoActivity.
                class);
                //向详情页传递加油站信息和经纬度信息
                intent.putExtra("s", list.get(position));
               intent.putExtra("locLat", getIntent().getDoubleExtra("locLat",
               0));
               intent.putExtra("locLon", getIntent().getDoubleExtra("locLon",
               0));
                startActivity(intent);

            }
        });

    }

}
```

13.10 详 情 界 面

详情界面的实现分为以下几步。

（1）NoScrollListView 及适配器。

（2）加油站详细信息数据填充。

一个加油站的油价信息有多条数据，所以详情页也需要一个 ListView，用 ListView 就需要实现 ListView 的适配器，代码如下：

```
public class PriceListAdapter extends BaseAdapter{
    private List<Petrol> list;
    private LayoutInflater mInflater;

    public PriceListAdapter(Context context,List<Petrol> list){
        this.list = list;
        mInflater = LayoutInflater.from(context);
    }

    //返回 List 总数
    @Override
    public int getCount() {
        return list.size();
```

```
    }

    //返回相应位置的价格数据
    @Override
    public Petrol getItem(int position) {
        return list.get(position);
    }

    //返回 List 位置
    @Override
    public long getItemId(int position) {
        return position;
    }

    //View 数据填充
    @Override
    public View getView(int position, View convertView, ViewGroup arg2) {
        View rowView = null;
        if (convertView == null) {
            rowView = mInflater.inflate(R.layout.item_info_list, null);
        } else {
            rowView = convertView;
        }
        TextView tv_name = (TextView) rowView.findViewById(R.id.tv_name);
        TextView tv_price = (TextView) rowView.findViewById(R.id.tv_price);
        Petrol p = getItem(position);
        tv_name.setText(p.getType());
        tv_price.setText(p.getPrice());
        return rowView;
    }
}
```

设置完适配器后在加油站详情页 StationInfoActivity 中设置此适配器：

```
public class StationInfoActivity extends Activity implements OnClickListener
{

    private Context mContext;
    private TextView tv_title_right, tv_name, tv_distance, tv_area, tv_addr;
    private ImageView iv_back;

    private ScrollView sv;
    private ListView lv_gast_price, lv_price;
```

```
    private Station s;

    @Override
    protected void onCreate(Bundle savedInstanceState) {
        super.onCreate(savedInstanceState);
        setContentView(R.layout.activity_info);
        mContext = this;
        initView();
        setText();
    }

    //初始化 View
    private void initView() {
        tv_name = (TextView) findViewById(R.id.tv_name);
        tv_distance = (TextView) findViewById(R.id.tv_distance);
        tv_area = (TextView) findViewById(R.id.tv_area);
        tv_addr = (TextView) findViewById(R.id.tv_addr);
        iv_back = (ImageView) findViewById(R.id.iv_back);
        iv_back.setOnClickListener(this);
        tv_title_right = (TextView) findViewById(R.id.tv_title_button);
        tv_title_right.setText("导航 >");
        tv_title_right.setOnClickListener(this);
        tv_title_right.setVisibility(View.VISIBLE);
        iv_back = (ImageView) findViewById(R.id.iv_back);
        iv_back.setVisibility(View.VISIBLE);
        iv_back.setOnClickListener(this);
        lv_gast_price = (ListView) findViewById(R.id.lv_gast_price);

        lv_price = (ListView) findViewById(R.id.lv_price);
        sv = (ScrollView) findViewById(R.id.sv);
    }

    //设置显示文字和 ListView 的 Adapter
    private void setText(){
        s = getIntent().getParcelableExtra("s");
        tv_name.setText(s.getName()+" - "+s.getBrand());
        tv_addr.setText(s.getAddr());
        tv_distance.setText(s.getDistance()+"m");
        tv_area.setText(s.getArea());
        PriceListAdapter gastPriceAdapter = new PriceListAdapter(mContext,
s.getGastPriceList());
        lv_gast_price.setAdapter(gastPriceAdapter);
        PriceListAdapter  priceAdapter  =  new  PriceListAdapter(mContext,
```

```
s.getPriceList());
        lv_price.setAdapter(priceAdapter);
        //默认滚动到顶部
        sv.smoothScrollTo(0, 0);
    }

    //控件点击事件
    @Override
    public void onClick(View v) {
        switch (v.getId()) {
        case R.id.iv_back: //返回
            finish();
            break;
        case R.id.tv_title_button: //打开导航界面
            Intent intent = new Intent(mContext,RouteActivity.class);
            intent.putExtra("lat", s.getLat());
            intent.putExtra("lon", s.getLon());
            intent.putExtra("locLat", getIntent().getDoubleExtra("locLat",
0));
            intent.putExtra("locLon", getIntent().getDoubleExtra("locLon",
0));
            startActivity(intent);
            break;
        default:
            break;
        }
    }
}
```

13.11 导 航 界 面

导航界面只需要调用百度地图的路径规划接口即可。在导航界面中实现百度地图的 OnGetRoutePlanResultListener 接口，这个接口包含以下 3 个方法。

（1）onGetDrivingRouteResult（行车路径）。

（2）onGetTransitRouteResult（公交路径）。

（3）onGetWalkingRouteResult（步行路径）。

这里只需要 onGetDrivingRouteResult（行车路径）。

```
public class RouteActivity extends Activity implements
        OnGetRoutePlanResultListener {
```

```
    private Context mContext;
    private MapView mMapView = null;
    private BaiduMap mBaiduMap = null;
    private ImageView iv_back = null;
    private RoutePlanSearch mSearch = null;

    @Override
    protected void onCreate(Bundle savedInstanceState) {
        super.onCreate(savedInstanceState);
        setContentView(R.layout.activity_route);
        mContext = this;
        initView();
    }

    private void initView() {
        iv_back = (ImageView) findViewById(R.id.iv_back);
        iv_back.setVisibility(View.VISIBLE);
        //注册返回按钮点击事件，点击后关闭导航界面
        iv_back.setOnClickListener(new OnClickListener() {

            @Override
            public void onClick(View v) {

                finish();
            }
        });
        mMapView = (MapView) findViewById(R.id.bmapView);
        mMapView.showScaleControl(false);
        mMapView.showZoomControls(false);
        mBaiduMap = mMapView.getMap();

        mSearch = RoutePlanSearch.newInstance();
        mSearch.setOnGetRoutePlanResultListener(this);
        //获取传递过来的加油站和经纬度信息
        Intent intent = getIntent();
        LatLng locLatLng = new LatLng(intent.getDoubleExtra("locLat", 0),
                intent.getDoubleExtra("locLon", 0));
        LatLng desLatLng = new LatLng(intent.getDoubleExtra("lat", 0),
                intent.getDoubleExtra("lon", 0));
        PlanNode st = PlanNode.withLocation(locLatLng);
        PlanNode en = PlanNode.withLocation(desLatLng);
        mSearch.drivingSearch(new DrivingRoutePlanOption().from(st).to(en));
    }
```

```
    @Override
    protected void onResume() {
        super.onResume();
        mMapView.onResume();
    }

    @Override
    protected void onPause() {
        super.onPause();
        mMapView.onPause();
    }

    @Override
    protected void onDestroy() {
        super.onDestroy();
        mMapView.onDestroy();
    }

    //行车路径
    @Override
    public void onGetDrivingRouteResult(DrivingRouteResult result) {

        if (result == null || result.error != SearchResult.ERRORNO.NO_ERROR)
{
            Toast.makeText(mContext, "抱歉，未找到结果", Toast.LENGTH_SHORT).
show();
        }

        if (result.error == SearchResult.ERRORNO.AMBIGUOUS_ROURE_ADDR) {
            return;
        }

        if (result.error == SearchResult.ERRORNO.NO_ERROR) {
            DrivingRouteOverlay    overlay    =    new    DrivingRouteOverlay
(mBaiduMap);
            overlay.setData(result.getRouteLines().get(0));
            overlay.addToMap();
            overlay.zoomToSpan();
        }

    }
```

```
    //公交路径
    @Override
    public void onGetTransitRouteResult(TransitRouteResult arg0) {
        // TODO Auto-generated method stub

    }

    //步行路径
    @Override
    public void onGetWalkingRouteResult(WalkingRouteResult arg0) {
        // TODO Auto-generated method stub

    }

}
```

13.12 运行效果

（1）启动界面如图 13-12 所示。
（2）启动完成界面如图 13-13 所示。

图 13-12 启动界面

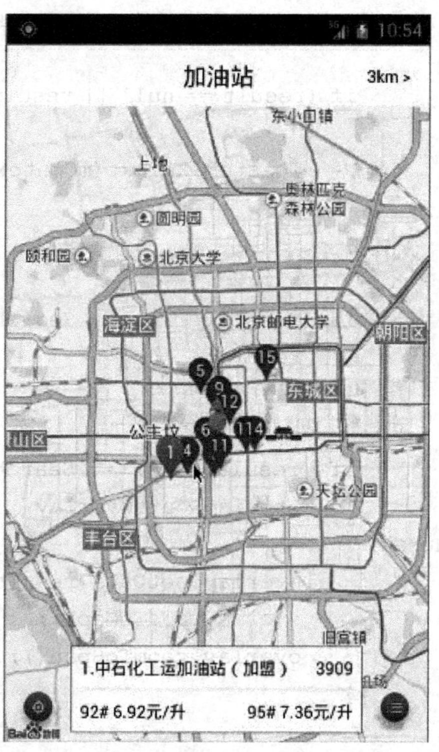

图 13-13 启动完成界面

（3）列表界面如图 13-14 所示。

（4）详情界面如图 13-15 所示。

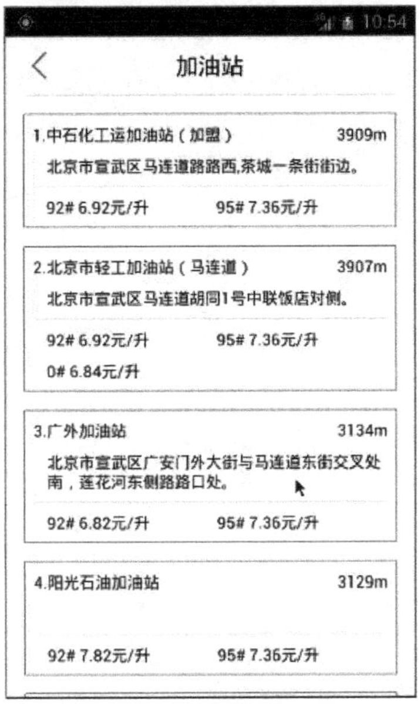

图 13-14　列表界面 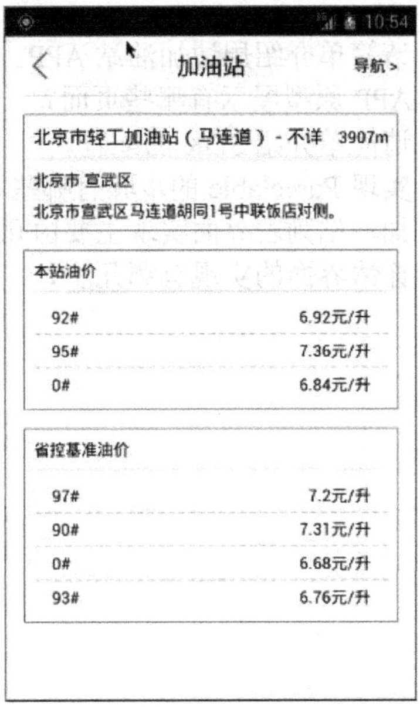　　　　图 13-15　详情界面

（5）导航界面如图 13-16 所示。

图 13-16　导航界面

13.13 习　　题

1．请简单介绍周边加油站 APP。
2．APP 原型展示有哪些页面？
3．请简单介绍 SDK 的配置。
4．实现 Parcelable 的步骤有哪些？
5．加油站列表界面实现主要由几部分组成？
6．详情界面的实现有哪几步？

参 考 文 献

[1] 佘堃，段弘，佘佳骏. Android 嵌入式应用开发. 北京：电子工业出版社，2012

[2] 郝玉龙. Android 程序设计基础. 北京：清华大学出版社，2011